国家社科基金
后期资助项目

日本工匠文化研究

周菲菲 著

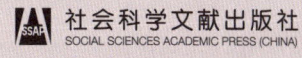

社会科学文献出版社
SOCIAL SCIENCES ACADEMIC PRESS (CHINA)

图书在版编目(CIP)数据

日本工匠文化研究/周菲菲著.--北京:社会科学文献出版社,2024.5
国家社科基金后期资助项目
ISBN 978-7-5228-3010-0

Ⅰ.①日… Ⅱ.①周… Ⅲ.①职业道德-研究-日本 Ⅳ.①B822.9

中国国家版本馆CIP数据核字(2024)第009328号

国家社科基金后期资助项目
日本工匠文化研究

著　　者 / 周菲菲

出 版 人 / 冀祥德
责任编辑 / 邵璐璐
文稿编辑 / 白纪洋
责任印制 / 王京美

出　　版 / 社会科学文献出版社·历史学分社 (010) 59367256
　　　　　　地址:北京市北三环中路甲29号院华龙大厦　邮编:100029
　　　　　　网址:www.ssap.com.cn
发　　行 / 社会科学文献出版社 (010) 59367028
印　　装 / 三河市龙林印务有限公司

规　　格 / 开 本: 787mm×1092mm　1/16
　　　　　　印 张: 16.25　字 数: 255千字
版　　次 / 2024年5月第1版　2024年5月第1次印刷
书　　号 / ISBN 978-7-5228-3010-0
定　　价 / 89.00元

读者服务电话: 4008918866

版权所有 翻印必究

国家社科基金后期资助项目
出版说明

　　后期资助项目是国家社科基金设立的一类重要项目,旨在鼓励广大社科研究者潜心治学,支持基础研究多出优秀成果。它是经过严格评审,从接近完成的科研成果中遴选立项的。为扩大后期资助项目的影响,更好地推动学术发展,促进成果转化,全国哲学社会科学工作办公室按照"统一设计、统一标识、统一版式、形成系列"的总体要求,组织出版国家社科基金后期资助项目成果。

全国哲学社会科学工作办公室

目 录

绪 论 ………………………………………………………………… 1

第一章　日本工匠文化的渊源 …………………………………… 17
第一节　中华文化东传与日本手工业文化的萌芽 ……………… 17
第二节　日本工匠文化中器物神崇拜的中华文化根基 ………… 25
第三节　中国化佛教对日本工匠文化的影响 …………………… 40
第四节　道教与道家思想对日本工匠文化的影响 ……………… 65

第二章　近世日本工匠文化的形成 ……………………………… 70
第一节　近世日本工匠文化形成的技术、物质与制度前提 …… 71
第二节　宋明理学与近世日本工匠文化 ………………………… 80
第三节　近世日本工匠文化的泛化 ……………………………… 113

第三章　日本工匠文化的近代转型 ……………………………… 122
第一节　工匠文化在明治时期的转型 …………………………… 123
第二节　近代日本工匠转型过程中"工艺职人"
　　　　与"工艺家"的形成 ……………………………………… 134
第三节　近代日本工匠转型过程中发明家与创业者的出现 …… 145
第四节　近代日本"被歧视部落"的技术转型
　　　　与社会角色转换 ………………………………………… 158

第四章　当代日本工匠文化的传承及失落 ……………………… 180
第一节　当代日本技术传承中的工匠精神 ……………………… 180
第二节　当代日本企业经营中的工匠文化因素 ………………… 194
第三节　当代日本人身份认同中的工匠文化因素 ……………… 198
第四节　当代日本制造业中工匠精神的失落 …………………… 200

结　语 ……………………………………………… 213

参考文献 ……………………………………………… 219

附　录 ……………………………………………… 240
  一　部分工匠图像史料 ……………………………… 240
  二　代表性工匠术语 ………………………………… 243

绪　论

一　写作缘起与意义

工匠文化包含工匠技艺、制度、精神（包括礼仪、语言等）和物质（工具、作品）四个层面的内容，可分为现实层与超越层来理解。现实层，指工匠实存性的本位状态和事实。超越层，即工匠文化从其本位性的实体工匠创造活动延展至具有普遍性的方法论意义的层面。这个超越性层面已不再落实到具体的工匠活动领域，而是一种人生价值信仰、一种生存方式、一种工作态度，乃至一种意识形态。所谓工匠精神，是工匠文化的核心，狭义上指工匠们在设计制造时精益求精的工作态度和精神追求；广义上则通往各行各业的职业操守与身份认同。[①] 本书重点分析的工匠精神既包括职业信仰与操守、身份认同等心理文化，也涵盖生产态度、职业伦理与价值观等意识形态文化。

工匠在日文中亦作"匠"，而更为常见的说法是"職人"。[②] 这是日本职业精神和职业道德集中体现的群体。"职人"一般指在特定领域具有长年的经验、纯熟的技术，能够独当一面的手工业者，当然，这不仅仅是对应手工业从业者，更是集中体现了日本职业风范与道德的群体概念。在近世以前的寺社、宫廷古文书中，职人包括从天皇到巫女等拥有各种社会身份的人群。近世以后，职人虽一般用来指代工匠，但"職人官僚""職人学者"等词亦常用来形容忠于职守、精于术业之人。还有精通财政的政治家被称为"政策職人"，勤奋专注的相扑力士被称作"職人力士"，擅长实验科学的科学家被称为"物理学職人"，操持家务得当的主妇为"職人女房"。"工匠精神"概念的形成与四民同道思想有

[①] 周菲菲：《试论日本工匠精神的中国起源》，《自然辩证法研究》2016年第9期。
[②] 单独一个"匠"字可读作takumi（たくみ），指工匠、匠艺，亦指精巧工夫。用"工匠"一词时，更为强调手工制作、人物关系。而用"職人"一词时，多侧重于表示职业操守与相应技艺。

密不可分的关系。"工匠精神"对应的日文词为"職人気質"（しょくにんかたぎ），是将工匠手工作物之道深化为贯穿天人法则之道的重要定义，也是日本传统手工业与当今制造业的重要文化资源。这个名词形成于江户后期，包含了"職分"和"気質"两大概念。"气质"与"气质之性"不同，在与当时日本的社会文化相融合之后，指的是"道"在社会各个群体上的体现。"职人气质"则指与工匠身份相应的特有精神风貌。在三省堂《大辞林》第二版中，"职人气质"被定义为"在职人中多见的气质。指这样一种倾向：对自己的技术、技能抱有自信，不轻易妥协，不为金钱折腰，只做自己认可的工作的精神"。当前，"职"泛指相通于所有阶层与职业的德行要求。

无论在日本史、中国史还是中日文化交流史的研究中，能够在聚光灯下得到瞩目的，多为显赫的精英人物。而工匠文化作为日本的一般知识思想和信仰世界，既是精英的背景和土壤，也集中反映了日本民族的核心价值体系与民族认同，即丸山真男所谓"执拗的低音"。工匠精神是在讨论日本民族精神时经常涉及的话题，但学界对其理论渊源与确立标志的深入剖析较少。工匠的匠艺活动及工匠精神与职业伦理、民族认同有必然联系。美国社会学家查尔斯·赖特·米尔斯在20世纪中期将匠人特征定义为："把自己当成匠人的劳动者专注于工作本身；从工作中得到的满足感本身成为一种回报；在劳动者的头脑里，日常劳动的各个细节都与最终的产品相关；在工作的时候，这位工作者能够控制自己的行动；技术在工作过程中得到提高；他们在工作里可以自由地实验各种方法；到最后，匠艺劳动中的内在满足感、连贯性和实验性将会变成衡量家庭、共同体和政治的标准。"[1]

日本工匠精神启蒙于奈良时代（710—794），初步形成于中世[2]，确立于江户时期，并作为一种具有普遍价值的信仰力量，在日本近代及战后经济腾飞中起到至关重要的作用。以奉"家职"对神佛负责为基本内涵的日本工匠精神是"劳动天职观"的肥沃土壤，并在日本技术

---

[1] C. Wright Mills, *White Collar: The American Middle Classes* (New York: Oxford University Press, 1951), pp. 220 – 223.

[2] "中世"一词在日本指封建社会初期。日本学界最通常的观点是，中世是指1185—1602年。这一时代又可细分为镰仓、南北朝、室町、战国和安土桃山时代。

人员身上有极好的体现，在日本近现代资本主义的发展阶段被充分利用。韦伯指出，资本主义要求以劳动为"天职"，有高度的责任感，在工作时去除掉不断计较怎样才能最悠闲最不费力又能赚到同样薪水的想法。① 在日本，工匠的家职观念很大程度上演化为对信用和声誉的执着，以及对品质的不妥协。这种理念成为日本企业维持长久生命力的重要精神资源。

研究日本工匠文化这一典型例子，应当能对学界研究匠人心理与手工艺技术演化问题有所推进。在研究手工艺理论的重要著作《世界工艺史》的序言中，作者爱德华·卢西-史密斯指出，"迄今为止人们尚无任何有关手工艺演化的基本认识，尤其是手工艺人的心理发展和手工艺进化"，他基于"手工艺在日本享有的地位是独一无二的""从许多方面来看，正是日本提供了当今欧美艺术家和工艺家所效仿的范例"等理由，认为日本的工匠道德是影响世界艺术与手工艺运动观念的重要典范。②

工匠文化是日本国家软实力的重要代名词，也是中华文明"日本化"的重要部分。学界目前关于日本工匠的研究不管在方法还是问题意识上都有长足进步，但结合社会结构分析工匠文化形成与确立的社会背景、伦理基础及其影响的宏观性、体系性研究较为薄弱。本书关注日本及中日交流中种种社会因素变动与日本工匠文化变迁之间的复杂关系。工匠的多重身份深深嵌在社会的经济与时空结构之中，持续地建构、强化并改造了他们的职业分工与阶层属性。但研究者往往着重强调工匠的单一身份，而忽略了他们的其他身份，以及与其他社会阶层、匠艺活动之间的相互影响。在这一点上，国内对文人与工匠关系的研究近年来逐渐展开。③ 而近世④以降，日本人的社会身份与自我认同感得到确立，

---

① 〔德〕马克斯·韦伯：《新教伦理与资本主义精神》，苏国勋、覃方明、赵立玮、秦明瑞译，社会科学文献出版社，2010，第37—38页。
② 〔英〕爱德华·卢西-史密斯：《世界工艺史》，朱淳译，浙江美术学院出版社，2006，第2、61—70页。
③ 代表性的研究有潘天波《工匠文化的周边及其核心展开：一种分析框架》（《民族艺术》2017年第1期）等。
④ 江户时代即日本近世（1603—1868），是日本人阶层身份逐渐固定、大众文化急速发展、工匠文化随之确立的时期。

工匠文化是当时唯一沟通了各个阶层与职业，跨越性别，且影响广泛、波及城乡的平民文化。在近代日本走向科技化、现代化与全球化时，工匠精神进一步泛化。在时代急剧变革、幕府面临内外危机的幕末维新之际，儒学进一步与日本国体论相结合，形成了主张国家即天皇，均为忠孝终极对象的"忠孝合一"观。正如明治天皇在《维新敕语》中所言："膺朝政一新之时，天下亿兆，一人不得其处之时，皆朕罪。今日之事，朕自身劳筋骨、苦心志、立艰难之先、履古列祖所尽之踪、勤治迹，始奉天职，不背亿兆之君之所。"① 国家在指导产业、工匠转型时，也就理所当然地将传统家职观修改成"家族国家观"，即在自己的职场"奉公"，为国家产业发展而勤勉劳动的"天职"观，并以此鼓励殖产兴业、进步创新。而这都与日本的近代化密切相关，是服务于其民族建构的。桑内特通过对海外日本人的访谈，认为在当今，匠人精神是日本人身份认同的重要因素。②

由上可知，突破单一学科框架，以工匠文化为切入点的研究对于整体上准确理解日本人身份建构的特点、日本人一体意识和同质性的来源，乃至近代日本国民意识建构的社会、伦理基础与历史必然性都有重要的意义。

本书在传统与现代、日本与中国的比较中，指出日本传统工匠的转型史印证了日本对近代产业模式乃至国家制度的本土化接受过程，并认为日本工匠近代转型相对成功的原因，主要在于"守破离"匠艺传统、家职观念的灵活性、社会整体对工匠文化的认可与尊重，以及工匠精神与民族认同的融合等。日文中对匠作之技无"奇技淫巧"之贬，只有"妙技""超绝技巧"之赞叹。③ 而以较为和平的形式达到目的的明治维新与其国策强有力的推行，是政治上的重要保障。

二 本书的基本概念与范围

本书从社会史研究的视野，借助人类学（注重田野调查）与技术哲学的方法，着眼于日本工匠文化中的技术发展、信仰基础、伦理变迁和

---

① 河野省三解［他］『歴代の詔勅』內閣印刷局、1940。
② ［美］理查德·桑内特：《匠人》，李继宏译，上海译文出版社，2015，第302—304页。
③ 日文作"妙技"（みょうぎ）、"超绝技巧"（ちょうぜつぎこう）。

生态智慧一体发展问题，在厘清事实的基础上尽可能还原日本工匠社会文化的历史面貌。同时，试图突破旧有的研究框架，从中国视角以更丰富的层次对日本工匠文化的形成背景、基本形态与时代转型进行动态把握。进而尝试解读日本工匠文化如何处理社会各阶层的关系和人与自然的内在关系、工匠文化如何体现日本近代转型、日本人身份建构（主要指社会地位与自我认同）发展变异等问题。就工匠文化的形成对日本人身份的作用机制的整体变迁言之，日本社会的其他阶层亦已纳入本书视野。

本书中的工匠"技艺"一词，在叙述近代以前的日本文化时，基本上可以用"技术"一词替换。这是由于在日本传统的、广义的技术文化中，并没有细分出"工业/产业技术""美术""工艺"的概念。从绘画作品的角度来说，其大多是在与生活密切相关的心态下，在与书道、诗文、工艺及建筑等融为一体的背景下被描绘和欣赏的，因而是综合的、未分化的。① 从从事"技艺"者之身份的角度而言，在近代以前无论是箍桶匠、泥瓦匠还是画匠，甚至是医生，在通过提供类同的"匠"的活动即技术劳动而获取报酬这点上，本质上社会身份都属于"职人"。

本书在叙述日本工匠文化近代转型时，将"艺"（art）与"技"（technique）分开阐述。这两个概念的分化是自明治维新后的文明开化时期开始的，受到西方的影响，"工业/产业技术"与"美术"（工艺）被分别置于"科学"和"文化"范畴内，得到重新定义。工匠之"技"即实用性的手工业技术，朝着现代科学技术的方向转型。而工匠之"艺"则朝着象征日本文化特色的方向发展。明治时代的"美术"这一翻译概念较接近当今的"艺术"。北泽宪昭指出，"美术在本国的确立，对应着近代国家创立这一国民统合的过程"。② 可以说，"美术"概念是日本出于与西方列强齐肩并进的动机，为支撑其民族身份而加以振兴和制度化的。

19世纪下半叶起源于英国的"工艺美术运动"吸收了日本艺术品的

---

① 〔日〕冈田武彦：《简素：日本文化的根本》，钱明译，社会科学文献出版社，2016，第14页。
② 详见北沢憲昭『眼の神殿——「美術」受容史ノート』美術出版社、1989、293頁。

装饰性特质,其主要实践人物威廉·莫里斯的思想与民艺[①]运动的主导者柳宗悦(1889—1961)的理念不谋而合。柳宗悦以中国传统的"美用一体"理念,主张"艺"的生活性/日用性,在这种语境下,"艺"与"技"又出现了融合(见图0-1)。

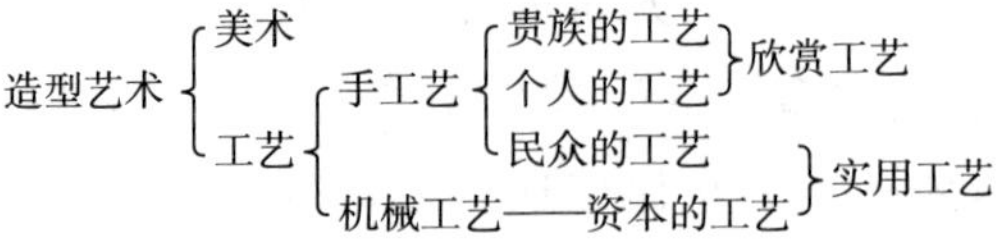

$$造型艺术\begin{cases}美术\\工艺\begin{cases}手工艺\begin{cases}贵族的工艺\\个人的工艺\end{cases}欣赏工艺\\民众的工艺\\机械工艺——资本的工艺\end{cases}实用工艺\end{cases}$$

图0-1 柳宗悦对美术工艺的定义与分类
资料来源:〔日〕柳宗悦《工艺文化》,徐艺乙译,中国轻工业出版社,1991,第11页。

即将工艺分为手工艺和机械工艺,前者是人手工制作的,分为贵族的工艺、个人的工艺和民众的工艺即民艺三种,其中民艺以实用为主导、以服务于民众的生活为目的而制作,价廉量多;后者是机械生产的,分为重工业和轻工业两大类,是"资本的工艺"。[②] 当今,"新民艺"风行日本设计界。因而笔者在叙述当代工匠文化时不再特意区分"艺"与"技"。

另一个需要特别界定的概念是"技能"。本书用该概念指代具有较强地方特色、在一定历史地理背景下产生与存续、尚无法显性化即完全用语言文字表达的技术。这是因为,在日本的传统手工艺技术传承中,一般不用"技术"而用"技能"一词;日本一般观念认为,不同于"技术"一词所体现的单一操作技能,传统工艺当中涵盖着丰富而深刻的隐性知识,这些知识非但不能用语言或数字表示,而且很难脱离手工轻易实现自动化。其传承主要依赖工匠丰富的经验和细腻的感受,同时建立在不同的地域环境之上。因而,一般认为只有当地工匠才能传承"正宗"的传统技能。目前,日本文化厅有针对个人实施的"技能认定"和对该技能传承活动团体实施的"技能保存团体认定",第一个条件是有罕见的技术,第二个条件就是该技能与生活的密切相关性。因而"技能"一词本身就有强烈的地方

[①] 民艺,即日文中的"民藝"(现简化的日文汉字作"民芸"),指民众日常使用的工艺品,因而是与人类生活交集最深的物品的领域,日文俗语称"下手"(げて)之物,"下"意即一般,"手"即质量、类型之谓。转引自柳宗悦『民藝とは何か』講談社、2006,青空文庫,https://www.aozora.gr.jp/cards/001520/files/51821_47989.html,最后访问日期:2022年8月9日。

[②] 〔日〕柳宗悦:《工艺文化》,第11—13页。

色彩。关于"技术"与技能的关系，具体如图0-2所示。

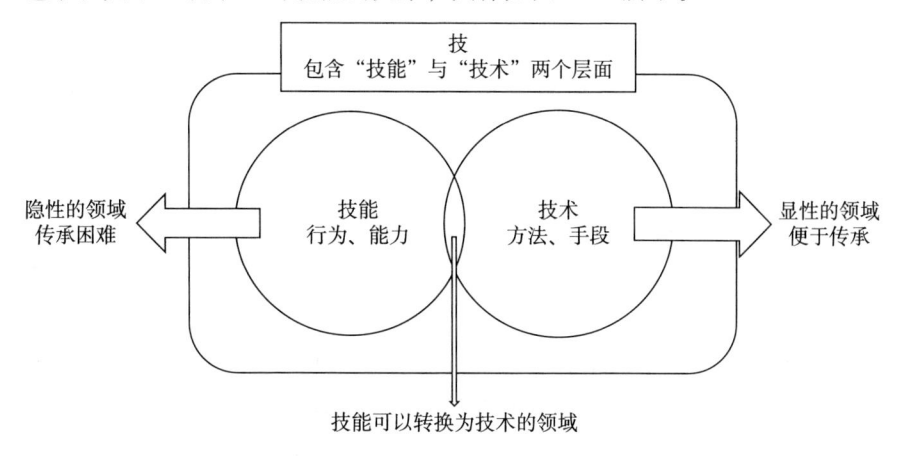

图0-2 技术与技能的关系

资料来源：成田智恵子・下出祐太郎・来田宣幸「伝統的工芸品産業の技能継承における問題の所在」『京都工芸繊維大学学術報告書』第9巻、2017年1月、13—30頁。

本书在分析日本近世的工匠精神时，采用"工匠伦理"一词指代当时的工匠阶层受到宋明理学的影响、依托于以"天地人"三才关系为基准的思考传统所形成的一系列指导其技术生产与生活准则的观念和规范。笔者认为，"工匠阶层"这一概念是江户时期日本工匠群体在社会与经济地位逐渐区别于其他社会阶层、"家职"传承系统在工匠社会逐渐普及的过程中形成的。正如李卓所述，在德川幕府统治下，日本人被分为士、农、工、商四个阶层，其中"士"是特权阶层，指武士，其他农、工、商三个阶层统称庶民，受到武士阶层的统治。士、农、工、商的身份一旦确立，便要世代相传。人们不能轻易变更身份等级，日常生活、衣食起居等各个方面都要符合各自的身份地位，不能有所逾越。① 而工匠伦理既包括工匠对社会的认识和基于此的职业定位、人生目标的认知，也涵盖其对于处理人与自然关系的思考。具体而言，职分论与理学家族伦理融合后，于江户中期（17世纪）以"家职"这一概念，以忠孝为先，通过学徒制与一子相承制的形式渗透到工匠文化中，从而形成了工匠精神中强调敬业敏求，以求达到儒家治国齐家理想的共同体意识。敬

---

① 李卓主编《日本家训研究》，天津人民出版社，2006，第261页。

业,是由于"业"乃"家"长久存续之道;"敏求",则是《论语·述而》中勉力以求之意。而其终极追求"天道奉公",既符合尊崇自然的天人合一理念,也是工匠共同体意识的根源,具有明确的家国观念指向。

本书从历史的深层,即人们的身体与心灵出发,将工匠活动看作复合、多元的整体来加以理解、分析。所谓"复合",指的是不同性质的社会集团间的交流与联系,如一般工匠与"贱民"(亦称"部落民"的被歧视职业群体)、从事手工业的女性与商人的关系等;而所谓"多元",指的是工匠文化所涉及的物质、精神,及其中的儒教、佛教等多种思想元素。此外,本书还欲借此唤起人们对日本工匠文化的生态层面的关注。同时,考察工匠精神在近代与帝国主义结合所孕生的制造业民族主义[①],并对其对当下的日本乃至国际社会产生的影响进行思考。

由此,工匠精神如何泛化到社会的各种职业中,即日本社会各阶层对工匠如何理解、工匠精神如何普及到日本社会,还有工匠手工艺活动如何在近代转型,这些问题也是本书的考察对象。

本书的研究目的:(1) 了解日人思维模式和由此衍生出的行为准则的一个重要侧面;(2) 通过整体性叙述、综合性阐释及基于中国视角的重新提炼,克服以往研究中的时代局限和强调"日本特色"的片面性;(3) 以工匠文化为例,明确日本思想文化的形成和发展受到中华文化的重大影响;(4) 阐明日本"工匠精神"的本质是"家"观念与"职"观念的结合,但这种精神在不同的历史阶段有不同的侧重与表现。

三 既有研究成果

首先,对于"日本人"的相关研究积累丰厚,但侧重于考察"士、农、工、商"四民身份制度中的"士"与"商",即拥有政治权力的武士和把持大量资本的大商人群体。在此仅从与本书问题意识及方法论相关方面述其要者。

日本对工匠的研究起步于20世纪20年代,以柳宗悦等学者为代表,从"民众的工艺"角度,关注了民间工艺思想和无名工匠的生产理念与

[①] 所谓制造业民族主义,是工匠精神在日本近代与帝国主义结合,在"殖产兴业""富国强兵""文明开化"口号中孕生的将制造业发展与国运紧密结合的思考和生产方式。参见周菲菲《日本的工匠精神传承及其当代价值》,《日本学刊》2019年第6期。

生活状态。① 第二次世界大战后，日本史学界普遍秉着被称为"贫穷史观""悲惨史观"的视角，将近世日本视作由"士、农、工、商"与"贱民"组成的阶级社会，强调武士、富商与贫穷的农民、底层工匠和贱民之间的对立。进入70年代，马克思主义史学家网野善彦首先突破了战后日本史学界以农村经济为中心的研究倾向，关注了长时期被忽略的工匠等非农业民在日本史上的重要作用。② 到70年代末，工匠研究迎来热潮并得到持续关注，集中在社会史、生活史、文化人类学、技术哲学等领域，以宫本常一、乾宏巳、清野文男、朝冈康二为代表，他们以寺社与幕府所藏工匠记录、文艺作品为中心，对手工业史、工匠制度、手工业技术做了详细整理。③ 民俗学者宫本常一从民众史的视角，在描述各种营生的源起和消长、城镇和村庄之间的联系，以及商人、工匠社会的结构时，探讨了日本人职业观的变迁。吉田光邦关注到《天工开物》等中国技术著作对日本技术社会发展的影响。④ 都市民众史学者乾宏巳在研究江户幕府所藏工匠文书时指出，江户时代是工匠的时代，工匠文化影响了全社会。⑤ 清野文男对日本各地的2000多名工匠做了访谈，采集了3000多个当代已较少使用的词语和只在特定职业中使用的术语，在进行解说的同时附上了自己拍摄的照片。岩崎佳枝、网野善彦基于图像史料，结合民俗学，论证了日本工匠在历史上的神圣地位，⑥ 并论证了女性群体以缝纫、部落民社会以冶炼丰富了工匠文化的内涵。⑦ 仓地克直则在研究武士从事手工造物史实的基础上，指出日本有"擅长手工作业的知识阶层"。⑧ 朝冈康二认为，工匠与工具的关系影响了日本人的器物认知。⑨ 大高洋司主持的文部科学省"近世工匠绘卷基础资料发掘"

---

① 柳宗悦『工藝の道』ぐろりあそさえて、1928。
② 網野善彦『无縁・公界・楽——日本中世的自由与和平』平凡社、1996。
③ 宫本常一『生業の歴史』未来社、1993；清野文男編『日本の職人ことば事典』工業調查会、1996。
④ 吉田光邦『日本技術史研究』学芸出版社、1961。
⑤ 乾宏巳『江戸の職人——都市民衆史への志向』吉川弘文館、1996。
⑥ 岩崎佳枝『職人歌合総合索引』平凡社、1985。
⑦ 主要参见網野善彦『職人歌合』平凡社、2012。
⑧ 倉地克直『江戸文化をよむ』吉川弘文館、2006。
⑨ 朝岡康二『雑器・あきない・暮らし 民俗技術と記憶の周辺』慶友社、2011。

项目正在从风俗史视角全面整理相关图像资料。①

关于工匠的信仰与精神，远藤元男、乾宏巳、堀出一郎等日本社会史与人类学学者通过分析日本寺社古文书，考察了工匠遵照佛教劳动伦理的行为方式。② 德国 Angelika Kretschmer 和美国 Nagyszalanczy Sandor 通过对工具祭祀和工匠劳作的调查，指出工匠精神是佛教与神道杂糅下的产物。③ 美国社会学家桑内特则指出了匠人精神于日本人身份认同的关键作用。④

与之相比，中国对该问题的研究尚处于对相关工匠技术、礼仪、制度的梳理阶段。史学、宗教学、哲学研究中有不少成果论及中国物质、技术、宗教文明与工匠东渡对日本传统工匠文化的直接或间接影响。王仲殊、白云翔关注了考古与文献中发现的中国古代江南工匠东渡日本的遗迹。⑤ 杨曾文、孙亦平关于日本佛教史和东亚道教的研究中有涉及中国匠人匠艺、生产禁忌观念东渡的内容。⑥ 而中日学者合作的十卷本《中日文化交流史大系》中的艺术卷论及雕刻、绘画、折扇等工艺中日本对中国传统的因袭和变通、创造。⑦ 周菲菲曾从历史形成、宗教内涵方面专论日本工匠精神的中国起源。⑧

将工匠视为一个社会阶层，考察其文化与日本人身份建构的关系方面，相关研究有一定积累。20 世纪 80 年代以来，日本史学界、哲学界、建筑学界提取出"家""职分""役""天职"等近世庶民伦理中的关键概念，指出近世是各阶层人群世袭家业、专注"家职"的时代，并论述

---

① 大高洋司等『江戸の職人と風俗を読み解く』勉誠出版、2017。
② 遠藤元男『ヴィジュアル史料日本職人史』雄山閣出版、1991；堀出一郎『鈴木正三——日本型勤勉思想の源流』麗澤大学出版会、1999。
③ Angelika Kretschmer, "Mortuary Rites for Inanimate Objects," *Japanese Journal of Religious Studies*, No. 27, 2000; Nagyszalanczy Sandor, *The Art of Fine Tools* (Newtown: Taunton Press, 2000)。
④ 〔美〕理查德·桑内特：《匠人》，第 302—304 页。
⑤ 王仲殊：《论日本出土的青龙三年铭方格规矩四神镜——兼论三角缘神兽镜为中国吴的工匠在日本所作》，《考古》1994 年第 8 期；白云翔：《从韩国上林里铜剑和日本平原村铜镜论中国古代青铜工匠的两次东渡》，《文物》2015 年第 8 期。
⑥ 杨曾文：《日本佛教史》，浙江人民出版社，1995；孙亦平：《东亚道教研究》，人民出版社，2014。
⑦ 王勇、〔日〕上原昭一：《中日文化交流史大系（艺术卷）》，浙江人民出版社，1996。
⑧ 周菲菲：《试论日本工匠精神的中国起源》，《自然辩证法研究》2016 年第 9 期。

了其对近现代日本国民的职业认同和国家认同形成之影响。丰田武讨论了日本近世社会的阶级问题。① 石井紫郎从"国民生活"角度，以"家职""职分"等概念，把握构成国家的各种条件，分析了日本人的思想和行为方式。② 牧原宪夫从政治文化的角度，分析了明治初年民众的"客分"意识与国民意识的关系。③ 尾藤正英指出江户时期的社会等级制度实质是按照职业划分、以经营家业为目的、以日文中独特的"役"（即职业责任）概念为组织体系的，因而工匠群体承担"役"时怀有强烈的职业认同与自豪感并延续至今。④ 冢田孝和吉田伸之等东京大学学者借鉴年鉴学派、文化人类学等的成果，试图从社会集团共同体的角度把握近世日本社会的整体结构。⑤ 21 世纪以来，以田中圭一、佐久间正为代表的学者进一步认为，近世日本不存在阶级差别，只有职业分别，因而有人人平等意识。在此影响下，当今日本史学界一般认为近世日本是武士支配町人（即市民，包括工匠、商人）和百姓（农民）的时代。农民乃至贱民的手工业技术生产活动及其经济条件备受关注。⑥ 田中圭一用"职分"这一概念说明江户日本的身份制度对工匠自我意识与行业认同感的影响，指出当时日本的制度不分高低贵贱，因而与中国四民制度有本质上的不同。目前，日本的教科书中已经去除了"士农工商"这一表达。然而，正如陈继红指出的，先秦诸子对于"四民"之职分的论述虽然存在等级分殊，不同的职分之中却隐含了一个共同的伦理义务——"尽分守职"，其内涵有两个方面：一是指对于职分内涵的认可与忠诚，要求尽心尽力履行职分的要求；二是指严守职分的等级分殊而无所僭越。⑦

中国学者的相关研究主要集中在历史学、哲学领域，剖析了在武士统治的严格的世袭身份等级制度下，近世日本平民有着"各安其分"的

---

① 豊田武『日本の封建制社会』吉川弘文館、1980。
② 石井紫郎『日本国制史研究〈2〉日本人の国家生活』東京大学出版会、1986。
③ 牧原憲夫『客分と国民のあいだ——近代民衆の政治意識』吉川弘文館、1998。
④ 尾藤正英『江戸時代とはなにか——日本史上の近世と近代』岩波書店、2006。
⑤ 塚田孝『近世身分制と周縁社会』東京大学出版会、1997；吉田伸之『近世都市社会の身分構造』東京大学出版会、1998。
⑥ 田中圭一『百姓の江戸時代』ちくま新書、2000；佐久間正「町人の思想・農民の思想」佐藤弘夫編『概説日本思想史』ミネルヴァ書房、2005、172—180 頁。
⑦ 陈继红：《职业分层·伦理分殊·秩序构建——论先秦儒家"四民"说的政治伦理意蕴》，《伦理学研究》2011 年第 5 期。

价值观。① 同时，对于日本各种社会阶层/群体之伦理观念的研究趋于精细和深入，町人（市民）伦理、农民伦理、贵族文化、武士道及其与养子制度、商品经济发展，乃至国学、儒学之间的关系，② 甚至对日本近代化和走上侵略战争道路的影响也得到了分析论证。

综上，相关研究在主题上开始更为关注工匠生活形态和生产技术，史料上开始更为重视图像史料和民间资料，考古学、民俗学、人类学、美术史学、技术史学、建筑学等多学科合作趋势日趋明显。

然而，既往研究所处理的对象主要集中于单一史料或工匠手作文化，容易"见人不见心"，即较少涉及"工匠精神"的本质研究。而论述工匠精神的研究又往往缺乏对其背景、内涵和制度等方面的深入探讨。故创造性地运用史料，研究工匠精神及其影响与渗透社会各个阶层、领域而产生的潜移默化的作用便极为关键。同时，对于日本人的身份建构，相关研究虽有一定积累，但唯独欠缺工匠文化这一关键视角——对于日本"町人"的研究众多，但町人中既有巨商，也有辛勤清苦的工匠、农民，而后者才是支撑日本近世社会的基本身份，而且是正统的身份。最后，既往研究中，中国视角较为欠缺。

以上问题出现的原因主要有以下几点。其一，论述工匠精神所涉思想史著述多为和刻本，读解困难，还需配合技术书、浮世绘等多种民间文学与图像资料，从哲学高度提取出其特质。其二，武士与大商人是目前为止日本研究所关注的重点。能工巧匠虽然在日本一直备受尊重，但学界对其关注较少。而其身份与其他阶层融合也较多，比如木工、屋顶

---

① 娄贵书：《身份等级制与多元价值观——德川身份等级制初探》，《贵州大学学报》（社会科学版）2001年第6期；李卓：《"儒教国家"日本的实像》，北京大学出版社，2013。

② 刘金才：《町人伦理思想研究——日本近代化动因新论》，北京大学出版社，2001；刘金才：《二宫尊德及其报德思想》，《日本学刊》2005年第2期；娄贵书：《日本武士兴亡史》，中国社会科学出版社，2013；官文娜：《日本企业的信誉、员工忠诚与企业理念探源》，《清华大学学报》（哲学社会科学版）2012年第4期；郑辟楚：《商品经济的发展与日本近世身份制度的动摇》，《日本问题研究》2016年第2期；向卿：《国学与近世日本人的文化认同》，《日本研究》2006年第2期；韩立红：《日本人伦理思想中的"正直"观》，《南开学报》（哲学社会科学版）2012年第3期；吴震：《德川日本心学运动的"草根化"特色》，《延边大学学报》2016年第1期；殷晓星：《日本近代初等道德教育对明清圣谕的吸收与改写》，《世界历史》2017年第5期。

修葺工,时常被划分在"百姓",即农民阶层中。同时,做家庭手工活的下级武士、打短工的边缘性劳动人群也不在少数。其三,工匠精神被视作日本国民素质的代名词,关于它的研究往往与其国家叙事、民族特点描述相结合,强调日本特色,而忽略了外部的影响因素。

四 本书的结构和研究方法

本书具体由绪论、主体内容和结语三部分组成,其中第一章至第四章是本书的主体部分。

第一章主要论及日本古代(5—11世纪)到中世工匠文化萌芽、形成的阶段,围绕器物崇拜、"职"的伦理、师徒制度、"守破离"技术传承范式的确立这几个关键要素,就其与包括诸多中国器物在内的"唐物"及相应的技术、宗教、思想、制度的"日本化"这一史实的渊源关系展开论述。尤其是佛教东传为日本工匠文化的形成提供了物质、技术基础和社会动因,其自然伦理、劳动伦理和功德观念成为工匠精神形成阶段的关键性资源;五行制化观念、佛教本觉思想孕生了工匠文化中的"器物崇拜";庚申信仰和神仙信仰对工匠民俗、技术思维、生态观念以及近世以降知识界的工匠认知有所影响,崇尚"道技合一"、想象"以技通神"的道家思想是日本工匠教养书籍和匠艺典籍的一大理论根据。

第二章论述了日本工匠文化形成的时间、标志及其内外因、影响。日本工匠文化形成于近世中期,约在17世纪末期到18世纪前期。其形成标志为:第一,突出匠人工种匠艺的类书与辞书的出版;第二,工匠思想家的涌现和本土学术思想对匠艺的肯定;第三,"家职"传承系统在工匠社会的普及。其形成的内外因与影响如下。其一,中国技术文明东传引发的近世日本产业结构变化与手工业技术革新,商品经济发展、税制改革与劳动商品化、消费扩大是近世日本工匠文化形成的技术前提和物质基础;在制度方面,"下克上"和"兵农分离"促使"家职"观念普及,而以"寺檀制度"为首的、严格限制社会阶层流通的身份制度,以及18世纪田沼改革对工商行会的认可和相关税制的推行,是促使包括工匠在内的日本人专注"家职"的体制要因。其二,知识阶层与工匠的互动使宋明理学、神道与佛教糅合,构成了近世日本工匠文化的思想内核,日本工匠精神的基本伦理由宋明理学中的家族伦理、天人关系、知行关系学说转化形成。其三，日本工匠文化在近世泛化到社会各阶层，这对日本人的身份建构产生了重要影响。

第三章分析了传统工匠如何完成技术转型和角色转换，从而在人力资源上支撑日本的近代产业发展。明治维新后日本向近代工业化的转型及其经济腾飞，是研究日本近代史乃至东亚近代史的重要课题。"工匠精神"在近代曾面临严峻挑战，匠"技"、匠"艺"的转型也是工匠文化核心的转型。其一，前近代的工匠家职观念被改造为具有明治时代特点的"家族国家观"，其职业认同被逐步统合于国家认同；其二，工匠的"技"达到理论化与学科化，在管理方式上，传统与近代管理模式的融合催生了"日本式经营"的诞生，在思维方式上，注重隐性知识、追求质量至上的"家职"观念成为传统工匠角色转换的本土资源；其三，工匠的"艺"通过技术性再造登上世界舞台，为日本匠艺的国际声誉打下了基础；其四，日本的"被歧视部落"承担了以皮革业为主的多种技术工作，有相当数量的部落民在明治维新后被吸纳到军需工业生产中。

第四章论述了由地方认同、职业认同与民族认同交织而成的对匠人匠艺的认同是当代日本工匠文化所继承的关键性近代遗产之一。其一，在地方与民族认同方面，以传统工艺走向世界已经成为日本国策中的重要内容。其二，当代日本技术传承了匠作传统，强调自我觉醒，人与社会、自然协调统一的"隐性知识"和显性知识的动态协同。其三，当代日本企业经营中的工匠文化因素主要体现在管理模式和劳资关系两方面，内含工匠精神的"日本式经营模式"指向"技术立国"。其四，日本当代企业近二十余年以来的"日本制造"[1]危机是其传统工匠精神在民族主义名利观、僵化的体制和扭曲的实践能力观作用下的失落所导致的。其五，也有一些日本企业在反思的基础上明确了制造业升级对工匠精神中的传统劳动观、价值观、自然观与体制基础的诉求，从而成功发挥了工匠精神在现代制造业中应有的作用。首先，在管理体制的传承上，战后树立的日本式企业管理模式渗透着传统工匠精神，"终身雇佣、年功序列、企业内工会"三大神器论的理论基调在于集体主义、家职伦理与员

---

[1] 即 Made in Japan，日文为"日本製"。

工归属感。质量控制（QC）小组、员工提案制度以及全面质量管理（TQC）等全员参与模式强调东方式的共同体观念，将标准作业划分基准落实到小组，自基层到高层进行提案与决策。其次，在学徒制的延续与创新上，在高等职业技术教育层面，以"造物大学"为例，学校与"产学官"密切合作，课程中的动手环节与实习科目采纳了注重"口传身教"的"传帮带"学徒制度。该实践体系已经被纳入日本注重劳动的"全人教育"的重要环节。最后，在天人合一、以人为本的价值指向传承上，在对抗现有制造业民族主义、名利观问题与体制问题上，一些日本企业坚持了工匠精神的价值指向，令其在竞争中长期居于优势地位。日本的流行文化，如小说、动漫、电视剧中有不少描述匠人匠艺、讴歌工匠精神的作品，这在一定程度上可以证明工匠精神集中反映了当今日本民族的核心价值体系与民族认同。

本书具体采用了如下研究方法。

第一，以问题意识为导向，整体分析同个案研究相结合。抽取代表性工匠的相关史料，进行个案的综合比较分析，提炼出日本工匠文化在不同阶段的表现形态及整体特征，进而论述其在日本社会产生的影响。

其中，在思想史文献方面，笔者整理了日本古学派、阳明学派、朱子学派、农民和市民思想家有关手工业生产生活，及受到工匠实践与技术思维影响的观点、著述；在描绘工匠生产生活的丰富图汇与百科资料方面，笔者主要利用从日本国立国会图书馆和日本历史民俗博物馆网络数据库下载的《职人尽绘》《和汉三才图会》等资料。另外，关于民间工匠文化相关资料，笔者收集了大量工匠技术书、启蒙日用类图书、民间文艺作品，还收集了江户落语等相关光盘。对于史上留名的重要工匠，主要参照《朝日日本历史人物事典》，江户工匠转型方面的资料则参照《江户东京学事典》《大江户万花镜》等。

第二，融实地调查于文献分析。日本中世到近代各地独特的产业促使地方文化和工匠自我认同意识得到发展，部分相关地方志和现存文书是笔者在实地调查中获取的，比如石见银山和日本德岛"阿波蓝"生产地区当地工匠生产与祭祀活动资料，京都、群马传统手工业术语、俗语（以丝织业、木工、匠艺为主）。笔者对相关资料做了针对性的汇编与分析。

同时，本书意图在最大程度上复原历史变迁并理解其当代传承。尽管能直接说明工匠文化核心——"工匠精神"的资料较少，但工匠祭祀活动自近世逐渐扩大影响，已成为代表性民俗仪典；同时，工匠制度作为非物质文化遗产与长寿企业经营传统也得到了较好传承。本书还对日本近世以降的大规模工匠祭祀活动、碑刻与传承制度进行了文献与田野调查。相应的人类学式的参与观察及访谈资料的运用在很大程度上有助于复原历史变迁图景并理解其当代传承，使本书内容更为具体、形象。

第一章　日本工匠文化的渊源

日本有尊崇工匠的传统，把工匠所持的技术称作"職人芸"，即工匠艺术。日本作家幸田露伴（1867—1947）的《五重塔》和樋口一叶（1872—1896）的《埋木》都对工匠出神入化的技艺、对职业的执着和虔诚进行了生动的描写。前者描绘了修建佛寺建筑的工匠，后者的主人公是陶器工人，两者所掌握的皆为中国东传的技艺，尊崇的也是源自中国的器物。工匠文化存续的重要载体是器物/产品与工具等"物"。日本工匠精神的源头是中国文化，尤其是道教与中国化的佛教的东传，工匠精神的重要组成部分"工具崇拜"的核心内涵为中国文化基因。

第一节　中华文化东传与日本手工业文化的萌芽

藤田荣一在《绳文农耕》中表达了这样的观点："每一件土器都精心地刻上深刻的立体花纹……可以简单地说制作者在每一件作品上都倾注了深厚的感情，但是归根结底是因为其中寄托了一个殷切的心愿，即果实蒸煮后失去了生命，但是又作为新的生命而复苏，转化为维持人们生命的粮食。"[1] 日本学者千田稔也曾将日本手工艺文化传统追溯到绳文时代的"祭神"传统。

然而日本传统工艺很大程度上也源于5—7世纪以中国器物为首的"唐物"和与之相应的技术、宗教、思想、制度的传入。这促进了当时倭国的"文明开化"。[2] "唐"在日文中训读作"から"或"もろこし"，[3]

---

[1] 藤森栄一『縄文農耕』学生社、1979、38頁。
[2] 佐藤弘夫編『概説日本思想史』、11頁。
[3] 日本学者河添房江指出，"から"源自朝鲜半岛南部小国"加罗"的发音，因此多充"韩"字，而当8世纪遣唐使开始再次派遣之时，转用为指代中国即唐的词语（〔日〕河添房江：《唐物的文化史》，汪勃、山口早苗译，商务印书馆，2018，第6—7页）。而对于"もろこし"这种读法，学界有观点认为，其来自指代中国南方"越"（えつ）诸国族的训读"诸越"，后逐渐指代中国全域，与唐（とう）、唐土（とうど）同义。

既指代中国，也指从该地方传到日本的诸种物品，这表明了古时日本人对于文明的认识，即文明来自以中国为首的外部世界，物质文化是其重要载体。而"唐物"一词可追溯到《日本后纪》平城天皇大同三年（808）十一月条："大尝会之杂乐伎人等，专乖朝宪，以唐物为饰，令之不行，往古所讥。宜重加禁断，不得许容。"① 即大尝祭这一日本宫廷较为重要的祭祀活动所用的杂乐伎人不遵禁令，以唐物装饰自己，需要严加禁止。由之可见，唐物原指源自中国或经由中国传入日本的物品。后该词演变为既统称所有的舶来品，也涵盖中国、朝鲜半岛工匠乃至日本工匠在日本模仿舶来品所制作的"外国风格"的器物。可以说，构成日本人美学意识的所有要素都发端于其对"唐物"的态度。②

中国的日本史与中日文化交流史研究中有不少曾论及中国物质与技术文明及工匠东渡对日本传统工匠文化的影响。20 世纪 90 年代以来，考古与文献发现的中国古代江南工匠东渡日本的遗迹得到了学界的持续关注，王仲殊认为，日本各地出土的三角缘神兽镜就有很大的可能为中国吴的工匠在日本所作。③

在公元 5 世纪后半叶，采用氏姓制度的大和政权建立，大批中国与朝鲜半岛工匠伴随佛教一同进入日本，与从事陶铁生产的氏族被编入品部，在氏族之长的带领下以手工制作奉公。④ 这便是日本首批工匠集团。直接从事手工生产的品部与其他行业不同，属于"上班族型"品部民，他们在一定时期到皇室的工房或其他部门从事某种专门生产或服务，如锻造部在伴造锻冶造（品部的首领）的管理下，在一定时期到宫廷工房生产铜、铁器。⑤ 另有鞍部、织部等。国家对品部免除课役，以保证职

---

① 伴信友校『本朝六国史 17、18 日本後記』岸田吟香等、1883、103 頁。
② 〔日〕斎藤正二：《日本自然观研究》，胡稹、于姗姗译，中国社会科学出版社，2020，第 890、889 页。
③ 王仲殊：《论日本出土的青龙三年铭方格规矩四神镜——兼论三角缘神兽镜为中国吴的工匠在日本所作》，《考古》1994 第 8 期。近年，徐坚从考古学材料属性出发，指出三角缘神兽镜的生产知识和传统显示出其以辽东为源地。参见徐坚《三角缘神兽镜再检讨：从金石学、以物证史到历史考古学》，《学术月刊》2022 年第 3 期。
④ 歴史学研究会・日本史編集会編集『日本歴史 1 原始・古代』東京大学出版会、1968、34—40 頁。
⑤ 吴廷璆主编《日本史》，南开大学出版社，1994，第 36 页。

能与技术的应用和传承。

到了奈良时代，随着内匠寮于728年设立，工匠中逐渐发展出严格的技术等级制度，其社会地位与待遇也进一步提高。内匠寮隶属中务省，拥有技术官多人，主要负责制造宫廷御用品，尤其是纺织品。其中有四等官之头、助、大允、少允、大属、少属，其下还有史生、使部，有各种匠手，共计15种120名工人。《延喜式》[①]中记载了其具体设置情况。《续日本纪》神龟五年（728）八月甲午条载："使部已下杂色匠手各有数。"[②] 到了9世纪，内匠寮被编入藏人所，此后依然制作器具提供给日本皇室。[③] 其中大工相当于正七位上，小工相当于正八位上官职。所谓大工就是木工，在日本工匠中居于最高地位。在中国，"匠"最初也是专指木工。《说文解字·匚部》云："匠，木工也。从匚，从斤。斤，所以作器也。"而佛寺建造工人的日薪大约为佛工60文，造镜工50文，铜工40—50文，金工40文，画工36—37文，土工10文，[④] 可见当时工匠的技术、身份与待遇都是直接挂钩的。《日本书纪》雄略十三年（469）将猪名部真根（生卒年不详）称为名工。真根是雄略天皇时期（457—479）的木工。猪名部是隶属天皇、氏族的品部之一，作为工匠集团提供土木技术。其部民的伴造，即工匠集团的首长长期为新罗系渡日人。在4世纪末，新罗派出有能力的工匠，到日本从事造船、土木建筑工事等工作。雄略天皇热衷于建造宫殿楼阁，在佛教建筑传入日本以前，真根在营造建筑时为大陆建筑的传播做出了很大贡献。

江户中期朱子学者、政治家新井白石（1657—1725）有名物训诂著作《东雅》，即"日东尔雅"，是仿贝原益轩（1630—1714）的《倭尔雅》而作，共八卷二十二门。其中，卷五《人伦第五》在皇族、大臣后，对士农工商做出了注解。其中"工"的读音注为"タクミ"（现代日文中一般写作"匠"、"工"或"巧"，指工匠、技艺或匠心）。新井白石将其解释为"手"和织丝的"クミ"即"组"发音的组合，即用手

[①] 完成于927年的奈良时代法典。
[②] 経済雑誌社編『国史大系第2巻 続日本紀』経済雑誌社、1897、166頁。
[③] 中西康裕「内匠寮考」『ヒストリア』第98号、1983年3月、43—55頁。
[④] 浅香年木『日本古代手工業史の研究』法政大学出版局、1971、150—152頁。

制作。

新井白石对工匠起源的记述如下：

　　古时，称工匠类为テビト（汉字写作"手人"），云其有手技也。凡我百工之事，国史可见其事始之所，然其事始终不详……大苫彦大苫姬二神之时，户道之事既始。后天降阴阳二神至淡路洲见八寻殿，（可见）木匠之事始自太古。国史始见其事，乃日神藏身天磐屋户之时，手置帆顷神彦狭知神以天御量造杂器，复伐大峡小峡之材而造瑞殿。又有神武天皇造大倭国橿原宫之时，彼二神之孙构立正殿，其裔孙所居纪伊国御木麁香二乡。其伐材于忌部①所居，谓之御木；造殿忌部所居，谓之麁香。此后谓杣匠，即所谓工匠。其后自新罗百济召来良匠，代代称番匠。昔飞驒国匠②，每年九月轮番交替（进京出工），因云番匠。其中大匠称都料匠，俗称トウリョウ，是其语转讹。又有与渥土煮沙土煮③之二神同世之神，称天镜尊，亦为伊奘诺神④之祖神。又有寄赠天琼戈于伊奘诺神及伊奘诺神持有十握剑白铜镜之说，可见如冶铸工在太古时既有其事。《旧事记》记载日神藏身天磐屋户之时，镜作组

---

① 忌部是氏族名，后称斋部，在日本古代朝廷中承担祭祀职责，如制作祭器、营造宫殿。该氏族尊天太玉命为其祖神。

② 飞驒国匠，或飞驒木匠，指根据日本古代律令，从飞驒国（今岐阜县）向中央派遣、进入木工寮等基础建设相关机构从事都市城池的建设的木工。随着律令制的演变，飞驒木工这一特殊制度在10世纪中叶从正史记录中消失，但他们在从事都城建设时习得的技术也用于一般建筑的建造。平安时代中期以后，飞驒木工成为有名的通用性说法，在《源氏物语》（东吴卷）、《新猿乐记》中均有记录。《今昔物语集》也记载了一位迁都平安京时建造丰乐院的飞驒工匠与绘师百济河成比试技艺的场景。尤其是猗前山光等飞驒木工的形象被用于象征在都城建设时活跃的工匠群体，飞驒木工的形象也成为当时著名工匠们的直接代表。中世末期以后，飞驒木工这一称呼也转变为对工匠个体权威的承认。"飞驒木工"即著名工匠的说法最终在近世逐渐确立。

③ 《日本书纪》中记载为泥土煮尊与妻神沙土煮尊；《古事记》则记载为宇比地迩神与妻神须比智迩神。泥土煮尊即煮土之神、沙土煮尊即煮砂之神。此二神被尊为制盐之神，长野县松本市有沙田神社。

④ 在日本神话中与其配偶神伊奘冉尊自高天原降临、生日本国土及众神之神。在《古事记》中亦作伊邪那岐神、伊邪那岐命。

石凝姥命①、天糠户神等作镜之事。《古事记》记载，为求锻人天津麻罗，令伊斯许理度卖命制镜。《倭名抄》中记载，俗称锻冶为"かじ"是讹传而致。但在垂仁纪②读锻字为"カヂ"，是"カタシ"一语所转。谓锻人为"カタシ"，是上世所云，即打造之意。

又见大己贵神③、栉八玉神令天八十毘良迦制作之事④，可见陶工之类也见于天孙降临之时。其后神武天皇的八十枭师战死之时，曾取天香山社中土，造天平瓮八十枚并严瓮而祭天神地祇，后有物部八十手作祭神之物。此时国史中记录陶工之始。

画工之始不详。《出云国风土记》⑤中记载秋鹿郡惠昙乡之事，须佐能乎命之御子磐坂日子命云，此地形如画鞴哉，故称惠伴。据神龟之诏改为今字。如根据此说，我国自上世即有绘事。画工之事，雄略天皇之御世，魏安贵王之后，曹龙一名，名唤辰贵，来此善绘事。《姓氏录》中记载，这是大冈忌寸⑥之祖。姓氏录见崇峻天皇御世，百济王进画工白加，其后推古天皇十三年秋，始置黄书画师山

---

① 石凝姥，读作"いしこりどめ"，是日本古代担任镜的制作的镜作部的祖神，亦称"伊斯许理度卖命"，意为"用石头制作模型、倒入铁并令其凝固之女"，也是日本记纪神话（《日本书纪》《古事记》）中天孙降临神话中的女神。在神话中，她为了将日神天照大神引出岩屋户，采天之安河的坚硬石块和天之金山的铁，监督天津真浦制作八咫镜（日本皇室三大神器之一），并随同天孙降临。在天孙降临神话中，与天儿屋命和布刀玉命一同随行下界。《日本书纪》记载她还曾从事矛与风箱的制作。镜作部是日本古代职业部门中的一类，使用金属从事镜等其他器物的制作，与宫廷祭祀有密切关系。在大化革新（645—650）后，镜作部的技术逐渐普及、在律令制下，其工作由杂工户替代。奈良县田原本町的镜作坐天照御魂神社中供奉了天照国照日子火明命、天儿屋命和石凝姥命。天津真浦则是日本神话中的锻冶神。《日本书纪》绥靖天皇条记载，倭锻部天津真浦制作箭，《古事记》天之石户神话记载，锻人天津麻罗协助伊斯许理度卖命制镜。真浦（mara）意为"目占"，即目测火势，表示锻冶神。《日本书纪》的天孙降临神话中，作金者是"天目一个神"，这是因为以独目观火，常导致失明。柳田国男在《一目小僧及其他》中指出，一目小僧的源流即是古时的锻冶匠人。
② 日本第十一代天皇，约存活于3世纪后半叶至4世纪初。
③ 又称"大国主命"。
④ 《古事记》《旧事记》中均记载了天八十毘良迦制作燧臼钻木取火之事。
⑤ 《风土记》是8世纪前期，日本元明天皇令各国编纂的地方志，以汉语书写。其中《出云国风土记》记录神祇事迹最多。
⑥ 《书纪集解》记载，据《姓氏录》："日左京诸蕃，大冈忌寸出自魏文帝之后，安贵公也。雄略天皇御时，率四众归化。男龙一名，辰贵善绘工，小泊濑稚鹪鹩。天皇美其能，赐姓首。五世孙勤大壹惠尊，亦工绘才。天智天皇御赐大冈忌寸。"此后的《续日本纪》等记载，还有不少"倭画师"都赐姓大冈忌寸。

背画师。见于《日本纪》，是我国画师之始。是等以外，凡百工之事，不遑悉举，不于此记。至于女工之事，《旧事记》记载，伊奘诺神之冠裳衣带皆成为神。其后日神化出苇原之保食神①，取桑蚕、抽茧丝，始有养蚕之道，乃起纴织之业。②

事实上，在日本形成统一国家之际，豪族及地方豪强争相将"渡来人"③纳入旗下。《日本书纪》《古事记》等也常将技术移民及其培育的技术工作者称作"手人"。可以说，明治维新时日本竭尽心力试图引进西欧科学的行为，在此时已经可见端倪。④新井白石虽然将工匠起源一一考证到诠释日本皇室神权的"记纪神话"中，但其中仍然不得不言及有关画工是中国贵人之后的记载。因斯罗我是5世纪的画工，他既是画部⑤中最早为人所知者，也是雄略七年（463）从百济招入日本工人中的一个，与"渡来人"陶部高贵、鞍部坚贵、锦部定安那锦、译语卯安那等一同居住在上桃原、下桃原、真神原（均在现奈良县明日香村一带）。

古河内国（现大阪府东部）南端的狭山丘陵地区在开发时，处于劳作第一线的是被称为"今来才伎"⑥的渡来人当中的技术人员。至今狭山池边的山丘上还有他们的房屋遗迹。⑦同时，此地自古坟时代⑧开始生产素陶器，《日本书纪》崇神天皇七年（前91）条目中将其记载为"陶邑"。冲浦和光指出，负责生产陶器的是古代朝鲜半岛百济来的人。⑨

精美器物的大量出现和先进技术的传入使日本人崇拜自然的泛灵论

---

① 《日本书纪》中记录的谷物神，在被月夜见尊杀死后，其尸体的各部分生出了牛马、蚕茧、五谷。
② 新井白石编『東雅』吉川半七、1903、157 頁。
③ "渡来人"是日本对来自中国或朝鲜的移民及其后裔的称呼，他们通常是因为本国的战争或文化交流而移居日本的。
④ 村上陽一郎『日本近代科学史』講談社、2018、44 頁。
⑤ 律令制中务部辖下画工集团，从事朝廷、寺院的绘画工作。
⑥ "今来才伎"是日本雄略天皇时期的汉人移民，因其所携带的新技术而得名。
⑦ 〔日〕冲浦和光：《日本民众文化的原乡——被歧视部落的民俗和艺能》，王禹、孙敏、郑燕燕译，社会科学文献出版社，2015，第7页。
⑧ 约在4—6世纪。
⑨ 〔日〕冲浦和光：《日本民众文化的原乡——被歧视部落的民俗和艺能》，第8页。

转变为对人工物的崇拜。在日本人初期的宗教信仰观念中，大自然里充满种种令人恐惧的力量，这些不可知的力量是人们信仰、崇拜的主要对象。但随着中国物质与技术文明东传，大自然逐渐由"不可知"变得"可知"，日本人对大自然的力量开始不那么恐惧，对大自然中万物的信仰也逐渐消退。而在技术进步的同时，工匠生产出的复杂精巧的器物与自然物相比，形态和功能都发生了变化。可以说，人工物作为自然物的替代物和大自然与人类的中介，成为"第二义"的自然。人类原本对大自然的崇拜，也就转变为对器物世界这一第二义自然的敬畏。

由此，手工业最崇高的目的乃是人神沟通，最高级的制品则作为祭器献给神灵。祭神时用以供奉的手工艺品还有一个统称"神宝"，神宝是不可以粗制滥造的。儒学家林罗山（1583—1657）晚年著有《神社考详节》，其中详细辑录了日本全国各地共118间神社的历史。而各神社祭拜的神祇中也有器物衍生之神，分别是松尾和日吉神社的丹涂矢、热田神社的草薙剑、松浦神社神功皇后的御镜、箱崎八幡神社的天降八幡、夗桥神社的桥等。千田稔指出，源于祭神的"精致"手法提高了日本手工艺品的技艺。[①] 矢野宪一举出了用葛藤编制的箭筒胡籙、白葛御韧等江户时代滋贺县甲贺市水口町的特产。水口町产的插画容器、篮筐等曾热销海外，但因为塑料制品的普及，手艺濒临灭绝。而其中京都老字号"十三屋"主人手制黄杨御梳，号称其鬼斧神工的手艺是"不用心锯，不用手锯，一如暗夜霜降地"。[②]

日本的建筑、居住文化中也继承了祭神的传统。日本建筑技术精雕细琢，注重每一个细节，这是从事古代宫殿建筑的"木工寮"（日本古代律令制度中隶属于"省"的官署）的工匠和寺庙、神殿建筑的宫殿木匠共同拥有的。[③] 而在中世后期，建筑工匠落户都市时将宫殿、寺庙和神社的建筑技术与风格带到市民住房的建造中。至今，日本的建筑破土动工前依然会依佛教或神道仪轨举行开工仪式。

奈良时代到平安时代（794—1192），大量精美"唐物"，即工艺品与先进的生产技术通过各种渠道，随遣唐使、遣隋使以及包括工匠在内

---

① 〔日〕千田稔：《细腻的文明》，杜勤译，上海交通大学出版社，2017，第124页。
② 矢野憲一『伊勢神宮の衣食住』角川学芸出版、2008、119頁。
③ 〔日〕千田稔：《细腻的文明》，第111—112页。

的中国、朝鲜半岛移民进入日本，自上而下地风靡日本社会。至今，日本把用高级丝绸缝制的和服称为"吴服"，这也可以说明日本人对于和服起源于三国时期的吴地的认知。《日本书纪》记载吴与日本最初的交流在应神天皇三十七年（306）条："春二月戊午朔，遣阿知使主、都加使主于吴，令求缝工女。爰阿知使主等渡高丽国，欲达于吴。则至高丽，更不知道路。乞知道者于高丽，高丽王乃副久礼波、久礼志二人为导者，由是得通吴。吴王于是与工女兄媛、弟媛、吴织、穴织四妇女。"[1] 而在其后的雄略天皇相关条目中，也出现了"从百济国逃化来"的"吴国人""吴织"等字眼。

在平安末期的12世纪，手工副业即计件活[2]作为工匠文化形成的契机出现。在丝织等需求较高的行业中，从农民中分化出了专门的手工业职业。工匠拥有技术与工具，从事加工与生产，从中获取工钱[3]，原料则一般由订货方提供。中世，武士阶层抬头，规模不断扩大的中日贸易激发了日本对唐物需求的进一步增强。享用唐物的地方以京都为中心不断扩大，由于诸多出身农民的武士身份的提高，唐物的享用人群得以激增，唐物知名度与"中国热"继续增高，并持续了两百年以上。对于唐物的嗜好与崇拜使中国丝织物供不应求，也引发了日本本土手工丝织业的诞生。中世后期，出现了原本负责修复唐物、后开始制作新的唐物或称"和物"的工匠，其中知名的有羽田五郎等。

进入13世纪，日本的生产力进一步发展。这时出现了大批手工业匠人，他们已经有很强的自我认同意识。这是由于手工业生产在造纸、制陶、榨油、制漆、金属铸造、木材加工以及纺织等方面都取得了长足发展。这一系列的手工业的发展，使手工业从农业中独立出来，日本传统产业的分布原型初步确立；同时，各地城镇、村庄出现了专门从事某一工种的工匠阶层。工匠们结成"座"这一行业工会组织，独立性逐渐加强。从南北朝时代到室町时代（1333—1568），还诞生了诸

---

[1] 黒板勝美編『新訂増補 国史大系1上：日本書記 前篇』吉川弘文館、1966、282頁。
[2] 日文作"賃仕事"。
[3] 日文作"手間賃"。

多专门描绘匠人生产、生活场景的职人歌合①绘卷与职人尽绘屏风等绘画作品。在14世纪，一种新的工作模式——计件工作制开始出现。这种模式允许手工生产者在确保必要原料供应的前提下，根据完成的工作量来获得报酬。工匠无论在城市或农村，一般隶属于领主，得到经营和生活的保障。

在中国器物与技术东传的刺激下，日本社会分工得以深化，手工业工种大量增加并细分化，日本人在模仿的基础上加工出了更多精巧的器物。中世以降，日本有很多商品通过中日贸易输入中国，其中以手工艺品居多。日本的莳绘②、螺钿、水晶、刀剑、扇子等精美的工艺品，都极受宋人喜爱。据称为北宋文人欧阳修于嘉祐③初年所作的《日本刀歌》，吟咏了宋朝流行的日本刀"鱼皮装贴香木鞘，黄白闲杂鍮与铜"，还赞美日本"至今器玩皆精巧"。战国大名对手工业发展的愈加重视也为中世工匠带来了丰厚的经济回报。如北条氏组建了工匠集团（"職人衆"），成员包括从事锻冶、伐木、采石、制纸等的26名工匠，把他们变为家臣，给予较好的待遇，并免除诸役。④

综上，随着生产力的发展、工匠自我意识的提高与精巧器物的大量出现，日本人崇拜自然的原始万物有灵观的很大部分转变为对器物的崇拜。而古时的以手工业为神赐之业、以职业奉神佛的观念并无改变。关于这点，将在第二节详加论述。

第二节 日本工匠文化中器物神崇拜的中华文化根基

日本器物神崇拜萌芽于日本原始的"万物有灵论"，即泛灵论。在日本，对于自然物体的崇拜萌芽于原始时代，受到5—6世纪开始的中华文化东传的刺激，演化为对中国器物的崇拜，于日本中世手工业独立阶段逐渐转化为器物神崇拜，并在近世确立供养仪式为其表现形式，延续

---

① 歌合（うたあわせ），是一种将咏歌人分为左右两族，将其所咏诗歌相互比较、以争劣的游艺与文艺批评形式。
② 用漆画出纹样，粘上金、银、锡、色粉等的漆器工艺。
③ 北宋嘉祐（1056—1063）对应日本的平安时代末期，即古代末期。
④ 王金林：《日本中世史》下卷，昆仑出版社，2013，第645页。

至今。手工业在人神关系中产生，其中起到过渡和沟通作用的就是工具。这种最初的功能使工具及利用工具改造自然的手工匠人具有了神圣的性质。工具对于制作者而言，不光是自己"手的延长"，还是"精神的延长""心灵的延长"，因而工具也就有了神圣的力量。日语中指代"制造""生产""造物"的固有词同时也是最常用的词是"物作"，即"ものづくり"，将"物"前置，特指熟练的技术劳动者以其优秀的技术制作极其精妙之物，体现了从事制作之人与"物"的亲密关系。匠人们自负是器物世界这一"第二义"自然的创造者。柳宗悦指出，普通民众通过制作器物，也可以活在彼岸的净土，每个器物中都蕴含着阿弥陀佛的誓言。①

所谓器物供养，指与日本人生产、生活密切相关的器物，② 被赋予超自然意义，尤其在其老化、破损之后，会被认为进入了一种非同寻常的异怪状态，需施以宗教祭祀供养后方可丢弃。20世纪70年代后，一些在日本人生产生活中出现的新器物也得到供养，比如名片供养、眼镜供养③、假牙供养、弦供养④、手机供养等。

在文化人类学和史学界，不少学者都认识到器物不仅是研究问题的工具，其本身也是文化的重要组成部分。器物的意义并不在于它们固有的物理属性，因此，它们所包含的象征意义从来不是完全固定的，在不同时期有不同的意义，最好在其发展的历史过程的语境中加以理解。⑤人类学家阿帕杜莱在《物的社会生活》中指出，如人生一样，物品也会历经制造（出生）、使用（生命），最后被弃置（死亡）这些阶段。人们对待破旧物品与崭新发亮物品的态度截然不同，这表达了不一样的意义。

---

① 〔日〕柳宗悦：《工匠自我修养——美存在于最简易的道里》，陈燕虹、尚红蕊、许晓译，华中科技大学出版社，2016，第20页。
② 被赋予神圣地位的器物在日本古代主要有被视为皇室三神器的镜、剑、玉，以及古琴、毛笔等物，随着历史的演进、生产的发展，到了中世以后，在古籍和祭祀活动中登场的器物主要包括灯笼、针、菜刀等与人类生产生活息息相关，并因来自中国而被视为先进文化代表的工具。
③ 如日本眼镜商协会于1968年在东京不忍池设立眼镜碑，每年春天在此举行眼镜供养。
④ 日本职业音乐家协会于1951年设立弦冢，每年组织祭祀活动。弦冢里既有日本传统乐器的弦，也有西洋乐器中的弦。
⑤ 〔美〕柯嘉豪：《佛教对中国物质文化的影响》，赵悠、陈瑞峰、董浩晖、宋京、杨增译，中西书局，2015，第84—85页。

因此应当从物品参与的"生命故事"(life story)描述其作为社会关系的物质性构成所产生的价值,从而进一步研究物品集合中所体现的社会环境。①

特定器物的象征意义在日本史上得到层层累加,这应该归功于日本对中华文明的接受。日本器物象征史中深奥、质朴的信仰因素在史上逐渐被更为世俗的观念取代。器物神的历史同时也是中国器物作为日本文化的重要表达手段不断扩展其内涵和外延的历史。

对于古代的日本人而言,器物令中国的先进文化、令神圣的力量变得便于感知、触手可及。器物可以说是传播中国文化最富表现力的工具,同时也是日本接受正统中国文化的一种象征。

日本神道所谓"天子三种灵宝",即其所尊的"三神器"镜、剑、玉皆为中国传去的器物。1770年著名浮世绘师橘岷江作的《彩画职人部类》制镜师部分指出,镜是唐土传到"倭国"的三种神器之一。具体为八咫镜(《唯一神道名法要集》中记录为"内侍所神镜",目前收于伊势神宫)、天丛云剑(《唯一神道名法要集》中作"草薙宝剑",藏于热田神宫)、八坂琼曲玉("神玺八坂琼",在日本皇居,与御玺放置在一起,共为天皇世袭相传的物质依据)。这三神器体现了对"唐物"神力的无上崇拜。还有琵琶、古琴、经卷等物品,在贵族社会中都有所谓的"名器传说",在小说、绘卷等文艺作品中有关于这些器物神秘力量的记载。

日本人对中国传入的器物的崇拜还体现在对大量废旧器物的集体性恐惧心理上。日本最早的筷子出土于655年烧毁的飞鸟板葺宫遗址,在其后的平城宫遗迹的垃圾洞穴中也发掘出大量筷子,并且都是折断的,这些被推定为当时贵族阶层使用的一次性筷子。研究指出,筷子是日本人生活中具有特殊意义的道具,古代日本人使用筷子后丢弃时,不折成两段就会心里十分不安,生怕别人或者动物使用,或有邪魔附在筷上作祟。②

到了平安时代,日本人对废旧器物中灵魂的信仰演化为"付丧神"

---

① Arjun Appadurai, ed., *The Social Life of Things: Commodities in Cultural Perspective* (London: Cambridge University Press, 1986).
② 新谷尚紀・関沢まゆみ編『民俗小事典・食』吉川弘文館、2013、3—4頁。

信仰。① 人们相信，废旧器物的灵魂得到供养后才能顺利前往彼世成为真神，保佑人们生产发展、生活幸福。相反，如果忽视器物灵魂的需要，不对其加以礼拜、供养，就会导致其降祸人间。平安时代末期的《今昔物语》（卷七第五话）就讲述了旧铜器演化为付丧神作祟人间的故事。

对付丧神的信仰与器物镇魂观念和仪式一直以来被视为日本神道禁忌死秽、注重镇魂观念下的产物。所谓的"秽"，一般在人类与自然关系的平衡遭到破坏时产生。比如人的出生与死亡带来了产秽与死秽禁忌。与人密切相关的狗、牛、马等牲畜的出生与死亡，也被视为"秽"的一种形式。人们出于对秽的畏惧，在社会与自然的平衡恢复之前，一般会举行祓禊仪式来清除"秽"。神道祭祀的目的本就是防止"作祟"，比如砍树、宰杀动物等行为可能引发大自然失衡，导致某种疫病的流行或灾难降临，但人的过错可以通过拜神或净化仪式予以挽救。②

对于器物的镇魂或供养仪式兼有保命护生和祈求生产进步两大目的，不仅可消除日本人对于中国技术改造自然的强大能力的恐惧，更体现了他们对于利用中国器物与技术维持生产生活顺利延续的强烈渴望。这点从器物供养的两个名称即"感谢祭"和"镇魂祭"就能看出来：其一，对包含神秘力量的器物进行"镇魂"，避免其作乱，干扰人类正常的生产、生活；其二，通过供养器物，对其表示感谢，祈求自身手艺精进、事业发展和社会的正常运转。

一 典籍中日本器物神的中国文化根基

文本中的器物神即"付丧神"源自中国。在平安时代末期至室町时代的各种传说故事集、史书中，都能找到关于"付丧神"的记载，也可以发现，当时的日本人认为付丧神是源自中国的。然而，当今的日本学者中只有田中贵子等少量学者溯及付丧神与五行的联系，并未系统论证付丧神的中国起源。笔者认为，以下两点可以很好地证明"付丧神"的

---

① 所谓"付丧神"（日文发音为 tsukumogami），汉字亦可写作"九十九神"或"次百神"，体现年代的久远，意指旧器物中的神和怨灵。
② 孙亦平：《东亚道教研究》，第 604 页。

中华文化根基。

1. "付丧神""精魅"与五行制化观念

器物成神的变化原理可以从中国典籍中找到踪迹。柯嘉豪在对佛教物质文化研究的过程中发现，在一些非同寻常的情况下，物品可以被灌注超自然的力量。事实上，正是这种有生命与无生命物体之间的判然两别使得神圣之物彰显出其特殊性，从而吸引了各色人等。[1] 这可以理解为一种比照人的形象看待自然的拟人论（anthropomorphism）。器物的应用价值和其制造者、使用者的"灵力"的凭附都会产生某种崇拜，其因年深日久而发生的"变异"也会激发人的种种联想，于是，产生了具有禁忌性质的器物信仰观念。

中国的"精魅"观念在《周礼·春官》中就有所记载："凡以神仕者，掌三辰之法，以犹鬼、神、示之居，辨其名物。以冬日至，致天神人鬼，以夏日至，致地示物魅。以禬国之凶荒、民之札丧。"东汉王充《论衡》"订鬼"篇云"鬼者，老物精也"，指出老物或性能变化之物能化为人，是由于人与物都是由精、气构成的，他的论点成为后世干宝、葛洪等人讨论物怪、精魅的思想基础。[2] 后汉经学家郑玄将"物魅"（物魅）注为"百物之神"，《说文解字》中的"魅"也被释为"老物精也"。根据秦汉魏晋对"魅"的记载，可将其分出六种类型，其中"物魅""老魅""精魅"都与老物有关。清纪昀《阅微草堂笔记》中写道："老树千年，英华内聚，积久而成形，如道家之结圣胎，是之谓精。魅为人害，精则不为人害也。"同书中记载了一个破瓮妖怪，"五官四体一一似人，而目去眉约二寸，口去鼻仅分许，部位乃无一似人"，这是因儿童"戏笔画作人面"，器物由于与人类相似以及年代久远而成怪。[3]

真珠庵本《百鬼夜行绘卷》之一《付丧神记》，又称《非情成佛绘卷》，附会了一本已不可考的中国古书《阴阳杂记》[成书年代被记录为平安时代的康保年间（964—968）]。《付丧神记》借其中古文先生之口云，废旧器物变化成"付丧神"的法则是必须等待节分，经历"阴阳两

---

[1] 〔美〕柯嘉豪：《佛教对中国物质文化的影响》，第84—85页。
[2] 任志强、庞晓蒙：《狐魅崇拜的早期流变》，《民俗研究》2013年第3期。
[3] （清）纪昀：《阅微草堂笔记（3）》，学谦注译，团结出版社，2021，第1042页。

极反化、物体形变的时节"。① 这种五行制化思想应当是来自《搜神记》所记载的妖怪显现的原理。《付丧神记》中对"付丧神"的定义也与《搜神记》中基于五行思想解释"物老为怪""物久则灵"的叙述极为相似。如《搜神记》卷十二中记载:"天有五气,万物化成……绝域多怪物,异气所产也。苟禀此气,必有此形;苟有此形,必生此性……千岁龟鼋,能与人语;千岁之狐,起为美女;千岁之蛇,断而复续;百年之鼠,而能相卜:数之至也。"比如"春分之日,鹰变为鸠;秋分之日,鸠变为鹰:时之化也"。《搜神记》卷十九托孔子口曰:"物老则群精依之,因衰而至。此其来也,岂以吾遇厄绝粮,从者病乎?夫六畜之物,及龟、蛇、鱼、鳖、草、木之属,久者神皆凭依,能为妖怪,故谓之五酉。五酉者,五行之方,皆有其物。酉者,老也,物老则为怪,杀之则已,夫何为患焉。或者天之未丧斯文,以是击予之命乎?不然,何为至于斯也?"② 除了《搜神记》,北宋《太平广记》中出现的器物几乎都能成妖,如饭勺、枕、漆木、扫帚、鞋靴、皮袋、钟、陶偶、塑像、车轮、门板、木杵、烛台、水桶、破锅、毛笔、漆桶、酒瓶、铁杵、甑、笛、棋盘、簪等。这些器物妖与日本的"付丧神"在变化条件上极为相似,主要都是由于年代久远或岁时变化。《阅微草堂笔记》卷七"如是我闻"《卖花者》中的旧扫帚就与《付丧神记》中的记载一样,是在岁除日变化成人的。

室町时代的绘本《付丧神绘卷》和小说集《御伽草子》,对由各种被丢弃的废旧器物演变成的"付丧神"做了描绘。《御伽草子》的《付丧神记》中写道:"器物经历百年,就变化成精,蛊惑人心,此谓付丧神。"镰仓时代编纂的百科全书《拾芥抄》中记载道,正月子日、二月午日、三月巳日、四月戌日、五月未日和六月辰日被视为"百鬼夜行之日"。在这几日的夜晚,包括破掉的茶壶、锅碗瓢盆之类"付丧神"等会成群结队地在夜晚的街道游行,人称"百鬼夜行"。人们相信,如果在当天夜里外出,遇到百鬼夜行,就会给亲朋好友带来灾难,亲眼见到

---

① 京都大学附属図書館所藏『付喪神繪卷』。因是古代绘卷,没有页码。
② (晋)干宝:《搜神记》,黄雪晴译注,崇文书局,2018,第278页。

的人则会遭受诅咒而丧命。①

2. 器物神对佛教"本觉思想"的继承

器物神崇拜与佛教教理有着天然的共通性。佛教在日本的本土化主要体现在"神佛习合"下"本觉思想"的发展。所谓神佛习合，即中国化佛教在日本本土化过程中与日本神道信仰的相互融合。其中的"佛"指拥有广阔庄园与巨大经济影响力的"显密佛教"，以天台宗和真言密教为主，显密佛教中包含了日本佛教中最具特色的本觉思想②。中世的本觉思想带有主张现实生活价值的世俗化倾向，以天台宗比睿山为中心，发展出肯定"一切有情"的思想。"本觉"概念出自真谛译《大乘起信论》（554），指一切众生"之心体自性清净"，是觉悟的契机。此概念经中国华严宗传入日本，在真言宗得到传承，并在天台宗得到进一步发展。室町时代莲如（1415—1499）的《御文章》中就有一节称："可从商，可奉公，可作鱼夫。我深信，发誓挽救吾等不为此类罪业所迷惑之恶作剧者，乃阿弥陀如来之本愿也。"③ 净土真宗也对手工业持肯定态度。

本觉思想中所谓的"佛性"与对器物灵魂的尊崇相互融合，促成了器物神在日本中世的形成。因此工具信仰本身具有浓厚的佛教色彩。《付丧神记》中写道："器物经过百年变化成精，可诳人心。此号付丧神。"每年立春，家家户户要把旧器物丢弃街头，称之为"煤払い"，即一种年末除尘。而在康保年间的一次岁末扫除中，京都内外的废旧工具均怨恨原先的主人，向造化之神祈愿，生出口鼻手足，变成了可怕的妖怪。只有名为"入道"的念珠反对，却被赶走。"付丧神"首领道：我们做了多年家具，尽忠奉公，然而非但没有任何恩赏，还落得被舍弃路边、被牛马之蹄践踏的下场，怨恨不已。无论如何，大家须幻化成妖，各自报仇！"付丧神"横行街道，像人类一样排成队列、举行祭祀活动，甚至吞噬牛马牲畜和人类，以此报复忘恩负义的人类。而后被护法童子与尊胜陀罗尼用如法尊胜大法等密教法力降伏，发心进入佛门，在深山修习真言宗，最终以因德本生王如来、长寿大仙王如来、妙色自在王如来、

---

① 小松和彦「器物の妖怪——付喪神をめぐって」『憑霊信仰論——妖怪研究への試み』講談社、1994、253頁。
② 本觉思想来自中国化大乘佛教《起信论》，指一切众生本来具有的"悟"或"觉"。
③〔日〕源了圆：《德川思想小史》，郭连友译，外语教学与研究出版社，2009，第86页。

法界体性王如来等名成佛。《付丧神记》文末有云,"今闻器物非情成佛之因缘,信弥三密谕伽之深奥事"。①

二 日本社会中器物神崇拜与器物供养习俗确立的中华文化根基

1. 中世器物神观念形成的社会背景

12世纪,日本手工业得到了划时代的发展。这是因为在宋元文化东传影响下,日本中世的生产力得到了发展,商品货币经济开始发达,社会分工深化,大量精巧的器物被生产出来。在古代只有皇室、贵族才能拥有的器物被大量制造出来,进入一般百姓的生活,甚至出口到海外。

历史学家埃里克·罗伯逊·多兹认为,古代世界往往将形状变化与非理性结合起来。②而在生产快速发展、物资膨胀的年代,这种对于物质变化和腐坏的恐惧则往往成为一种社会情感。更有甚者,人造的物品本就不是中性的东西,而是惴惴不安的来源。③"付丧神"就是在日本生产力得到极大提高的中世初期——平安末期至镰仓时期诞生的。日本工匠最重要的工作是寺院神社的建造与修缮,其户籍隶属于寺院或神社并被尊崇为"神人",其工作本就是一种宗教仪式。铃木大拙指出,在日本人看来,匠人具有近似巫师或宗教人士的性质,背后负载着神佛的神秘力量。在制作手工艺品时,他们所负载的神秘力量同时注入工具内部,由此工具就具备了超越其本来机能的灵力。日本工匠在锻冶、制作刀剑时,为了招请神的降临,会在锻冶场的周围系上稻草绳以挡住恶魔的侵入。他们自己举行祷神避灾的仪式,并身着礼服竭尽心智进行工作,他们深信这样制作出来的刀剑必定会成为真正的艺术品。在这里,器物被视作灵感的对象。④中世的手工业匠人已经有很强的自我认同意识,其器物崇拜集中体现在对生产工具的崇拜上。日本木匠尊曲尺、墨壶与手斧这三样工具为"三神器"。

---

① 小松和彦「器物の妖怪——付喪神をめぐって」『憑霊信仰論——妖怪研究への試み』、246頁。
② E. R. Dodds, *The Greeks and the Irrational* (Berkeley: University of California Press, 2004) , pp. 135 – 144.
③ 〔美〕理查德·桑内特:《匠人》,第365页。
④ 〔日〕铃木大拙:《禅与日本文化》,陶刚译,三联书店,1989,第67页。

2. 近世器物神崇拜与供养习俗确立的社会背景

到日本近世，随着新的封建统治体制的建立，日本国内市场繁荣，社会稳定，经济发展，日本的手工业种类也不断增加、细分化。工匠在手工业与农业分离、城市与农村分化的过程中，成为城市"町人"的重要组成部分。①

近世日本社会的主要特征是"士、农、工、商"四民制度的渗透，其背景是佛教的进一步世俗化与儒学的本土化。这时，大量器物神被树立为行业神。在行业自我意识上升的同时，庶民阶层组成"职业共同体"即行会、同业公会，内部组织关系十分严密。他们迫切需要寻找某种精神上的寄托和慰藉，因而需要借助某个神灵在民众中的声望来抬高自己所在行业的社会地位，增强自信心和凝聚力。而器物信仰是在日本民间得到普遍认同的民俗价值观，器物供养也是一种最为直观的祭祀仪式，有利于彰显供养者的社会角色与地位，因而理所当然地成为行会信仰与集体祭祀的一种依据。

江户时代的器物神形象大量出现在各种绘卷和文学作品中。明治时代柴田宵曲采集江户奇谈后编纂的随笔集《奇闻异事辞典》中的《屋顶阁楼的包袱》记述了一个男子发现夜晚有人睡在妻子身边，后来其身体化为烟雾飞入屋顶，男子爬上屋顶后找到了一个小小的包袱，里面有妇人长期把玩而导致变化的牛角淫具②。井原西鹤也在《西鹤诸国奇闻》中记载过伞精。

器物神信仰在此时得以社会化，其宗教追求从个人目的转化为集体目的。其传承方式——器物供养这一民俗活动得以仪典化，从个人信仰上升为社会信仰和行业标志。至此，器物神已经超出个人生命信仰的范畴，具备了社会信仰的性质。行会集合以相关工具为安身立命之本的群体举行工具祭祀，这类供养依托佛寺或神社，其特点为大规模、规范化和系统化，如缝纫协会和家庭主妇供养针，烹饪协会供养菜刀，文人供养毛笔，艺人供养扇子③，艺妓供养梳子，还有更多的是生产该工具的业界人士和从事某一工种的匠人。人们通过供养仪式来表达自己对工具

---

① 刘金才：《町人伦理思想研究——日本近代化动因新论》，第26页。
② 日文作"張形"。
③ 折扇是日本传统艺能中的重要道具。

的感谢、对技艺精进的祈愿，更重要的是祈愿工具神庇护、福佑该行业的发展，彰显了其对自身职业的尊敬和自豪。

江户时代开始的针供养的祭祀者为妇女和裁缝、缝纫协会等，时间为每年2月8日或12月8日。在供养当日，家庭妇女和裁缝们要停止缝纫，把旧针供奉到家里的神龛，还会陈列一些糕饼点心等作为供品，或是把针聚集到神社寺院，把旧针插在豆腐或蒟蒻上，再让其随流水漂走，甚至把它们埋入土中，做成"针冢""供养堂"等，以便长期供奉。如今，在各大淡岛神社和某些寺院以及从事缝纫行业相关教育的技术学校里，针祭祀还在年年举办。

三 围绕器物神崇拜与相关民俗的中日比较

1. 典籍中的器物神/精怪之比较

如上文所述，中日对器物成神/精怪的观念都源自对时间流逝与精气变化之间的关系的认识。然而，中国典籍中的器物精怪散见于各种类书、故事集等，日本则有专书记录；中国的器物精怪与其他妖怪相比并无显著特色，而日本的则有其明显的诉求——要求得到人类的关注和爱惜。同时，中日典籍中的器物神/精怪还存在如下三点不同。

其一，日本器物神聚焦于庶民生活，而中国典籍中的器物精怪体现较多的文人生活与文人趣味。如前文所示，日本典籍中的"付丧神"一般都是庶民中的废旧家具，还会像日本一般百姓一样参加夏日祭典、饮酒作乐。而中国典籍中，发现器物精怪的往往为地方官员或书生，器物妖怪从事的活动也往往会模仿文人的生活。作者写魅谈魅，实则是以魅喻人。[1] 如《太平广记》卷第三百六十九"精怪二"讲到元无有风雨之夜闻四人吟咏，实际上是杵、灯台、水桶、破铛几样废旧器具；卷第三百七十一"精怪四"则讲到太原掌书记姚康成半夜听得三人吟诗作赋，后发现原来是铁铫子一柄、破笛一管、一秃黍穰帚；卷第三百七十一"精怪四·杂器用"讲到独孤彦遇到二人清谈，实则为铁杵与甑所化。唐代段成式（803—863）所撰笔记小说《酉阳杂俎》续集卷一"支诺皋上"中记载："元和中，国子监学生周乙者，常夜习业，忽见一小鬼骷

---

[1] 杨清虎、周晓薇：《论中国古代文献中的"魅"观念》，《文化遗产》2012年第3期。

鬘，头长二尺余，满头碎光如星，眨眨可恶。戏灯弄砚，纷搏不止。学生素有胆，叱之，稍却，复傍书案。因伺其所为，渐逼近，乙因擒之，踞坐求哀，辞颇苦切。天将晓，觉如物折声，视之，乃弊木杓也，其上粘粟百余粒。"①

以上故事中的吟诗、听戏、清谈、修习，均为文人生活与趣味的反映。中国对器物妖记载中还有借评论"魅"而论道，这是一种对于官场处世术的教化。比如《阅微草堂笔记》卷七《卖花者》讲述了岁除日扫帚变化成人，后"锉而焚之，呦呦有声，血出如缕"的故事。书中评论道："此魅既解化形，即应潜养灵气，何乃作此变异，使人知而歼除，岂非自取其败耶？天下未有所成，先自炫耀，甫有所得，不自韬晦者，类此帚也夫？"②

其二，中日对器物神/精怪的处理方式不同。日本的"付丧神"必须采取宗教方式慰藉、供养。而中国对器物妖怪的处理，或"祛魅"的方式多种多样，有使用道士符咒的，有用神物神兵仙器扼杀的，有用汤药针灸的。③ 总体而言，以"镇妖"和"克破"为最终目的，并无祭祀仪式。因而，即使是打碎或烧毁的方式有时也能生效。《搜神记》卷十八《细腰》讲述了这样一则故事：有一个叫何文的人，入一凶险旧宅时，看到一个黄衣人问一个叫"细腰"的妖怪有没有生人，细腰回答没有。后来又连续有青衣人和白衣人问细腰同样的问题。于是何文把细腰唤出，从其口中得知黄衣人是金，青衣人是钱，白衣者是银，而细腰本人则是杵，它们各自被分散埋在屋子的角落里。何文在第二天把它们都挖出来，把名唤细腰的杵烧毁。最后，何文得金银五百斤、钱千万贯，成了有钱人，凶险旧宅也平安无事了。同卷的《文约》讲述了饭插妖怪被烧毁后绝迹的故事。④《搜神记》的这两则故事与《日本昔话大全》第7卷的《怪物寺》在故事结构和类型上极其相似，后者中出现一种类似细腰的"付丧神"——椿杵，在该故事的末尾，村民们通过祭祀废旧器

---

① 《钦定四库全书荟要·酉阳杂俎》，吉林出版社，2005，第142页。
② （清）纪昀：《阅微草堂笔记（2）》，第485页。
③ 杨清虎、周晓薇：《论中国古代文献中的"魅"观念》，《文化遗产》2012年第3期。
④ 李剑国辑校《新辑搜神记》，中华书局，2007。

具获得了安宁。①

中国典籍中的器物妖怪常常藏身于佛寺，僧人却对之无知无觉，最终还是需要打碎或焚烧废旧器物。如《太平广记》引用了《广异记》中一个名为《卢赞善》的故事，其中写了"瓷新妇子"妖怪，即便送到寺中供养也无用，最终还是将其击碎，还说到其"心头有血，大如鸡子"。②《柳崇》《南中行者》也采取了把瓷人打碎烧毁的做法。清代袁枚所撰《子不语》卷十五"伊五"记述道，某贵人之女为邪所凭，修道者披甲人伊五认定其为器物之妖，于深夜持小剑入房内降伏"藤夹膝"妖怪，于是"聚薪焚之，流血满地"。③ 同卷"油瓶烹鬼"则记载了钱塘周轶韩孝廉偕友暮夜泛湖，以网捉住化作人形的枯木，将其锯断并送入油瓶中烹为焦炭的故事。④

其三，中国相关故事的主角是人，而日本记载的主角是器物。中国相关故事的标题一般都是人物姓名，主要讲述人如何发现并处置器物妖怪。而日本典籍中的相关记载以工具神为中心，记载其发愿成佛的经过。这种现象产生的一大原因在于编纂目的不同。如《酉阳杂俎》等中国志怪作品写作的指导思想是尊重人类的天性，为民众提供娱乐的生活材料。⑤ 而《付丧神记》和中世的诸多器物神绘卷原本是寺院编纂、收藏，目的是普及佛教信仰。

从器物神/精怪的成因看来，中日最主要的区别在于，在日本的器物神相关记述中，器物占据了主体性地位。器物是具有自保意识的自觉性存在，并且主动与人类发生关系，因而有更加强烈的行业器物神话特点。行业神话中的器物具备真正的主体性，在其中，器物是神话叙事的"主语"，而人是它的"宾词"。⑥

---

① 小松和彦「器物の妖怪——付喪神をめぐって」『憑霊信仰論——妖怪研究への試み』、253 頁。
② （唐）戴孚：《广异记》，陶敏主编《全唐五代笔记》第 1 册，三秦出版社，2012，第 509 页。
③ （清）袁枚：《子不语》，时代文艺出版社，2003，第 161—162 页。
④ （清）袁枚：《子不语》，第 156 页。
⑤ 许智银：《〈酉阳杂俎〉的文学人类学阐释》，《广西民族大学学报》（哲学社会科学版）2012 年第 3 期。
⑥ 朱大可：《器物神学：膜拜、恋物癖及其神话》，《文艺争鸣》2010 年第 1 期。

同时，中国的器物精怪大多被赋予负面形象，而日本"神"的观念本来就具有两面性，既可以造福人类，也可以为非作歹。器物神作祟是由于它们因工匠劳作、拥有者使用而获得灵魂，却不得善终，随之产生了怨念。但只要人们日常珍惜器物并加以充分使用，在其寿命终结时虔敬地加以供养，就可以令器物成为护佑人类生产生活的神。

2. 器物相关民俗的中日比较

首先，日本器物神信仰本身与中国民间"物久则灵""久物成精"的信仰是相通的。在中国，与人们生产、生活密切相关的器具如果遭到毁坏、破碎，常被认为是不吉利的，预示着人将遭遇厄运、灾祸。汉族、佤族、彝族等都有打碎碗、盆、勺等餐具器皿的禁忌。河南一带忌讳过年时打碎碗盏，如果不慎打碎，要说"岁岁（碎碎）平安"。傣族楼中火塘边的茶筒很薄，切忌弄破，否则，虽至亲好友，亦须赔偿一头牛。其他诸如针断、勺漏、秤折、镜破等，也均被视为不祥之兆，民间各有忌讳和破解之法。[1] 另外，旧时戏班里有一条行业习俗，即演什么戏就要对什么道具顶礼膜拜，否则台上会出事。[2]

如上所述，中国的"久物成精"俗谚表达了一种惜物的民俗价值观，这种价值观演化成一种日常生活禁忌。日本的针供养与中国的缝纫禁忌也有诸多类似之处。一些日本民俗学者考证，针供养来源于中国"社日"的辍业禁忌。中国早在唐朝时，就有在供奉祖先与农业神时停止包括针线在内的所有工作的习俗。[3]

不过，中国的社日"二月二"忌针线习俗属于农业禁忌的一部分，这是因为民间俗信认为，种子种在地里并不是因为其适应了农时而自然发芽生长起来的，而是人们对神明祭祀的虔诚感动了上苍，才使谷物萌芽、生长、成熟。日本的针供养，不是对较为抽象的天神祈祷，而是把这样的护佑神灵理解为器物"针"本身，对其进行供养，这是一种稀有的民俗现象。

其次，中国的器物相关民俗中包含着日本器物供养中较为少见的文人趣味。

---

[1] 任骋：《中国民间禁忌》，中国社会科学出版社，2004，第507—508页。
[2] 任骋：《中国民间禁忌》，第387—388页。
[3] 鷲見定信「針供養」『仏教行事歳時記』第一ほうき出版、1989、95—103页。

如前文所述，中国典籍中的器物神，是在文人趣味的土壤中诞生的，器物相关的民俗祭祀活动，也包含着文人趣味。而日本器物神则主要是日本庶民阶层劳动观、家业观的体现。这也主要是因为，中国相关典籍的受众是文人，而日本相关的宗教绘卷或通俗小说是面向社会大众的。李春青指出，在中国古代，"文人趣味"在一个相当长的时间里决定着文学艺术的风格与走向，也决定着古代文艺思想与文论观念以及文学批评标准的基本形态与特征。[①] 汉末魏晋时期，士大夫中出现了士族，产生了其"群体自觉"；在文人掌握主流话语权后，东汉后期出现的大量辞赋作品都是表达"闲情逸致"的，除了那些抒情短赋，诸如琴赋、棋赋、扇赋、长笛赋、鹦鹉赋、杨柳赋、览海赋以及各种各样的器物铭，都传达出一种文人雅趣，是典型的"闲情逸致"的体现。[②]

日本笔供养滥觞于中国。中国隋代就有关于笔冢的记载。隋代著名书法家王羲之的七世孙智永一生用笔无数，废笔盈积成筐，堆叠成丘，他特为废笔撰写铭文随同废笔一起埋入土中，名为"退笔冢"。唐代大书法家、被誉为"草书之圣"的怀素，曾把写废的弃笔埋于山下，称"笔冢"。怀素的笔冢作为其刻苦学习之见证，激励后学至今。唐代茶圣陆羽专门为怀素作传，称赞笔冢及其所蕴含的治学精神。同样表现文人对文字的信仰的，是有关"字纸"的禁忌。据信纸张一旦写了字，便有了灵性。这是中国旧时文字崇拜的一种习俗信仰。旧时文庙所在地大都设有"惜字亭"，人们忌讳糟蹋字纸，如果需要处理，必须放在惜字亭里火化，经过祭祈文昌神，然后才能把纸灰丢进河里冲走。[③]

相对的，在日本的笔供养中，人们把旧笔投入火中焚毁或堆砌笔冢、竖立笔碑，以此对完结其使命的笔和为笔提供毛的动物的灵魂表达谢意，同时祈愿书法进步、事业进步。广岛县熊野町商工业工会于1947年在该町的榊山神社里建了一座笔祖颂德碑，又于1975年立了一座笔冢，曰："我们的祖先引入了刻苦制笔的技术，子孙代代以此为全町事业，不断提

[①] 李春青：《闲情逸致：古代文人趣味的基本特征及其文化政治意蕴》，《江海学刊》2013年第5期。

[②] 李春青：《闲情逸致：古代文人趣味的基本特征及其文化政治意蕴》，《江海学刊》2013年第5期。李春青指出，以做官为己任的古代知识阶层，渐渐寻觅出一种自我解脱、自我排遣、自我超越的有效路径，这便是"闲情逸致"了。

[③] 任骋：《中国民间禁忌》，第507页。

高。于是，诞生于高原的熊野笔今日的市场已经遍及海内外。笔的生产，是此町百姓生活的主轴，与百姓生命相系。我们相信笔中有灵，遵守祖先遗德，尊崇笔精。于此同志相集，刻下碑文，表达将笔推广至天下之自豪，并将虔敬之感谢永远托付于此冢。昭和四十年九月。"① 广岛县川尻町的笔魂碑则由川尻毛笔事业工会于1971年建设。

对比相关民俗，可以发现中国的民俗现象当中，都没有"供养"毛笔本身的行为，也并无通过祭祀达到祈福消灾目的一说。而通过比较中日笔冢的建立者、祭拜者和民俗内涵，可发现中国笔冢是文人趣味的寄托，而日本笔冢则主要体现了工匠文化中对器物本身的崇拜。从建立的主体看，笔冢在日本主要由学校、制笔工厂、协会建立，笔供养基本由制笔工厂、协会举办，一定程度上体现了日本制造业文化中的器物神崇拜理念；而在中国，笔冢绝大部分的关注者是文人，笔冢本身也是作为文人趣味、"文化小品"的一种而出现的。中国的笔冢内含的，不是对器物的崇拜，而是对学问的崇尚。

在日本现代史中，"三神器"这一概念随着工业的高速发展，用于指代每个年代的家庭与社会生活中最基本的耐久电器，体现了日本器物崇拜的延续。20世纪50年代后期，日本经济复苏时，"三神器"指电冰箱、洗衣机和黑白电视；60年代彩电、空调和私家车成为"新三神器"；2003年，时任日本首相的小泉纯一郎于施政方针演说时将洗碗机、平板电视、照相手机称作"新三神器"。"三神器"在日本亚文化中也是经常被采用的故事背景和典故出处，如漫画《幽游白书》中的三大秘宝、《美少女战士》中描写的中外太阳系战士的三神器等。

同时，与战后大量增加的器物种类与数量相对应，器物供养的形式也发生了新的变化。祭祀手段不限于传统的念经和加持祈祷，在供养后还会对废旧器物进行回收再利用。比如废旧电子宠物、手机等电子产品，都会运往工厂统一拆解，提取物质作为原材料或燃料，最终置于符合环境保护要求的填埋场。由此可知，虽然人们对于器物神力的信仰一直以来都包含了对匠人沟通人神工作的敬畏，但如今得到供养的器物不止于手工生产的物品，还包括大量由机器生产的工业制品。

----

① 田淵実夫『ものと人間の文化史30 筆』法政大学出版局、1978、31頁。

综上，聚焦器物神，可以揭示出中华文化在多大程度上影响了日本。无论是器物供养，还是围绕器物神的各种神话、禁忌传说，都在强调这样一种信仰——器物具有神性，与器物有关的工作是神圣的。这种想法源自中国手工业技术与器物初传日本时，日本先民对于其强大的自然改造力的崇敬与恐惧，并在佛教与儒学影响下成形为器物崇拜理念并一直延续。器物神崇拜的萌芽、形成、确立与在现代重新展现生命力，均在日本接受先进文化后生产力得到巨大发展，人类对自然界改造能力飞速提升以致产生焦虑情绪的时期。王绪琴指出，人类需要在达到自然界"天然极限"之前收敛自己，甚至改变原有的生产和生活方式。[①] 从"以器养德"的角度看，器物神崇拜正是日本人在工业文明发展的关键时刻重新利用来控制自身欲望、强化人类与自然界的生命联系、对人类中心主义提出疑问的民俗价值观。同时，这也是日本工匠文化传承中国传统文化中生态情怀的重要精神源头。

第三节 中国化佛教对日本工匠文化的影响

日本工匠精神是中国化佛教在日本"本土化"的重要部分。本节主要讨论佛教东传如何为日本工匠精神的形成提供了物质、技术基础和社会动因；同时，论述佛教对工匠制度、教育与仪礼产生的直接影响；接着，指出佛教自然伦理、劳动伦理和佛教中的"无常""万物皆空"和功德观念是工匠精神中重要的精神资源；最后，分析工匠精神中蕴含的佛教文化如何持续作用于日本的现代制造业。

一 佛教东传为日本工匠精神的形成提供了物质、技术基础与社会动因

工匠精神形成的基础是传统手工业。在6世纪以前，日本列岛的社会分工尚十分原始。6、7世纪开始随佛教东传进入日本的先进工艺品和手工业技术、汉人技术移民为日本工匠精神的形成提供了物质基础和技术前提。日本著名佛教学者村上专精在《日本佛教史纲》的总论里写

---

① 王绪琴：《老子"俭啬"观与现代生态文明建构》，《自然辩证法研究》2016年第5期。

道:"佛教传到日本以后,已经有一千三百余年的历史……(在古代)许多高僧大德为了弘布佛法托身万里波涛而特地来到我国;此外的高僧也很少不是外国移民的子孙。这些人亲自承担社会教化的责任,致力于移植外国的文明,直接地影响到建筑、绘画、雕刻、医术、历算等方面,并且间接地影响到政治……如建筑道路,架设桥梁,开凿池塘,开辟山岭,也都由僧侣亲自担当。"① 这些高度文明中自然也包括手工业技术。比如鉴真和尚(688—763)是为日本带去中国寺院的戒律、被奉为日本律宗之祖的重要人物。他为传佛法历经艰险,六次东渡,最后双目失明,于公元754年到达奈良,将佛像、佛舍利、佛经以及包括绘画和书法作品在内的珍贵文物与工艺品等带到了日本。同时,在唐招提寺等的建造过程中,他还把中国先进的建筑雕刻工艺、医药、漆器制造等技术传播到日本。《唐大和上东征传》就记载"漆盒子盘三十具,金漆泥像一躯,螺钿经函五十口";鉴真第二次、第五次东渡也各带漆盘盒30具、螺钿经盒50口。② 此外,鉴真在第二次渡日时,还带了制玉工匠、画匠、雕工、绣工、碑工等人员随行。据此我们可以合理推测,鉴真在第六次最终渡日成功时,也有各类工匠随行,方能顺利在日本营造佛寺。

从南北朝到隋唐五代,中日交通依靠并不发达的航海路线,基本每次都要经过百济、新罗,而器物、匠人的流通也常通过朝鲜半岛。日本遣唐使入唐有南北两条航线,北路是渡海到新罗王城,然后经过壹岐、对马,到达今韩国仁川附近(朝鲜半岛南畔与济州岛之间),然后或通过海路直渡黄海,或再分成两路,一路沿朝鲜半岛西岸,一路沿辽东半岛东岸,到登州登陆。南路有两条,一条从日本筑紫(今日本福冈一带)西岸南下,经南岛,渡东海,到达长江口;另一条则从筑紫的值嘉岛(五岛列岛和平户岛的旧名)附近直接横渡中国东海。③

因而,如前文所述,无论在宗教还是工艺层面的中日交流中,朝鲜半岛都起到了显著作用,这在上古时代就有记录。敏达天皇六年(575)十月,百济王遣百济使大别王,附经论、律师、禅师、比丘尼、咒禁师、造佛工、造寺工等,于是日本佛寺新样式渐兴。圣武朝时,圣武天皇重

---

① 〔日〕村上专精:《日本佛教史纲》,杨曾文译,商务印书馆,1999,第3页。
② 〔日〕真人元开:《唐大和上东征传》,汪向荣校注,中华书局,2000,第47、51页。
③ 〔日〕木宫泰彦:《日中文化交流史》,第79—86页。

视与唐和新罗的外交关系,在天平胜宝四年(752)兴建大佛并举办开光法会。此时,日本列出《买新罗物解》,拟定向新罗购买的物品,如金、人参、合金、香料等,同时派遣大使前往新罗,请新罗王到开光法会观礼,并携带黄金以便铸佛用。大量舶来品自新罗进入日本,自上(天皇)而下(贵族等王权阶层到臣下)散布,对日本的物质、技术文化发展起到了促进作用。其后,即便是中止了派遣遣唐使的嵯峨天皇,其在接待渤海国使的宴席上仍展示了藏于正仓院的山水画屏风等唐物,以"显示自国威严和文化水准"。[①]

直至宋代,中日工艺方可不借道朝鲜,直接交流。在器物层面,唐代工艺交流中的输出日本的基本都是寺院活动相关的砚台、碗、针、瓶、三足罐等。宋代以后,大量中国生活器皿流入日本,比如茶具中的茶入、天目和香具中的香炉、花道所需花瓶等,中国从士大夫到市民的"日用"思想也随之传到日本,出现了众多仿制的"唐物"。

日本使臣中有较多是僧人身份,他们访华时会采购大量织绣工艺品、陶瓷、漆器和药品等。明代日本使臣从宁波至北京的路途中便会在南京、扬州等地从事丝绸贸易活动,买入大量中国生丝,他们也会自购一些实惠的国内丝质紧缺品,如红线。策彦周良(1501—1579)的《初渡集》中有着相关记载,嘉靖十八年十一月十五日,策彦在苏州收纳红线1斤、方盆1个、昆布食笼4个、小方盆3个,嘉靖十八年十一月十六日,游完寒山寺后,策彦携同僚三英宗桂入府里游目,收购红线1斤、杯盆10个。[②]

如前所述,公元6世纪以后自中国大陆、朝鲜半岛前往日本的移民被称为"渡来人",其中有许多工匠。他们往往笃信佛教,因而日本工匠精神在萌芽时期具有浓厚的中国化佛教色彩。公元605年,推古天皇等发愿造铜、绣丈六佛像各一躯,造像工是日本史书记录中民间最早奉佛的汉人移民——司马达等之孙鞍作鸟,他后来成为日本史上的著名人物,被称作止利法师。鞍作鸟因造像之功蒙天皇赐"大仁"位及近江国参田郡的水田二十町,并在此田上营建了金刚寺。他还在公元622年为圣德太子雕造金铜释迦三尊像,奉于法隆寺,此佛像风格为中国北魏龙

---

① 〔日〕河添房江:《唐物的文化史》,第57页。
② 策彦周良『策彦和尚入明记初渡集』仏書刊行会編『大日本仏教全書 116』仏書刊行会、1922、214頁。

门石窟佛像式样。司马氏在日本的姓被称为鞍部村主，从事马具、皮革制品的制作，他们给日本带去了先进的制铁技术。传统雕刻艺术在日本镰仓时代达到顶点，其象征是镰仓时代将军源赖朝重造的奈良东大寺。该寺采用了宋代传入日本的所谓"天竺样"，是当时中国大陆佛寺所流行的样式，还请了宋朝工匠陈和卿①重铸大佛。还有日本工匠中重要的职业种类"佛师"，专事佛像、佛画制作，他们达到了传统雕刻的最高境界，后文将对比详述。

如前所述，自平安时代开始，在中国器物与技术东传的刺激下，日本社会分工得以深化，手工业工种大量增加并细分化，各地出现了专门从事某一工种的工匠阶层，他们已经有很强的自我认同意识。他们认为"看样学样"②是习得技术的根本，因而自镰仓到江户时代，留存下诸多"职人尽绘"。如《今样职人尽百人一首》《人伦训蒙图汇》《东北院歌合鹤冈放生会职人歌合》《三十二番职人歌合》《喜多院职人尽绘》《七十一番职人歌合》等。

现存日本中世最早的职人歌合《东北院职人歌合》一般被认为成书于建保二年（1214）秋季，有5番本和12番本，假托"职人"参加东北院念佛会时模仿贵族吟咏诗歌。前者描写了10种职人，以经师（裱经匠）为判者，十个职人分左右两列，左边是医师、锻治、刀磨（磨刀匠）、巫女、海人（渔师），右边为阴阳师、番匠（木匠）、铸物师、博打（专事玩双陆及其他赌具的人）、贾人（商人）等。他们分别以"月"与"恋"为题，每人吟咏两首诗歌。而室町时代中期的《七十一番职人歌合》，共有142种职人出现（见图1-1、图1-2），收入《群书类丛》

---

① 陈和卿，生卒年不详，南宋工匠。平安时代末期访日。治承四年（1180），由于平重衡讨伐南都，奈良东大寺被烧毁，被任命参与重建的俊乘坊重源邀请陈和卿参与修理头部和双手受到损伤的大佛，陈和卿在其弟陈佛寿等七位宋朝工匠和草部是助等14位铸造师的帮助下，完成了此项修复工作，并于文治元年（1185）八月，参与了大佛开光祭祀仪式。此后，陈和卿与重源还曾同赴周防国购买大佛殿所需木材。为了使建筑的构造更为牢固，他建议采用宋朝技术。根据《东大寺造立供养记》记载，宋朝工匠陈和卿、陈佛寿等七人对大佛殿的右胁侍和四天王的制作进行了协助，东大寺南大门现存至今的石狮子也是一例。参见「東大寺造立供養記」国文学研究资料馆，http://base1.nijl.ac.jp/iview/Frame.jsp? DB_ID = G0003917KTM&C_CODE = 0358 - 27005，最后访问日期：2022年8月27日。

② 日文作"見真似"。

第 503 卷。

图 1-1 《七十一番职人歌合》中的木匠

图 1-2 《七十一番职人歌合》中的佛像师与裱经匠

到了战国时代，以手工业者为首的"职人"行业越来越多。尤其是 17 世纪后半叶到 18 世纪，各行业发展迅猛，职能分化愈加明显。1690 年的《人伦训蒙图汇》里记载了 500 余种职业，包括公家、武家、僧侣、能艺部、社会部、作业部、商人部、细工人①部、职之部等。书中的诸职人图像，据说为土佐光信②所绘。其中木匠咏，"我等今朝又蒙相国寺召唤，应需侍奉至夜"，③ 瓦片匠咏"南禅寺急召"，④ 都与寺院空间分不开。这是由于，寺院在日本中世拥有广大的土地和强大的经济实力，需要雇用众多工匠。并且，能用上瓦片的，不是禅寺就是与其关系密切的统治阶层——武士，当时的一般平民只能住在木瓦板屋顶的房子里。此外，还有佛师（佛像雕刻师）、经师（裱经匠）的工作，也与佛教密切相关。

对僧侣带回的"唐物"的追崇是推动日本手工业文化乃至工匠精神

---

① 指从事木工、雕金等手艺的工匠。
② 土佐光信（生年不详—约 1522），日本室町时代著名画家，融合日本画传统与狩野派中的中国风格，开创了土佐画派的新风格。
③ 原文为："我ともけさは相国寺へ又召され候　暮れてぞかへり候はんずらむ。"引自源三郎絵『人倫訓蒙図彙』珍書刊行会、1915—1916。
④ 原文为："南禅寺よりいそがれ申候。"源三郎絵『人倫訓蒙図彙』。

形成的一大社会动因。历史上的中日贸易的主力之一就是僧人。镰仓幕府奢华的生活和众多文化产品产生的一大基础，就是以禅寺为主流的贸易活动带来的大量财富。[1] 近年来，水下考古发现了一些日本著名的寺院以"唐物"贸易获取资金的证据。在元代，由于贸易与出入国管理方面很自由，日本僧侣频繁利用商船前往中国。韩国西南部木浦附近的新安冲发现的元代沉没船只上的遗物中，有标有元至治二年（1322）的东福寺墨札。研究认为该船很有可能是京都东福寺遭遇火灾之后，为筹措修复寺院的资金而派出的商船。船上遗物中还有标有庆元府的分铜，可资说明该船是在从宁波出港、驶往日本的途中沉没的。大田由纪夫考察了明代中国人的生活方式如何通过丝绸、青花瓷等物品在海上丝绸之路上的流通影响日本社会。他就此提出，江南庶民文化引发了"丝绸之路上的东亚连锁奢侈风潮"。[2] 其中，15世纪中后期的日本遣明船自中国购得的苏州产生丝等物品传播到日本，直接促成了京都"西阵织"等一系列工艺的诞生。

日本朝廷给予重要工匠制度上的认可与等同于贵族的特权，[3] 无疑对工匠精神的初步形成起到了极大的积极作用。从日本古代到中世，工匠群体社会地位较高，不少日本工匠的户籍直属当时日本的社会中心——寺院，他们的主要工作就是寺院的建造与修缮，并由寺院管理。工匠所掌握的技术备受日本政府重视，重要工匠还有机会成为官员或地方豪族。这是因为他们直接侍奉神佛与天皇，获取了超越"人力"的权威，被视为神圣的人群。在日本的律令制度建立之前就有所谓的品部、杂户，国家成立后，这些工匠被编入官司，自其中选出世袭制家族，任命为"长上官"，即技术长，命其教授技术。这些长上官后来升为铸物师、辘轳师等指导技术的工匠即"技术官人""职能官人"，拥有官职与俸禄，也可以晋升为一般的官僚。[4] 到了9、10世纪，日本手工业中的

---

[1] 〔日〕上垣外宪一：《日本文化交流小史》，王宣琦译，武汉大学出版社，2007，第144—145页。
[2] 小岛毅監修，羽田正编『海から見た歴史』東京大学出版会、2013、250頁。
[3] 譬如可以被免除平民被课的在家役、通行税和关所料等。陶土器工匠可以使用各处土地，乃至于田地中的土壤作为原料。
[4] 網野善彦『職人歌合』、41—43頁。

"官司合同制"①，即拥有特定技术的工匠氏族自特定官司世袭承包制度逐渐定型。原本属于官方组织的工匠也在保持与官方关系的同时，在11世纪开始形成独立的工匠集团。12世纪后半叶，以西日本为主，职能民被称为"供御人"或"神人"，作为天皇和神佛等超越人力的神圣直属民，其身份与平民明显区分开，对其数量也有了规定。国家通达寺院、神社与官厅，制作工匠"交名"即名簿，保障其特权。如铸物师隶属藏人所，向天皇家进贡铁灯炉等铁器，成为藏人所得灯炉供御人，可得到丰后权守、从五位下②的官位；壁涂大工为太上皇的召次，拥有左近将监官职；东大寺铸物师草部是助同时是宫廷的藏人所灯炉供御人，官位为从五位下。这些工匠拥有等同于贵族的特权，连住宅也与平民百姓有规格上的不同，他们还拥有免除市、渡、津、泊的通关费、交通税等权利。

将佛教引进日本的圣德太子可以说是日本工匠信仰中最重要的"人神"。在日本手工业界，"太子信仰"盛行至今。池田东篱亭主人编的工匠教科书《新撰订正番匠往来》（1831）开篇开宗明义指出，巧匠一职始于圣德太子奉天津儿屋根命之命，令其修理职木工寮。③ 他大力引进中华文化并营造了法隆寺。世界上成立最早并延续至今的企业——金刚组是圣德太子自百济招来的工匠于公元578年创立的，建造了日本最早的官寺——四天王寺。自日本室町时代至江户时代，圣德太子成为建筑工匠的"守护神"，亦被称为"救世观音"或"日本释尊"，受到日本手工业界崇敬至今。太子信仰与佛教信仰和来自道教的守庚申习俗结合，扩大到铁匠、木匠、瓦匠、冶炼工人等中，他们在农历一月二十一日到二十二日在圣德太子画像前守夜，举行"太子讲"祭祀仪式。太子讲每年还会在宝戒寺等寺院举行。

综上，日本工匠文化是在佛教东传的基础上形成的，工匠在历史上的神圣地位是由于他们是中国传统物质与精神文明的传承人，源自日本

---

① 日文作"官司請負制"。
② 在近代以前的日本官阶制度中，拥有从五位下以上的官位者为贵族。
③ 池田東籬亭主人編『新撰訂正番匠往来』弘文堂、1831、1頁。正文系笔者翻译，原文为："夫巧匠之滥觞者，辱天津儿屋根命神业而，圣德太子始而定巧匠之职、修理职木工寮是也。"

民族对于中国文明的崇拜与敬畏。工匠精神中的自我身份认同与职业自豪感则萌芽于对中国技术与工具中"超自然"力量的崇拜。

二　佛教对日本工匠制度、教育与仪礼的影响

1. 佛教与日本工匠制度

日本的传统工匠制度，尤其是土木工程中的工匠组织形式受到佛教影响甚大。这主要是由于僧人承包了大量寺院修建、桥梁与港湾建设工程。从13世纪下半叶开始，律僧和禅僧中的"劝进上人"通过劝进[①]与同中国的贸易聚集社会资本，组织动员铁匠、木匠、铸工、石匠以及土木工程相关的非人等职能民集团，开展土木工程。[②] 其中得到广泛运用的便是"百丈清规"中的"普请法"[③]。

百丈怀海禅师（749—814）所创的"普请法"在肯定日用生活神圣性的基础上，提出劳作即参禅，尤其倡导集体作业，指出"行普请法，上下均力也"。这与整个唐代南宗禅队伍以农禅经济为主体的现象是分不开的。[④] 该清规东渡日本，在镰仓时代开始普及到僧人主导的土木建筑工程中，在管理组织上力求分工明确，身份上力求平等，提倡"上下均力"。到了室町时代，幕府掌管土木工事的官职称作"普请奉行"。而自日本战国时代到江户时代，向大名和其领地民众征课的修筑城池、营造寺社和宫殿、修理房屋和河道等的劳役被称为"普请役"。冶炼工、木匠、石材工的统率者被给予贯高[⑤]待遇和"大工职"等称号，其特权得到保障。江户时期民众思想家、禅僧铃木正三（1579—1655）在《万民德用》中论证

---

① "劝进"是指以神佛之名，为造立、修复寺社、佛像而周游各地接受布施的行为。
② 〔日〕网野善彦：《日本社会的历史》，刘君、饶雪梅译，社会科学文献出版社，2011，第219页。
③ 百丈怀海创立了"禅林清规"即"百丈清规"。"清规"是指禅宗寺院组织章程及寺众日常生活的规则仪式。"禅林清规"表现了中国禅宗戒律的形式，即不奉戒苦行，而是在生活中"触类见道"，进行"一日不作、一日不食"的日常生活实践。百丈怀海创立的中国式戒律——"禅门清规"适应了中国国情和唐代禅宗发展所需，是禅宗丛林维持千百年的一大原因。
④ 周裕锴：《普请与参禅——论马祖洪州禅"作用即性"的生活实践》，《四川大学学报》（哲学社会科学版）2006年第4期。
⑤ "普清法"为自镰仓时代开始，日本用于表示土地面积的方法之一，即将某块土地应征收的税额用钱（贯）表示，再根据金钱数额来表示土地面积。

"农业即佛行"曰：

> 正为农业以天道奉公，作出五谷，祭佛陀神明，资万民之命，为大誓愿施迄至虫类等，一锹一锹唱南无阿弥陀佛南无阿弥陀佛，一镰一镰为农业、无他念，田畑为清净之地，五谷亦成清净食，应成食人消灭烦恼之药。①

2. 佛教与日本工匠教育

自奈良时代起，佛教在日本就被用于国家统一与民心教化，而寺院也一直是日本地方社会与文化的中心。日本最古老的平民教育机构也正是真言宗的空海在829年设立的综艺种智院，在设立之初教授包含儒释道学问的综合性内容。识字和计算这类初等教育最初也是在寺院开展的，其对象主要是上层武士。京都府下建筑业工会内养成所习字部主编的《建营往来》（1868年刊行）的卷首记载，"去今事一千年以上，美风流传。弘法大师为大工童蒙作干支番付……标记木材"。这指的是日本建筑业在建造木制建筑时，会用相传为弘法大师空海（见图1-3）创作的

图1-3 《建营往来》中的弘法大师空海

---

① 铃木正三『万民德用』守永弥六、1889。

"伊吕波歌"顺序标记不同的柱子和房梁："如今立柱之时会写伊吕波之字，始于建高野大师堂之时，顿阿法师之高野日记中有记录。"①

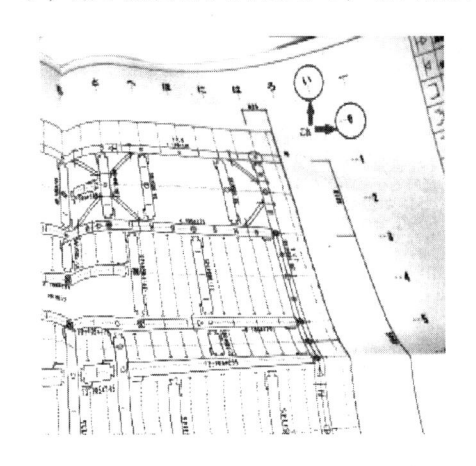

图1-4 日本建筑界预切施工设计图纸和木材上利用"伊吕波歌"所做的标注
资料来源：株式会社横田建設，https://www.yokota-ii-ie.com/co_diary/cGL20140802194128.html，最后访问日期：2018年7月4日。

室町时代末期，寺院开始以"寺子屋"的形式开办平民教育。到了江户时代，尤其是从江户中期的享保年间开始，寺子屋大幅增加，到了幕末，仅江户市内就有一千数百所。农、工、商阶层的孩子均上"寺子屋"接受教育，所用的教材主要是"往来物"（书信范本），其中使用最多的是成书于室町时代的《庭训往来》。当时该教材主要面向中下层武士，以武家社会为背景，但也包含了庶民日常所需的知识和书信文必要的语句，因而也在初等教育普及的过程中得到了广泛利用。各职业相应的书信等文章范本得以普及和细分化。其中，《士农工商诸职往来》中的《百工往来》《大工注文往来》《番匠往来》是工匠生产、生活、节日庆典的百科全书，详细记录了生产所需的工具和材料、技术。而修建寺院本就是古来工匠的重要工作，因而面向工匠的初等教材也有大量相关内容。如池田东篱亭主人所编《番匠作事往来》就在不长的篇幅中花大量笔墨记载了"佛阁之七堂、佛殿、法堂、僧堂、库里、俗宝、山门里

---

① 大高洋司等『江戸の職人と風俗を読み解く』，1頁。顿阿（1289—1372）是日本南北朝时期僧人、诗人。

外、唐塔、伽蓝其三间四面九间宫殿、须弥坛、东金堂、西金堂、讲堂、食堂、天古堂、护摩堂、御影堂、经堂、轮藏、内轮、钟楼、鼓楼、钟撞堂、三重塔、五重塔、七重、九重、十一重、十三重、多宝塔、大塔、小塔、庄严塔、琴塔、游龟塔、真味塔、相轮塔、本地堂、三佛堂、常行堂、法华堂、中堂……唐门、四脚门、楼门、药王门、八脚门、大门仁、王门、夜叉门、二天门、三门、山廊、不老门、回廊、东门、丛九门、修行门、菩提门、涅槃门"等佛教空间中的建筑。①

3. 佛教丧葬仪式与工匠仪礼

工匠精神的重要传承仪礼是工具供养，主要以佛教方式进行，可以理解为一种工具的丧葬仪式。工具供养在日文中原作"鎮魂祭""感謝祭"或"祀り上げ""祭り捨て"等神道祭祀用语。但被佛教吸纳后，工具"供养"这个用语普及开来，供养也主要采取了佛教火葬仪式。② 如前所述，该仪式在江户时期得以规范化、大型化、仪典化，从个人信仰上升为社会信仰和行业标志。这也反映了工匠精神的社会化，其宗教追求从个人目的转化为集体目的。

至今，空海所创建的东寺、灵鹫山法华寺等密宗寺院仍是每年工具供养仪典的重要道场，保存着大量工具供养遗迹。在寺院举行的工具供养仪典在膜拜工具本身的同时，也向虚空藏菩萨祈祷平安与事业、技艺的精进。同时，该仪典也受到了密宗护摩大法及"除性根"仪轨的影响。所谓护摩，即通过焚烧供养的方法达到息灾、增益、降伏、敬爱等目的。而"除性根"即去除物品中的魂灵。最典型的如"拨遣仪式"，即通过密教方式从佛像中"解除佛魂"，以便处理掉破旧的佛像。

日本建筑施工前会进行"地镇祭"，日本佛教中称为地镇法、镇宅法或安镇法。在建造堂宇和佛塔、墓碑前，常用密教方式，以不动明王为本尊，进行镇宅不动法。以地天为中心，供养诸天天神与横死的亡灵，以保安全。对此，京都府下建筑业工会内养成所习字部编纂的建筑工匠专用教科书《建营往来》首先记载了"御地曳之式"，即地镇祭，"总建

---

① 池田東籬亭主人編『新撰訂正番匠往来』。
② 日本的丧葬仪式类型主要分为神道教的土葬仪式和佛教的火葬仪式。

造神社佛阁之宫殿，又堂宇馆舍及家屋，勿论于其初谨行地镇祭。地为保载万物之所，天地相共惠护万物之所"。① 日莲正宗也有所谓"起工式"，以本尊之力清净土地，祈祷工事安全。

日本专门建造神社、佛阁的木匠群体在工事开始前往往会进行手斧开工仪式即"斧始式"，祈祷传统建筑业界繁荣和施工安全。自镰仓时代开始的熊野速玉大社开工仪式主要供奉的本地佛为千手观音和药师如来。2017年1月4日，新宫建筑组合带来了树龄70年的扁柏原木。神职人员用打墨线、曲尺在原木上打上墨线，并用手斧砍出三个缺口祭祀。速玉大社的宝物殿中藏有镰仓时代的建筑工具。神社宫司上野显说："人类通过建造神殿和住宅传承了建筑文化。我想把这样的神事传承下去。"② 前文提到的金刚组每年1月11日在四天王寺举行手斧开工仪式，祈祷当年施工安全。此仪式已被大阪市认定为市无形民俗文化遗产。

三　佛教伦理对日本工匠精神伦理内核的影响

1. 佛教自然伦理

首先，基于佛教"众生平等、无情有性"自然伦理的工具崇拜是日本工匠精神的重要信仰源流。在佛教中国化的过程中，东晋竺道生提出"阐提有性"，人人皆有佛性的理念便被普遍接受。天台宗大师湛然（711—782）言"无情有性"，即没有情感意识的山川、草木、大地、瓦石等都具有佛性。日本平安时代中期，比叡山上流行起"山川草木悉有佛性"的思想，即草木、瓦砾、国土等非情、无情之物亦能成佛。到了平安时代末期，社会动荡、灾异流行，密宗③在日本的传播与影响日盛，工具崇拜也带上了浓重的密教色彩。始创日本真言宗的空海学习了唐密"即身成佛"教义，他所开创的真言密宗因以平安京（今日本京都）的

---

① 帝国建筑协会编『故实建筑地祭釿始上栋式諸礼式』帝国建筑协会、1925。原题签角书"乾坤"，同下部"天"，下卷佚失，疑题为"地之部"。卷头有"大和绘样风（博风尾·凡若葉）""禁中安政新造内里记拔写"字样。
② 「宮大工が事始め「釿始式」『産経ニュース』、熊野速玉大社」、http://www.sankei.com/region/news/170112/rgn1701120008 - n1.html、最后访问日期：2019年5月26日。
③ 密教起源于印度，由公元7世纪后印度大乘佛教中的一些派别与婆罗门教发展而来。唐代以后，密宗在中国汉族地区衰落。但日本和尚空海师从惠果学习密宗后，回日本开创了日本真言宗，并传承至今。

东寺为"永久"根本道场和传布基地，故又称"东密"。

东密将六大缘起、圆融无碍的大乘佛教思想通俗化为即身成佛的宗教教义，并融合民间的工具崇拜，得到了日本民众的广泛信仰与长期传承。在日本中世以降，工匠精神也集中体现在对生产工具的崇拜上，这是因为，工匠们在劳动时使用工具，他们把工具看作自己立身之本的基础。工具崇拜理念萌生于日本早期的泛灵论信仰。如前所述，在中国工艺品与先进技术东传的刺激下，日本人对于废旧工具的崇拜与敬畏日盛，自平安时代开始演化成一种工具崇拜——"付丧神"信仰，即对废旧工具中灵魂的信仰。如《付丧神记》等书记载，降伏"付丧神"的是真言密教的高僧及护法童子，最终发心进入佛门而成佛。这是因为，中国化的佛教在教理上与工具崇拜信仰有着相通性，在传入日本之后，便与其结合，催生了佛教工具供养仪典。东寺是文献记载中最早实施工具供养的寺院。《付丧神绘卷》的卷末描述了东寺的僧人们超度"付丧神"的过程。在"付丧神"通过东寺寺门之后，都顺利成佛。东寺的僧人以此故事主张密宗提倡非情成佛，优于别宗所言"草木成佛"。[1] 虽然佛教中肯定的万物中的"佛性"与工具崇拜中所主张工具因年深日久所产生的"神性"表述有差异，但提倡的都是万物平等、珍爱自然、共生共荣。可以说，在佛教渗透日本一般民众信仰的过程中，也吸纳了工具崇拜，并将其内核转化为佛教信仰。

日本工匠精神还吸纳了佛教中的"万物平等"伦理价值观。工匠精神是尊崇自然的，提倡"随万事物之法耳"。所谓随物之法，就是按照物的理想状态，根据物的功效，最大限度地发挥其功效。[2] 这是因为工匠的劳动受惠于自然，需要遵循自然规律。尤其是禅宗训谕，对日本工艺中对质朴和稚拙的崇尚，以及对于自发冲动的崇拜[3]有着深刻影响。正如柳宗悦引宋代临济宗廓远禅师所绘《十牛图》说，工艺之道的教诲如同宗教修行，要像《十牛图》所教的，通过"人牛俱忘"的阶段来超

---

[1] 小松和彦「器物の妖怪——付喪神をめぐって」『憑霊信仰論——妖怪研究への試み』，85頁。

[2] 〔日〕源了圆：《德川思想小史》，第98页。

[3] 〔英〕爱德华·卢西－史密斯：《世界工艺史》，第61页。

越自我。只有达到超越个人境界的美，才是完全的工艺之美。①

2. 佛教劳动伦理

佛教劳动观也对日本工匠精神形成有重大作用。日本佛教中的净土真宗对于手工业持肯定态度，如前引室町时代莲如的文章。到了江户时代，德川家康确立起政治优先于宗教的定位，因而佛教对于工匠阶层权利与义务的认知也与儒家伦理相结合，进一步世俗化。②如净土真宗沙弥元静《念佛行者十用心》(1771)所示，"于外专守王法，不忘仁义礼智信之道。于内心深信本愿，此世之善恶任由过去之因缘，而士农工商各自用心以家业为第一者称为净土之好同行也"。③除了王法，还加上了仁义礼智信等"儒教"伦理。

如前所述，江户时代的禅僧铃木正三在汲取宋学养分，倡导天命论、职分观的基础上结合禅宗劳动观，为日本近世即资本主义萌芽阶段工匠精神的确立提供了重要思想基础。他所提出的"职分佛行说"，教导各种职业人群把"各敬其业"视为成佛之道，提高了各种职业的神圣性和庶民的职业平等意识。铃木正三是日本第一个把职业思想伦理化的思想家，他在《职人日用》一书中写道，"有创造文字者，有诊五脏施医者，其职业种类无数，皆为世之所用，惟此乃佛之德用也"，"任何事业皆佛行，人于所作之上成佛"。他强调工匠地位"以锻冶番匠为首，若无诸工匠，世界用所不调"，而工匠要达佛果，则须日夜从事家业。④

铃木正三的劳动观思想受到了中国唐代禅僧百丈怀海的影响。"百丈清规"被铃木正三承继，并阐发为包括工匠阶层在内的各职业人群的劳动伦理。铃木正三主张的工匠精神是，工匠为制造之人，有了工匠日日精炼的技术，经济才能发展。工匠的佛道就是投入精魂、一心制造。⑤堀出一郎等日本著名学者指出，铃木正三所主张的这种佛教劳动观与职业伦理思想是日本"勤劳精神"的源流，甚至改变了日本人的生存价值，使日本的民族精神崇尚劳动。⑥

---

① 〔日〕柳宗悦：《工匠自我修养——美存在于最简易的道里》，第265—266页。
② 〔日〕源了圆：《德川思想小史》，第87页。
③ 元静『念仏行者十用心：真宗』雲英竜護、1892、7頁。
④ 鈴木正三『職人日用』鈴木鉄心綴『鈴木正三道人全集』山喜房佛書林、1975、64頁。
⑤ 刘金才：《町人伦理思想研究——日本近代化动因新论》，第44页。
⑥ 堀出一郎『鈴木正三——日本型勤勉思想の源流』麗澤大学出版会、1999、14頁。

在佛教劳动观的指导下，工匠精神对品质至上的追求是执着而纯粹的。工匠创物本该是为人类生活服务，无私地为他人消费而辛勤地工作。① 在理查德·桑内特看来，匠人努力把事情做好不是为了别的，就是想把事情做好而已，而如此专注于实践的人未必怀着工具理性的动机。② 这种对于纯粹劳动的追求无关乎名利、抛却执着，在日本，正是由佛教信仰的力量支撑的。当然，工匠精神走到极端也会酿成悲剧。金刚组第三十一代"栋梁"③ 金刚治一由于其"职人气质"，完全不顾经营，导致金刚组陷入困境，于1932年在先祖墓前自杀。

3. 佛教"无常""万物皆空"与"功德"观念对日本工匠精神的影响

日本工匠精神形成于江户时期。在近世森严的身份等级制度下，日本人迎来了300年较为安定的江户时代，"士农工商"四民制度彻底实施，日本工匠的阶级属性逐渐固化。正如丁彩霞所指出的，工匠精神缘起于社会分工的职业化需求。④ 在儒家伦理影响下，日本的工匠社会形成了一种行业内部纽带十分紧密的模拟家庭制度。从整个社会层面看，纵向的四民分业制度以及横向的一个个模拟家庭共同体交织，形成了一种"家职伦理"。日本社会人类学者中根千枝认为，日本社会中根深蒂固的集团意识源于"家"观念。她指出，"这种观念无所不在，几乎遍及整个日本社会。日本人常把自己工作的地方称作'我家的'，这种说法就来源于'家'的基本含义。日语'家'一词的含义，要远胜过英语中 household 或 family 的含义"。⑤ 中国社会学者翟学伟

---

① 潘天波：《工匠文化的周边及其核心展开：一种分析框架》，《民族艺术》2017年第1期。
② 〔美〕理查德·桑内特：《匠人》，第4页。
③ "栋梁"在日本手工业中指技术高超的木工匠人，通常是一个工匠队伍的领头者。如前文所引，新井白石《东雅》中提到，"昔飞驒国匠，每年九月轮番（进京出工），因云番匠。其中大匠称都料匠，俗称トウリョウ，是其语转讹"。这里的"トウリョウ"一般写作"栋梁"。而"都料匠"一词本源自古代中国，指营造师、总工匠。唐柳宗元《梓人传》云："梓人，盖占之审曲面势者，今谓之都料匠云。"上海辞书出版社文学鉴赏辞典编纂中心编《柳宗元诗文鉴赏辞典》，上海辞书出版社，2020，第46页。
④ 丁彩霞：《建立健全锻造工匠精神的制度体系》，《山西大学学报》（哲学社会科学版）2017年第1期。
⑤ 〔日〕中根千枝：《日本社会》，许真、宋峻岭译，天津人民出版社，1982，第4页。

也认为,"日本人受儒家思想的影响,要以'孝'来事父母,以'忠'来事奉自己的上级(或保护人),在上下级关系上,要唯命是从","但他们一旦把家带入组织将使他们小到对社会组织,大到对天皇,都表现出绝对的忠诚"。①

日本的"家职"观念与中国家业观念相比,相对于现世产业拥有与血缘存续价值,强调埋头苦干、冀望来世的佛教意味要浓厚许多。日本浮世草子②作家井原西鹤(1642—1693)利用佛教概念肯定了世俗的家职。他在描写町人经济生活的《日本永代藏》开篇就说,人生第一要事,莫过于谋生之道;且不说士农工商,还有僧侣要职,无论哪行哪业,必得听从大明神的神谕,努力积累金银。③ 所谓"大明神",是指日本"神佛习合"④中具有浓厚佛教色彩的本地神。在这里,盈利已经不是唯一的目的。《日本永代藏》中提供了教化安贫乐道的"致富丸"药方:"早起"5两,"家业"20两,"夜班干活"8两,"节约"10两,"健康"7两。⑤ 其中以家业分量最重,其余均为勤俭节约、保持健康。在《西鹤织留》卷一《本朝町人鉴》中,井原西鹤描述了17世纪后半叶开始的著名的近江⑥工场制手工业的工人劳作情状,指出工场主给众多针织女工提供工作的行为是"慈悲"。在该著第六卷《世上人心》中,更是指明了雇佣行为是"善根","人生于其家,贤于其道,不限于士农工商……不得疏于家业"。⑦ 江户中期装剑铸工"奈良派"有著名铸工三人——土屋安亲(1670—1744)、杉浦乘意(1701—1761)和奈良利寿(1667—1736),前两人晚年剃度出家,奈良利寿死后葬于东京曹洞宗竹林山多福院。土屋安亲曾云,"手工艺匠人须觉悟一生贫困,常使内心不染尘

---

① 翟学伟:《中国人的脸面观:形式主义的心理动因与社会表征》,北京大学出版社,2011,第253页。
② "浮世草子"为江户时代前期到中期以京都、大阪地区为中心流行的一种小说,是具有浓厚现实主义色彩和娱乐性质的市民文学。
③ 〔日〕井原西鹤:《浮世草子》,王向远译,上海译文出版社,2016,第437页。
④ "神佛习合"指佛教与日本本土信仰融合后出现的神佛合一之说(即所谓本地垂迹说)。本地垂迹说由中国传到日本,被日本人用来解释本土神与佛之间关系,即日本本土的神是佛的垂迹(化身)。
⑤ 〔日〕井原西鹤:《浮世草子》,第469页。
⑥ 今滋贺县。
⑦ 井原西鶴『西鶴集 下 武家義理物語 卷一』日本古典全集刊行会、1936、113頁。

埃", 其于 61 岁剃发出家, 此后号东雨。从日本长寿企业的家训中, 也可窥得家职观念的长久影响。金刚组第三十二代首领金刚八郎喜定留下的《遗言书》中有家训《职家心得之事》, 主要有四点内容: 第一, 佛寺神宫的工作要奋力完成; 第二, 不酗酒; 第三, 不做超越身份之事; 第四, 做对人有益之事。坚持勤俭本分的理念不光成为当时金刚组的动力, 也指明了如今和将来金刚组的发展方向。①

金刚组的经营目标是"不出赤字"。历史上四天王寺因战火或天灾曾七次被烧毁, 金刚组世代将守护四天王寺作为使命, 用代代传承的技术一次次承担修建工作。他们认为, 金刚组除了祖传的技艺, 其千年如一日对事业的专注和对传统的尊重, 已经成为日本社会文化的一部分, 必须完整保留。"我们所建造的宗教建筑, 正是那个时代每个人的信仰和内心想法的集大成。这种压倒性的庄严感、极乐净土的具象化和神佛面前的纯粹, 是被历史永远镌刻的。"②

至今, 金刚组仍在坚持用传统建造技术, 大梁、立柱、雕花、楔子全部用手工打磨。在这些精美的柱子和横梁连接的内侧, 经常可以看到如"坚固田中"的字样, 只有检修拆开才能发现。金刚组所坚持的匠之技是"让不同环境中生长的木材各得其所, 在适合的地方发挥百分之百的力量", 他们认为, "工匠首先需要培养的是看出木材特质的眼力。只有能与木材对话, 活用木材, 才能建造出能够承受数百年风雪的建筑。其次需要传承的是接缝和榫接传统技术。这正是木造建筑能存续百年、千年寿命的秘密。这包含着不用钉子的先人智慧, 和让木头之间紧密相联、维持平衡的技术。在雕刻方面, 工匠需要静心、调整呼吸、集中精神, 给木材注入生命。只有如此, 雕刻才会在人们抬头观看时与人对话, 令人产生虔敬之心。他们认为, 这种看不到的地方, 才是工匠自豪和执着之处"。③

---

① 金刚组「金剛組について『沿革』」、https://www.kongogumi.co.jp/about_history.html、最后访问日期: 2022 年 10 月 9 日。

② 金刚组「我々の姿勢」、http://www.kongogumi.co.jp/idea.html、最后访问日期: 2019 年 5 月 26 日。战国时期, 丰臣秀吉在统一日本全土后的 1597 年, 重建了四天王寺支院胜鬘院 (爱染堂) 的多宝塔, 在其避雷铜板上至今留存着铭文"总栋梁金刚匠"。这幢多宝塔作为大阪市内最古老的木造多宝塔, 被指定为日本重要文物。

③ 金刚组「我々の姿勢」、http://www.kongogumi.co.jp/idea.html、最后访问日期: 2019 年 5 月 26 日。

佛教的无常观念与"万物皆空"在江户时期世俗化,形成了一种"浮世"观念,促成了工匠阶层现实主义一面的出现。江户著名小说家井原西鹤在其系列创作中贯穿了"浮世"观念,描写了江户町人社会生活、世相风俗。所谓"浮世",就是"无常之世",含有佛教的厌世观念、虚无主义与町人的现世主义。王向远在井原西鹤《浮世草子》的中文译本序文中指出,江户日本工商阶层处在社会最下层,工商业活动除了靠个人,还取决于市场、社会环境,风险与变数都很大,因而他们痛感在"浮世"上的"无常",就拼命劳作、努力赚钱,寻求安全感。[①] 江户工匠一般群居,如果没有大工程可做,往往生活贫困。而如"火灾和打架为江户的两大景观"[②] 这句俗语所示,江户常常发生火灾,由于民居均为木制结构,一旦着火往往波及大片地区,即使工匠平时极力存钱,也可能一夜之间付之一炬。因而,江户工匠相对于"职人气质"勤勉专一的一面,还具备有活力、有气魄、今朝有酒今朝醉、身边不留隔夜钱[③]、说话爽利的性格。[④] 一般认为,"江户子"[⑤] 慷慨大方,"不会一个子儿一个子儿数来算去,不在秤盘上锱铢必较。那些小钱零头,左手接过来,右手花出去。金钱流转才是世间生财之道,所以没有人太拘谨"。[⑥] 著名作家幸田露伴在《风流魔》(1898)中指出:"世间一般所谓职人气质,是该取时就取;哪怕用以交易的物品令自己略受损失,也惯于接受物品而非金钱。"[⑦] 当然,这种洒脱,也是因为工匠对自身技术的自信,认为钱总是能够通过两手继续赚到。

江户手工匠人祈祷的福报之一就有灾后重建。日本的避震咒语中,有关西的"世好世好"和关东地区的"万岁乐",都表达了民众关于地震改变世界的地震观,[⑧] 以及人们试图通过地震获得救赎,获得生活与

---

① 〔日〕井原西鹤:《浮世草子》,第 2—3 页。
② 日文作"火事と喧嘩は江戸の華"。
③ 日文作"宵越しの銭は持たぬ"。
④ 倉地克直『江戸文化をよむ』、281 頁。
⑤ 日文作"江戸っ子",亦译作"江户儿",指生长于江户时期的人。
⑥ 〔日〕井原西鹤:《浮世草子》,第 590 页。
⑦ 幸田露伴『風流魔 二日物語・風流魔——他二篇』岩波書店、1953、113 頁。
⑧ 〔日〕樱井龙彦、虞萍、赵彦民:《灾害的民俗表象——从"记忆"到"记录"再到"表现"》,《文化遗产》2008 年第 3 期。

社会"再生"的渴求。可以说，灾害恩惠观在江户手工业者的信仰世界中也占据了重要地位。安政大地震（1855）在江户引发了巨大的火灾，无数房屋倒塌。而木匠、泥瓦匠和门窗匠人等建筑工匠却因此获得大量工作，[①] 生活得到改善，建筑业相关的木材商等也大大获利。当时出版的"鲶绘"大多描绘了工匠和商人围着大鲶鱼虔诚叩拜、祈求地震再发的场景。北原丝子指出，相较于带来灾害的"恶"的形象，鲶绘中的鲶鱼更频繁地代表一种带来"福"的"善"的形象。[②] 可以说，灾害恩惠观在江户手工业者的信仰世界中也占据了重要位置。1923年的关东大地震是20世纪最大的地震灾害之一，给日本关东地区带去了惨痛打击。但在地震当年，名为"复兴节"的小曲却在庶民中十分流行："纵使家园焚烧尽，江户之子意气存。木棚小屋平地起，夜寝犹记抬望月。帝都复兴指日待。骚动之中儿降生，其名唤作震太郎。还有震次与震作，更有兴子与复子。待得儿等长成人，地震也成一谈资。帝都复兴令人喜。"[③] 这首歌谣在1995年的阪神大地震与2011年的东日本大地震中也得到传唱，充分体现了灾害幸存者泰然参与重建的心态。

在如此社会背景下，日本的家职与其说是一种个人名利的来源，不如说被视为一种功德。中国化佛教中的因果报应说不仅承认了现报，而且承认现世利禄福寿，[④] 因而需要求功德。而功德观念能为接受佛教者提供一种支撑自我以应对命运的反复无常的途径。[⑤] 在日本工匠文化中，守家业不完全为个人名利，也是侍奉神佛、感恩、回报与祈福的方式。

---

① 江户工匠一般群居，如果没有大工程可做，往往生活贫困。而如"火灾和打架为江户的两大景观"这句俗语所示，江户的火灾已经成了江户不可或缺甚至带来繁荣契机的文化之一。
② 北原糸子「安政の大地震」小木新造等编著『江戸東京学事典』三省堂、1987、884—865頁。
③ 原文为："家（うち）は焼けても／江戸っ子の／意気は消えない見ておくれ／アラマオヤマ／たちまち並んだ／バラックに／夜は寝ながらお月様ながめて／エーゾエーゾ／帝都復興 エーゾエーゾ／騒ぎの最中に生まれた子供／つけた名前が震太郎／アラマ オヤマ／震次に震作／シン子に復子／その子が大きくなり や地震も話の種／エーゾエーゾ／帝都復興 エーゾエーゾ。"由演歌家添田知道作词曲。添田知道『演歌の明治大正史』刀水書房、1982、333頁。
④ 张宜民：《佛教跨文化东传与中国佛寺命名》，《学术界》2016年第5期。
⑤〔美〕柯嘉豪：《佛教对中国物质文化的影响》，第209页。

在江户工匠普遍较为贫困的生活中，家业是他们精神上的寄托和安全感的来源。正如1677年青浦县寺庙住持行如在寺中竖立的石碑碑文中所言："或祈福于将来，或释怨于既往。"①

工匠工作可能换得的福报有：遇到火灾后重建，或者大名修建大宅邸、寺院神社重建这样的机遇；如果获得贵人赏识，也可能飞黄腾达、改变命运、光耀门楣。著名小说家山东京传在《人间万事吹矢的》中讲到，士农工商四种社会分工是人度过一生的渡世之靶。心矢若射在工匠之靶上，会出现"千畳"② 面积的大房子，工匠只要勤勉工作、手艺高超，就能获得修建千畳敷的大事业及丰厚的收入。③

在虔诚的功德观念的影响下，日本的家族传承相对于血缘，更重视维持神佛恩赐的"暖帘"，即信誉，从而有了"婿养子"的传统。如果家族中没有儿子或者儿子不甚理想，便可以不计较血缘，由女婿入赘继承家业。这种制度持续给一些日本的百年企业注入了新鲜血液和活力。

四 "守破离"：佛教影响下日本传统技术传承范式的确立

在从江户时代手工业到日本现代制造业延续至今的师徒制度当中，对"型"进行"守、破、离"的技艺思想占据着中心地位。守破离思想是在室町时期的东山文化④中诞生的，具有浓厚的佛教色彩，在能乐、茶道、武道当中均有传承。以图解为中心的技术书籍所记录的"型"被公认为该领域的最高权威，学习者也会受其制约。宝治年间（1247—1279）已有《能阿弥⑤本铭尽》等多本刀剑图书。《南方录》、《新阴流兵法目录事》⑥ 及宣阿弥、文阿弥的插花书等都是有关"型"的图书。

---

① （清）行如：《重修万安桥亭记碑》，《上海碑刻资料选集》，上海人民出版社，1980，第61页。
② 1畳相当于1.6562平方米。
③ 京伝戯作等『人間万事吹矢の的 3巻』鶴屋喜右衛門、1803。
④ 根据上海译文出版社、日本讲谈社出版《日汉大辞典》，东山文化指15世纪后半叶，日本室町中期以足利义政的东山山庄（亦称银阁寺）为中心繁荣起来的文化。受禅学影响，艺术趋向枯淡幽玄，公卿文化和武士文化融为一体。
⑤ 室町时代时一般称阿弥号（又称"同朋"）的，一般身怀绝艺。担任室町、江户时代将军、大名的近侍，作僧人打扮，处理杂务和从事诸艺能之事，如绘画制作、书画鉴定、房间摆设指导、咏诵连歌、庭园制作等。
⑥ 西山松之助『家元の研究』吉川弘文館、1982、240、341、124頁。

在室町时代，众多新的画卷、漆器、陶瓷等"唐物"流入日本，令人叹为观止。为了对"唐物"进行合理欣赏、鉴定、分类，一种新的职业——"唐物奉行"应运而生。他们侍奉在幕府将军身边，专司艺能、园艺，以及掌管、鉴定、收藏"唐物"。相阿弥（生年不详—1525）是室町后期足利将军家的同朋。继承祖父能阿弥、父芸阿弥之后，称"国工相阿"，画功极高。后世将这祖孙三代称作"三阿弥"，绘画史上称"阿弥派"。他留下了房间摆设的秘传书《君台观左右帐记》[1]，其内容分三部分：第一，六朝到明朝中国画家上中下品类区分及其画题、画体、姓氏号等的记录；第二，房间摆设图文说明；第三，茶器·诸道具的种类、性质解说与其鉴别、用法的秘诀等，这些内容在后世茶道界被神格化。他的《荫凉轩日录》《实隆公记》等书中留下了许多有关绘画制作的记录，并对狩野元信产生了很大影响。平政隆（生卒年不详）著有江户初期的建筑木工技术书《愚子见记》，他1654年参与建造皇宫立功，受领出羽少掾[2]，此后成为幕府御用木工中井家手下并起到中心作用。《愚子见记》分为9册，记录了从设计到预算等各种关于木工技术方面的，还有关于江户城西丸御殿（1650）、江户城本丸御殿（1659）等建造的详细记录。

茶人山上宗二中将茶道的"守破离"归纳为：15到30岁，"守"的阶段，遵从师教，专事练习；30到60岁，"破"的阶段，在技艺中加入个人特色，尝试与师父不同的做法，并彻底推敲师父、原流派所教；70岁以后，"离"的阶段，毅然离开师门，并且兼具努力与才能者才能达到。[3] 工匠"守破离"的具体过程主要包括以下几点：共同生活、看样学样、十年奉公、游历各地、多方求教、承包工程、同业互助、自创一格。[4] 其中，共同生活、看样学样、十年奉公，属于"守"的阶段；"破"则需要经过游历各地、多方求教、承包工程、同业互助的过程；而在此基础上，只有少数有灵感的幸运儿可以达到"离"的境界，自创

---

[1] 室町时代出版的关于中国美术的鉴赏、识别秘传书。已无原本，目前有载最早的能阿弥奥书的群书类丛本（1476）与载相阿弥奥书的东北大学写本（1511）。
[2] 掾是律令制度中的四等官，在镰仓时代以后成为町人、工匠、艺能人士的名誉称号。
[3] 藤原稜三『守破離の思想』ベースボール・マガジン社、1993。
[4] 松原幸夫『形式知と暗黙知から見た日本のものづくりの変遷——新しい経験主義について』第5回 TRIZシンポジウム発表論文、2009、2頁。

一格。在日本，文化遗产的继承方法大多为传授"型"，从中世到近世，日本绘画的历史就是由画出"型"的画家、继承其"型"的画家与破除其"型"的"破型"画家各司其职编织而成的。日本美术并非完全继承中国美术风格的"型"，而是在破除此"型"的过程中，发展出崭新的风格，日本美术中的这种二次创造也是"破型"的成果。[1] 在"书道"方面，尊圆法亲王所作《入木抄》指出："起初应一味遵循正路、规范习字，在通达其笔之法后，便可听任自身自在无穷之身，随心书写。"[2] 这一观点说明，在穷尽"型"之后，便可自由挥毫。[3]

首先，共同生活是传统技术共同作业所依托的基本体制。共同生活强调的修行不仅仅在于个人技艺，更在于领头人——栋梁统合"百工"（木匠、泥匠、瓦匠等）之力，令其都成为集体中得力的一分子。栋梁的教育方式强调通过长时间共同劳动、生活，因材施教。日本著名宫殿木匠[4]、斑鸠工房的创立者小川三夫认为，栋梁必须让不同性格、不同工作方式的工匠协同一致。"人心的聚合体现匠长对人的关怀"，"百匠有百念，统其合一，为匠长之才能。合百论为一体，方为正道"。小川"并没有在最初就为人才的培育定出长远的计划，而是在遇到问题时想出最恰当的方法来试行解决"。而他的方法则来源于通过每天一起吃饭、生活、工作形成的对每个学生的了解以及相互的信任。他认为人要根据变化的现状思考，绝不能因循守旧。[5] 他同时严厉地指出："无合百论为一体之才能者，要有自知之明，勿忝居匠长之位。"[6]

其次，看样学样、久而自通、强调"默会"，是传统技术习得的基本方法。这也使得手工艺业界有其神秘、与世隔绝的一面。日本手工业界、艺能界乃至现代公司都有"技术是偷来的""看着长辈身后偷技术"

---

[1] 辻惟雄『十八世紀京都画壇 蕭白、若冲、応挙たちの世界』講談社、2019、168—170頁。

[2] 尊円親王「入木抄」早稲田大学図書館古典籍総合データベース、https://archive.wul.waseda.ac.jp/kosho/chi06/chi06_02234/chi06_02234_p0008.jpg、最后访问日期：2021年12月3日。

[3] 源了円『型』創文社、1989、95頁。

[4] 日文作"宮大工"，指专门修建神社社殿、佛教寺院建筑的匠人。中文一般译作"宫殿木匠"。

[5] 〔日〕盐野米松：《留住手艺》，英珂译，广西师范大学出版社，2012，第80页。

[6] 〔日〕盐野米松：《留住手艺》，第191—192页。

"偷师"的说法。如前所述，佛教影响下日本工匠以沉默寡言为模范式性格，以淡泊名利为美德。而师徒制度当中，较之读、写、算，"看"与"试"的能力更为重要。而年深日久掌握的身体化知识，是可靠而不易忘的。在这里，语言上的总结后于技巧的掌握。因而，匠人需要"靠手来记忆"，[1] 花费大量时间掌握正确的做法。比如打磨刀具是木匠师傅会特别督促弟子做的，也是其工作的出发点。而一旦掌握，工具就能与身体融合，身体便会对错误的做法产生强烈的抵触。正如小川所指出的，"一切练习都是为了在身体内形成对谬误的抗体"，而只有功力达到一定地步，才能训练出明辨优劣的眼光，从而形成匠人感官上的"直觉"和敏锐的心灵。[2] 竹编手艺人夏林千野的手艺是她公公亲手教授，因此她一直把公公当作神来供奉。而教授方法也是传统的看样学样，"跟着他学的那会儿，他是个话很少的人，甭管我做得好还是不好他都从来不说什么，就是慢慢地熟悉了就好了"。[3] 夏林毕生只做筱竹编，"除了筱竹我从不做别的事情，山葡萄皮编也不是不能做，但是手的感觉完全不同"，[4] "我们这里，专门笸箩的、编筐的、编豆腐篮的都是不同的人。虽然这些我们也都能编下来，但是什么都编的话手就不专了，不能这个也编那个也编。手不专了，编出来的东西就不像样子了"。[5]

最后，在游历各地、多方求教的基础上自己去承包工程，并与同业者保持良好协作关系，是技能之"破"的必经阶段。这与德国的工匠培训制度类似。在德国，选择职业教育学校的初中毕业生需要先去企业应聘学徒岗位，至少积累三年经验。而上溯到中世纪，德国手工匠人需要历练全城所有的手工业职业种类。前文提到的竹编手艺人夏林千野从赚零花钱开始越做越大，除了养家外，还养了二十几个弟子。后来开始教授村民，以至于市政府专门为其手艺传承设立了"夏林竹艺研究所"。这其中，除了家传手艺，她向设计师柴田春家求教之功甚大。自向柴田学艺、按照柴田的图纸编织后，夏林开始根据用途变换、创新容器形状，

---

[1] 〔日〕盐野米松：《留住手艺》，第194页。
[2] 〔日〕盐野米松：《留住手艺》，第112—114页。
[3] 〔日〕盐野米松：《留住手艺》，第163页。
[4] 〔日〕盐野米松：《留住手艺》，第187页。
[5] 〔日〕盐野米松：《留住手艺》，第193页。

并研制出新的篮子。这些作品被送到横滨的贸易馆，直接出口海外。此后夏林还代表全县（相当于中国的省）参加世界博览会，成了小有名气的工艺师，并收到大量订单。宫殿木匠小川三夫会把新弟子派到已经学成出师的弟子那里帮工。出师弟子们从不会主动教授，但刚入门的弟子在观察其工作时，就能够不知不觉学会站在不同角度、通过不同的建筑环境思考问题。小川认为，"所谓教育就是自学"。[1] 江户后期著名漆工佐野长宽（1794—1856）就是在遍寻漆艺名品、闭门钻研后成为一代大师的。他出身于漆器批发商长滨屋，在21岁时继承家业，但深感自身对漆器学习不足，因而从1814年开始，花了十年时间遍寻各地名工名品。回到京都后，他闭门不出、钻研漆艺，由此钻研出了"门外不出"的名家技法。他还仿造中国明代"存清"技法，绘图也采用龙凤、器物内书"富""贵"，盖上书"嘉永岁制"。他颇有名士之风，以名人、怪人著称，全无俗欲，长年敝衣蓬发并不以为耻，沉溺于尝试新创意。如果是不满意的作品，即使是有人高价相求，也绝不制作。

"秘技"的"一子相传"制度是近代专利制度确立以前，各门派维持家职传承与自身社会地位的重要手段。康助（生卒年不详）是平安后期佛像师。在寄给《兵范记》作者、摄关家家司平信范的亲笔信中，他发出了对御衣木[2]的订单，要求"不似普通之体"，"木材、板材都要细细订制、施以仙工，画上两三个月"，[3] 并两次叮嘱不得将此订单告知其他佛像师。由此可知康助此时已在研发独特的拼木技术，不愿泄密给其他佛像师。

由此，被称为"秘典""秘传"等秘不外宣的技术类图书应运而生。据《德川实记》记载，江户时期茶道诸流派竞争激烈，专事茶道者须在茶技上自树权威。[4] 把本流派技法整理制成秘典、秘传的做法逐渐制度化。《南方录》第五台子中就有茶人千利休关于切纸、板饰的记录，《四条流庖丁书录》等烹调书中收录了几十种鲤鱼的烹调方法与图解。

总而言之，在印刷技术发展与普及后，技术类图书大量出现，趋于

---

[1] 〔日〕盐野米松：《留住手艺》，第77页。
[2] 将制作神佛像的木材视为具有神圣力量之物的敬称。
[3] 竹内理三『平安遺文第六卷 丈六仏像造営文書』東京堂出版、2013、2619頁。
[4] 林衡『徳川実記』吉川弘文館、1944、342頁。

标准化的观念为日本人认识现实并加强对于认知过程与结果的沟通、消除不同流派工匠之间的相互隔绝起到了重要作用。

五 当代日本工匠精神中的佛教文化

首先，工匠精神对佛教"众生平等、无情有性"自然观的承继与当今制造业转型中注重环保、重拾尊崇自然的情怀不谋而合。近二三十年来，世界对于环境问题的意识发生了很大变化。包括汽车产业在内，日本的各大产业都已经开始向重视环境污染对策的方向转型。

其次，在佛教劳动观的指导下，工匠精神对品质至上的追求是执着而纯粹的。"日本制造"辉煌历史的动力源自扎根于工匠精神的技术文化。从模仿到创新，日本制造根本的动力在于对技术员工的尊重和对科技的大量投入。其科技投入占日本 GDP 比例及科技工作者占全人口比例，常年位居世界第一。正因为日本在近现代制造业发展中沿袭了尊崇工匠的传统，技术人员才得到重视。企业强调"现场主义"，高级工程师的薪金水平是最高的，管理层也几乎都来自生产第一线。"家职"观念很大程度上演化为对信用和声誉的执着，以及对品质的不妥协。这种理念成为日本企业维持长久生命力的重要精神资源。日本众多的百年企业大多为曾经的家族企业。官文娜指出，日本家族企业的业主信仰佛教的"万物皆空"，在理念上没有把它完全据为一己所有。[①] 日本员工对企业的忠诚不是忠诚于业主、老板，总言之，他们不是忠诚于某个人，而是尽忠职守，即"忠于职、守于业"。[②]

最后，工匠精神中的佛教信仰在对抗现有制造业名利观问题上也起到了重要作用。无印良品的诞生理念据称是"抗拒大量消费的社会"。其商品不注明设计者姓名，也不用广告宣传，"匿名性"是无印良品的一大特征。如前所述，金刚组的经营目标则是"不出赤字"。金刚组除了祖传的技艺，其千年如一日对事业的专注和对传统的尊重，已经成为日本社会文化的一部分。

[①] 官文娜：《日本企业理念与日本宗教伦理——以近世住友家法为中心》，《开放时代》2014 年第 1 期。

[②] 官文娜：《日本企业的信誉、员工忠诚与企业理念探源》，《清华大学学报》（哲学社会科学版）2012 年第 4 期。

日本工匠精神属于以伦理本位为特色①的中华文化的一部分,其中重要的精神资源是佛教伦理。

第四节 道教与道家思想对日本工匠文化的影响

道家思想与道教对日本工匠文化的影响较为隐蔽,主要体现在工匠民俗、技术思维、生态观念以及近世以降日本知识界的工匠认知上。那波利贞在《关于道教向日本的流传》(1952)中指出,道家思想在归化人时期②传入日本,最晚在奈良时代末期,道教也传入日本并且与佛教相结合,融入日本的"神佛习合"历史进程。而道教科仪如四方拜、祀星、灵符神社、庚申信仰、司禄司命崇拜等,都传入了日本,其中有不少融入了"阴阳道"。"守庚申"是在日本工匠社会中影响最大的道教仪式。

一 庚申信仰与日本工匠文化

成形于江南道教"守庚申"修炼方法的庚申信仰在平安时代传入日本,形成了庚申日的夜里不眠,祈愿无病息灾的做法。人们在庚申日的夜里彻夜不眠,聚于一堂共食、欢谈、祈祷。③ 这本由道教三尸信仰而来,圆仁《入唐求法巡礼行记》记载,唐代日本已有完全类同中国的庚申风俗。这种习俗经由镰仓时代的武家社会逐渐普及到一般民众当中。到了江户时代,庚申信仰进一步日本化,日本全国都开始盛行祭祀庚申的"庚申待"(亦称"庚申讲")组织。可以说,庚申信仰成为民间信仰的一个中心。日本各地也有了"庚申堂",其中以大阪的四天王寺庚申堂、京都八坂庚申堂较为有名,至今仍每60天举办一次"庚申祭"。

---

① 张永奇:《文化自信的传统依据与伦理文化的时代机遇》,《宁夏社会科学》2017年第3期。
② 日本史学界称日本古代,具体而言一般指飞鸟大和朝廷到奈良、平安时代(公元5、6世纪)从中国与朝鲜半岛前往日本的人为归化人。由于这些人带去的先进技术、制度与宗教信仰等都对日本的发展起到关键作用,相应朝代也有别称为归化人时期。由于"归化"概念争议性较大,在近二三十年来,日本史学界及历史教材已经通用"渡来人"一词代替"归化人"。
③ 福永光司『道教と日本思想』人文書院、1987、56頁。

日本工匠社会尤为重视庚申信仰。日本黄铜冶炼行业①尊崇近江山上的庚申神为业祖神，后逐渐扩展到在其他山上各市内天王寺庚申堂举办庚申祭典，以祈各自商运。同时，利用讲会之席相互交流、商议业务如批发价格增减，逐渐演变为明治时期（1868—1912）、大正时期（1912—1926）的同业公会事务。将佛教引进日本的圣德太子可以说是日本手工业信仰中最重要的"人神"。

二　神仙信仰与日本工匠文化

崇尚"道技合一"的道家思想，尤其是庄子对匠艺活动的记载在日本工匠的相关图书中时常被引用。著名浮世绘师橘岷江1770年所作的《彩画职人部类》重点刻画的是木匠，木匠一页直接称其为"工匠"，标注假名"タクミ"，对应的汉字为"工巧"。其中记载日本纪神武天皇元年经始帝宅于橿原宫，此时天命日命掌工匠。而中国文献处则引了庄子"匠石运斧"典故："庄子云，郢人垩慢其鼻端若蝇翼，使匠石斫之。匠石运斤成风，听而斫之，尽垩而鼻不伤。"②

道家对"以技通神"的想象，深刻影响了工匠自身及日本社会对匠艺活动和工匠精神的认识。"职人气质"中本来就有技艺高明者为了作品完美不肯妥协、在世俗看来不近人情的一面，这种工匠可称为"名人"或"畸人"。《近世畸人传》是近世后期的传记文学，正篇五卷刊于1790年，伴蒿蹊著，三熊花颠作画。续篇五卷则刊于1798年，三熊花颠著，伴蒿蹊增补完成。该书搜罗了执笔时已去世的"畸人"约200人，包含武士、商人、工匠、农民等各种人物。所谓畸人，出自《庄子·内篇·大宗师》，"畸人者，畸于人而侔于天"，即异于世俗，但又通天道之人，后又指仙人。《近世畸人传》记录了一位称"久隅守"的画师，名守景，是著名画师狩野探幽法印的弟子。他家贫善画，志向高远，不轻易应人要求作画。加贺侯（藩主）将其召到金泽三年但不给俸禄，于是久隅守要辞职还乡。加贺侯于是笑曰："守景胆大，不从人所需，其画世所罕有。若予其俸禄，他将愈发不再作画。如今已达三年，国中已有

---

① 日文作"真鍮吹業"。
② 橘岷江『彩画職人部類』臨川書店、1979、191—192頁。

其多幅画作。应当扶持。"这才赏赐守景。对此,作者引用白居易《放鹰》中的诗句"不可使长饱,不可使长饥",指出守景为人本奇,而加贺侯知人善谋之处尤奇。①

幸田露伴是跨越明治、大正、昭和三个时期,并深受中国古典尤其是道教影响的日本著名作家。他有许多代表作,比如短篇小说《风流佛》(1889)、《五重塔》(1892)等,都以工匠为主角。尤其是《五重塔》中具有强大精神能量与杰出技术的建筑工匠形象极具感染力。幸田露伴对神仙思想的兴趣尤深,于1922—1926年发表了《论仙》三部曲,探究了"仙人吕洞宾""扶鸾之术"和王重阳的人生经历;1941年又发表了《仙书参同契》,以《周易参同契》为主题,探讨有限的人类存在如何题演无限的自然生命。

《鹅鸟》(1939)是幸田露伴的晚年四部曲之一,主人公若崎雪声的原型是铸造工匠冈崎雪声(1854—1921)。为了写好这部作品,幸田露伴长期在书斋的玻璃移门上记着"雪声"二字。②冈崎雪声是明治大正时期的铸工,生于山城国伏见町,最初在大阪修习制作茶釜,后至京都学习浇铸。在1890年的第三届国内博览会上展出"铸铜云龙图",获得二等妙技赏。后于1893年的芝加哥万国博览会自费考察铸造技法。他擅长分解铸造法,曾铸造大型铜像、建筑装饰。著名作品有"青铜钟"(宫内厅藏)、日本桥"装饰狮子"等。其中上野公园的"西乡隆盛像"、皇居前广场的"楠木正成像"为东京三大铜像之二。后担任东京美术学校(现东京艺术大学)教授。

楠木正成像系住友集团在庆祝别子铜山开采200周年庆典时献给宫内厅的,材料使用了别子铜山所产的铜。③ 制作委托了东京美术学校,

---

① 三熊思孝『近世畸人伝』日本古典全集刊行会、1929、138頁。
② 小林勇『鎌倉・子供 蝸牛庵訪問記』岩波書店、1956。
③ 明治维新以后,日本在文化上急速西化,传统美术工艺遭到轻视。虽然日本版画等在海外获得极高评价,还掀起了"日本主义"风潮,影响了大量画家,但日本国内很少有人认同其价值,日本画家和铸造师的工作急剧减少。1887年东京美术学校的建设目的之一就是反思西化风潮,因而该校积极雇用日本画家,并于1889年设立日本画、木雕、金工、漆工等专业,明确树立振兴日本传统美术之目标。同年,住友财团的总管广濑宰平参加巴黎万国博览会,目睹日本出口粗劣的美术品、工艺品,同感振兴日本文化的必要性,于是在回国后致力于委托铜像制作,意图保护、发展日本的传统美术。住友的纪念活动,除了铸造楠木正成像外,还有委托东京美校制作"别子铜山图版画""铜镜型文镇"等,此后还发出了6份铜像订单。

当时校长为冈仓天心。当时的东京美术学校只有木雕科,主任为高村光云教授,负责制作铜像头部,并动员全科力量,花费三年时间完成。而当时的助教冈崎雪声则首次尝试分解铸造法并获得了成功。

幸田露伴在短篇小说《名工出世谭》中记录了冈崎雪声年少时的故事。雪声的父亲是具有传统工匠精神的铁瓶匠人。他性情孤高、忠于职守,严格遵照着祖师爷的教诲从事制作。面对时下流行也不加追逐,主张"轻薄的玩意只是容易被淘汰的流行之物,所谓名人气质,就是树立一流的节操、安守自己的本分",不然就是"对不起已经去世的净雪师匠"。然而他顽固的性格导致家中负债累累。其子雪声也继承了父亲不服输的精神,还学习了刀锻冶匠人左文字"偷学热水温度从而成为一代名匠"的故事。他为了拯救家业,每日苦心钻研流行的"虹盖"秘法,导致愈加憔悴。终于有一天,他从发明虹盖的太七匠人门口走过时,闻到铁浆的气味,终于悟到虹盖秘法,从此他专注研究,制造出比当时同行作品更为鲜艳的虹盖,由此夺回了老客户。①

冈崎雪声本人与幸田露伴颇有私交,甚至送了露伴一件自己手制的虹盖,并把亲戚的孩子放在露伴家做杂用。在晚年杰作《鹅鸟》中,幸田露伴基于自身见闻,描述了冈崎雪声在美术学校工作的经历。他在里面提到,雪声"在还是职人时,与非同寻常的贫苦作斗争","尝尽浮世心酸,甚至觉得自己不仅是被穷神附身,还被死神缠上了"。另一位木雕匠人高村光云(1852—1934)在作品中以"中村"的名字出现,被描述为"与其他教官出身完全不同,其气质中的工匠之风无论怎么掩饰也会从什么地方流露出来"。

《鹅鸟》中充分体现幸田露伴"一心至诚"与笃信灵力的艺术观的情节,是雪声的"御前制作"。作品中描写明治天皇访问东京美术学校,学校有一场御前制作表演。雪声为了展现超越人力的艺术之神秘力量,特意选择了可能失败的"火之艺术"以供"天览"。当时,中村建议雪声制作不会失败的蟾蜍,但雪声执意拒绝妥协,称"所谓艺术,就是主动前往成功或不成功、成就或不成就仅仅一纸之隔的险境","并不是凭

---

① 幸田露伴「名工出世譚」芝木好子編『日本の名随筆39 藝』岩波書店、1991。据青空文库根据以上版本制作的电子版,https://www.aozora.gr.jp/cards/000051/files/3610_18835.html,最后访问时间:2021年7月13日。

技术就能完成艺术的。艺术不是制作出的，而是自然发生的……火的力量神秘灵奇，我们的艺术是围绕火的特性完成"。而雪声的决心，也是基于他对明治天皇和明治这个时代的信任。他说："我不是从前的伶俐人，我是明治人。即使我这次失败了，明治的天子陛下也一定会认可我。"作品中，雪声与明治天皇在"道法自然"理念的基础上，达到了会心的交流。在"一期一会"的制作表演中，雪声为了追求"自然发生"的艺术而失败了。然而，作品中的明治天皇反而因此体验到了"艺术深处幽眇不测之境"，并在此后委托给诚实的雪声各种重要工作，令其在匠艺之道上精进，雪声也以此获得各种荣誉。①

　　冈崎雪声于幸田露伴而言，其凭借技术，已是近乎神仙境界的人物。1898年，冈仓天心创立日本美术院，冈崎雪声成为其创立事务所的正会员和评议员。除幸田露伴外，后世留名的尾崎红叶、坪内逍遥都是该院的名誉赞助会员。该院的建筑物就建在雪声在谷中初音町的土地上。

　　综上，日本工匠文化中以匠艺奉神的观念，也深深受到道教与道家思想的影响。这种影响至少持续到近代中期。

---

① 幸田露伴「鷲鳥」青空文庫、https://www.aozora.gr.jp/cards/000051/files/4109_7964.html、最后访问日期：2022年10月9日。

第二章 近世日本工匠文化的形成

关于近世日本工匠文化何以形成，笔者认为有如下几点。

其一，中国技术文明东传引发的近世日本产业结构变化与手工业技术革新，以及商品经济发展、税制改革、劳动商品化与消费扩大是近世日本工匠文化形成的技术前提和物质基础。在制度方面，日本战国时期[1]的"下克上"[2]状态和"兵农分离"[3]的实施推动了社会分工的重组，促使"家"这一基本单位与对"职分"的认同观念普及到全社会；而严格限制社会阶层流通的身份制度，尤其是以"家"为单位的寺檀制度[4]在日本全国的推广，以及18世纪田沼改革对工商行会的认可和相关税制的推行是促使包括工匠在内的日本人专注"家职"的体制要因。同时，江户等大都市城下町[5]等大规模基础设施建设、18世纪中期以降都市工场手工业的发展促发的全国性频繁而大规模的人口流动，以及安定的政治环境、发达的平民教育，是日本工匠文化形成的基础。

其二，日本工匠文化形成于近世中期，约在17世纪末期到18世纪前期，以出身和服店的儒学家中村惕斋编著《人伦训蒙图汇》（1690年成书于京都）、中医寺岛良安模仿明代《三才图会》编纂江户时代的代表性百科全书《和汉三才图会》（1712年成书于大阪）、町人哲学家石田

---

[1] 日本战国时代（1467—1585或1615），一般指日本室町幕府后期到安土桃山时代的时期。
[2] 日本的"下剋上"（げこくじょう）指的是在日本史中身居下位的人在军事或政治层面战胜或打倒了身居上位的那一方。这种说法最早出现在镰仓时代，战国时代是"下克上"十分频繁的动荡时期，将军替代天皇掌握实权，实施幕府统治。
[3] 日本中世到近世重要的社会变化之一是"兵农分离"，即以织田信长为首的各国大名逐渐摆脱以往的兵农合一制度，开始把武士从农村和农业中脱离出来，编成专门进行统治和战斗的集团，集中居住在大名的城下。
[4] 所谓寺檀制度，也称寺请檀家制度。指近世幕府令寺院证明城乡居民为其施主而非基督徒的制度。日本史上一般认为其完善、推广于宽文年间（1661—1673）。自此，日本的寺院有了户籍机关的性质，而日本的家职观念也随之渗透到庶民的生活与精神世界。
[5] 城下町即以各地城郭和领主宅邸为中心所形成的都市。17世纪初前后，随着新政权的逐步建立，日本各地都出现了新的城下町。为了保证大名及其家臣在城下町的生活，各地的工匠都聚集起来参加建设。

梅岩（1685—1744）提出"四民平等职分论"等为代表。通过对相关资料的分析可知，知识阶层与工匠的互动使宋明理学、神道与佛教糅合，构成近世日本工匠文化思想内核。

其三，在"家职"永续成为日本人共有的终极追求的江户时代，作为"职人"代表的工匠群体技术至上的行为模式成为全社会的重要参照和榜样，个体价值观也与工匠文化中尊重传统、精益求精、追求极致的价值理念趋同。日本工匠文化在近世泛化到社会各个阶层，并对日本的近代发展乃至走上战争道路有一定影响。

第一节　近世日本工匠文化形成的技术、物质与制度前提

近世，即江户时代，作为对于寻找日本人在历史中确认自我身份的线索极有价值的时代，在日本史上尤其受到瞩目。尾藤正英指出，其一，正是在江户时代，日本迈入明治维新之准备性要因得以形成；其二，江户时代是日本在维新后受到西方影响以前，形成其传统社会最为成熟形态的时期。第一点理由是将江户时代看作"近代"的出发点，第二点则是将其视为日本式"近代"的源流。[①] 同时，他指出江户时代的社会结构形成主要依靠的是日本社会自发的力量。"家"与"家业"、"家职"是江户时代最重要的关键词，其主体既包含直接血缘相关者，也涵盖养子、奉公人等非血缘成员；以长久经营家业这一职业为根本目标，为此持有必要的家产。这种社会结构本来形成于日本古代，中世时代在贵族和上层武士社会逐渐成熟，并且普及到一般民众。尾藤正英认为，14世纪前后普及的"家"促成了旧体制的崩溃和新的国家体制的形成。[②]

"家"制度稳定了近世日本社会的秩序，使各种身份的人都能找到自己的职业认同和生存价值。这既将每个人都牢牢系在其家业上，同时也鼓励并促进其将家业做到专精与极致，一定程度上促成了社会的多元化发展。[③] 而福泽谕吉则将这种制度批评为"简直像铜墙铁壁，任何力量也无法摧毁"，导致"就好像日本全国几千万人民，被分别关闭在几

---

① 尾藤正英『江戸時代とはなにか——日本史上の近世と近代』、viii頁。
② 尾藤正英『江戸時代とはなにか——日本史上の近世と近代』、xiv頁。
③ 李卓:《中日两国古代社会的差异——社会史视野的考察》,《学术月刊》2014年第1期。

千万个笼子里,或被几千万道墙壁隔绝开一样,简直是寸步难移";① 又指出"日本社会贫者身份高,富者身份低,欲富不贵,欲贵不富,贫富贵贱相互平均,既无绝对的得意者,也无绝对的失意者"。②

近世工匠文化就是围绕"家职"这一根本追求确立的,因而工匠亦称"职人"。民俗学家柳田国男指出,在近世,不事耕作的"职人"以口传家族史的特殊教育法传授对技艺和业务的态度,以及有益于社会的技术等,这种特殊的教育法成了土地这样有形财产的替代品,并且继承该地位和职业的每一代人的理解和体验都会被不断加入,这些基础沉淀后形成了跨越时代的纵向共同体——家督。③"家督"这种共同体延续的模式常见于日本武家、商家。原本,在日本古代律令制下,不存在"职人"或特定的工匠概念,工人是在以神祇官和太政官为首的官僚体制下直接受到国家统治的。而到了中世,律令制下的土地制度崩溃,庄园制逐渐盛行,工匠阶层则直属天皇、神社寺院及各地的庄园领主从事生产活动。由此逐渐形成"座"这一共同组织,并出现了游走于诸国的工匠。在这个时期,各行各业的人,上至天皇下到贱民,都能以"职人"或"道道之辈"的概念涵盖。当今意指手工业者的用法,可以追溯到《日葡辞书》(1603—1604 年于长崎刊行)"Xocunin"(職人)词条中的"official mecânico"("专事手工业")。这说明在日本进入近世时,"职人"一词就已经专指工匠。江户末期的风俗史家喜田川守贞(1810—卒年不详)指出,工匠在江户、京都、大阪都被称为匠或职人。这里的工匠,是从事农业、渔业以外的手工业生产者。近世以降,日本社会对"职分"有强烈认同,"职人"这一名词至今仍是一种敬称。④

一 中国技术东传对近世日本工匠社会的影响

中国的漆艺、陶艺、螺钿等技术都对近世日本的工匠社会和市民生活有不小的影响,相关工艺传承者亦有较高的社会地位。如江户前期的

---

① 〔日〕福泽谕吉:《文明论概略》,北京编译社译,商务印书馆,1959,第 156—157 页。
② 福澤諭吉『国会の前途』慶應義塾編『福澤諭吉全集 第六巻』岩波書店、1959、45 頁。
③ 〔日〕柳田国男:《关于先祖》,王晓葵译,北京师范大学出版社,2021,第 34—35 页。
④ 尾藤正英『江戸時代とはなにか——日本史上の近世と近代』、22 頁。

螺钿工青贝长兵卫（生卒年不详），出身长崎，向中国人学习使用薄贝的螺钿法，给传统日本螺钿增加了"唐风"，确立了自己独特的风格。此后，长崎螺钿工继承其风格，自幕末到明治时期制作出大量青贝螺钿工艺品，并出口海外，被称作"长崎物"。上野喜藏（生卒年不详）是安土桃山到江户初期的陶工。相传出身朝鲜，曾得到"五人扶持"① 的武士同格待遇。如今福冈县田川郡赤持町上野窑奉上野喜藏为始祖。坂高丽左卫门（1586—1643）是江户初期萩烧陶工。他是在文禄庆长之役②之时赴日的朝鲜陶工，萩烧开祖李勺光之弟，本名李敬，传承大陆风格陶艺。1625年被藩主任命为"高丽左卫门"，得到"三人扶持"米九石的俸禄。此后坂家第三代创设藩御用窑"松本窑"，该窑在明治时期以后从官窑转型为民窑，倾力制作传统茶具。如今的经营者是第十五代坂仓新兵卫。他在"萩烧·坂仓新兵卫"的官方主页上表示："我一直想从事让萩土获得生命的事业，也做到了现在。每件作品里都有土与釉。萩土在施釉后达到状态最佳的熔化，颜色趋于透明，其下的土呈现窑变，仿佛在呼吸着，这便是其魅力所在吧。"③ 如今，萩烧已成为山口县的"无形文化遗产"。青木大米（1767—1833）是江户后期陶工、南画家。生于京都祇园茶屋。据说其祖先是尾张藩士。他本爱在文人墨客之家观赏古器具，一次在大阪著名文人画家、本草学者木村蒹葭堂（1736—1802）的书库中读到清代朱笠亭《陶说》，从此立志做陶工。30岁入奥田颖川之门，在享和年间（1801—1804）成名。此后受到德川治实和加贺金泽町会所的委托制陶，开创文人陶工之谱系。

宋应星的《天工开物》、戴震的《考工记图》、王圻及其子王思义所编撰的《三才图会》等中国明清时期技术、百科图书传播到日本后，也在极大程度上影响了日本知识分子对技术与工匠的认识。《天工开物》1687年便由长崎进入日本，本收于蒹葭堂，迅速得到江户时代学界关注。著名儒学家、本草学家贝原益轩曾在其《花谱》（1694）、《大和本

---

① "扶持"即作为俸禄支给的扶持米，亦称俸米。"五人扶持"即足以保证五家人生计的俸禄。
② 李氏朝鲜史书称之为壬辰卫国战争（1592—1598）。
③ 萩焼・坂倉新兵衛ホームページ、http://sakakurashinbe.com/m/intro.html、最后访问日期：2019年5月23日。

草》的参考书目中列出《天工开物》，可见此书当时已进入日本。朱子学家新井白石（1657—1725）在《本朝君器考》，著名博物学家、兰学①家平贺源内（1728—1780）在《物类品骘》（1763）中亦曾引用该书。《天工开物》在1771年于大阪书林菅生堂得到翻刻，由江户中期的著名小说家、儒医都贺庭钟（1718—1794）作序并添加训点与假名，其后大量传播，在日本产生了广泛影响。书中所载各种中国技术成果随即引入日本，如沉铅结银法、铜合金制法、大型海船设计、提花机和炼锌技术等。② 日本科学技术史学者吉田光邦认为，《天工开物》改变了日本的技术社会。③

到了18世纪，随着雕版印刷技术与商业出版业的迅猛发展，在江户日本，技艺精良的有名画师、刻工往往与文人处于对等地位。京都、大阪书房合作出版的《毛诗品物图考》（1785）封底内页详细记录了相关画工、刻工的姓名："画工　浪华挹芳斋国雄/剞劂　平安大森喜兵卫　山本长左卫门/书林　浪华大野木市兵卫　江户须原茂兵卫　浪华衢文佐　平安北村四郎兵卫。"④ 其中的"画工　浪华挹芳斋国雄"与该书作者冈元凤（1737—1787）同样出身于西日本大阪，名唤橘国雄（生卒年不详）。他奉江户中期著名画工橘守国（1679—1748）⑤为师，通称酢屋平十郎，号皎天斋、挹芳斋。著名作品有《虾夷志略》、《女笔芦间鹤》（1753）、《毛诗品物图考》插画等。此人颇有名士之风，淡泊名利，生前贫困潦倒，不为世所知。而刻工大森喜兵卫、山本长左卫门二人均是京都人，擅精细图谱。前者曾参与刊刻橘守国制作的《本朝画苑》（1782），后者曾独立承担《五经图汇》的刊刻工作。这些书的出版方很重视画工、刻工工作，书后均记录了画工、刻工的姓名（见图2-1）。

---

① 兰学，即荷兰学，指日本在江户中期以后，通过荷兰语对西方的学术和文化进行研究的学问的总称。
② 潘吉星：《〈天工开物〉在国外的传播和影响》，《北京日报》2013年1月28日，第20版。
③ 吉田光邦「天工開物について」『科学史研究』第18号、1951年4月、12—16頁。
④ 岡元鳳纂輯『毛詩品物図攷 7卷［1］』江戸北村四郎兵衛等、1785、奥付。
⑤ 橘守国，大阪人，狩野派鹤泽探山门人。为传播其画法，毕生制作、刊行了20余本绘本，对后世浮世绘产生了重要影响。著名作品有《绘本故事谈》、《唐土训蒙图汇》（1719）、《扶桑画谱》（1735）、《绘本莺宿梅》等。

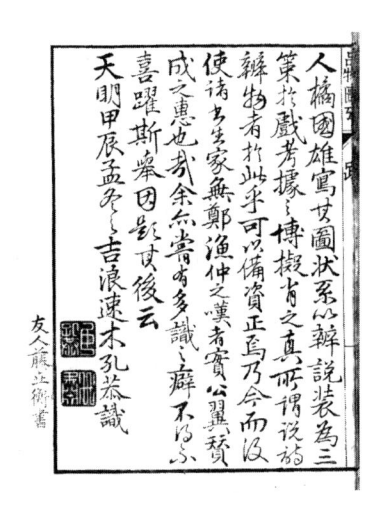

图 2-1　《毛诗品物图考》封底内页

日本文人画代表画家池大雅（1723—1776）深受中国影响。他生于京都，本姓池野，后将姓改为"中国风"的"池"。7岁在万福寺挥毫，黄檗僧赞其为"神童"。15岁开扇子、篆刻店。扇子上的绘画临摹明末编纂的《八种画谱》。池大雅以卖画为生，本质上是一介职业画家，但其店铺得到了儒学者芥川丹邱（1710—1785）[①]、松室松峡等的后援。其青年时代曾师从第一代南画家祇园南海（1676—1751）与柳里恭（1704—1758），以高洁的人格著称。在画法上，曾摹写、自学《芥子园画传》等画谱和汉语，以及渡日清人画家伊孚九（1698—卒年不详）的作品，并添加了室町水墨画、狩野派、琳派等日本式的画法。最终在40岁时形成其独特风格，即融合日本传统画法与中国画法，擅长屏风画等大型画面的绘制，和画家与谢芜村（1716—1784）并称日本文人画（即南画）的集大成者。1751年至白隐处参禅，还与卖茶翁、梅庄显常等交往，晚年留下众多禅意浓厚的书画。其好友有高芙蓉、韩天寿，妻子玉澜，绘画弟子木村蒹葭堂等，与众多儒学家、禅僧交好。《近世畸人传》等记述了其潇洒不羁的性格。代表作有高野山遍照光院障壁画、万福寺障壁画、《兰亭曲水　龙山胜会图屏风》（静冈县立美术馆藏）等。

---

① 江户中期的儒学家，曾师事荻生徂徕门人宇野明霞和伊藤东涯等人。

二 近世日本工匠文化形成的物质与制度前提

从经济基础而言，江户时代的首都——江户城是一大消费都市，町人经济实力的提高进一步促进了工匠文化。当时，富有的町人和追求町人感觉的武士们，衣必文绣，食必粱肉，对生活日用品的消费非常讲究，对艺术品的制作和鉴赏不乏精美和世俗迎合色彩。元禄时期，各式各样的工艺品琳琅满目。[1] 当时，江户作为城市的时日尚短，其特征也是由满足武家社会这一极其近代化且庞大的消费阶级的需要而逐步形成的。可以说，一方面，消费方需要各种各样的职业与手工活，另一方面，满足消费需求的阶层壮大，这就使社会下层阶级扩大。还有支撑江户的生产与消费的最大制度因素就是"江户充任"[2] 制度，即根据"参勤交代"[3] 制度，大名和其家臣到江户藩邸执勤。这种制度分为两种形式，一种是跟随大名在江户府中居住一年的"参勤充任"，另一种是无论大名是否在江户参勤，一直居住在江户的"留守江户充任"，即"定府"。一般小藩中约有二成、大藩中约有一成的家臣团留守江户。而江户的年薪比地方要高出很多，因而留守充任导致各藩要在江户花去藩财政的七八成资金。这既导致了江户日本地方财政的恶化，也令江户城的消费经济更为丰富，市民经济活动更为活跃。[4]

把江户时代说成是工匠时代也不为过。为维持多数武士的消费，各大都市，特别是作为总城关镇的江户成为大量工匠群体移居的城市。在江户幕府设立前，工匠们就集中居住在江户。工匠头领[5]统管德川家康治下关东领国内的工匠，锻造头领高井氏拥有支配关八州锻造行业的权力，还有裱经匠山田正善和磨刀匠佐柄木弥太郎等人是关八州的地方头领。

庆长八年（1603），江户幕府建立。工匠集团再次编组，一批新的工匠聚集至江户，产生了"国役町"，即居住在该地者作为房主，需要

---

[1] 韩东育：《明治前夜日本社会的体制阵痛》，《日本学刊》2018 第 6 期。
[2] 日文作"江戸詰"。
[3] "参勤交代"是江户幕府的大名统制政策之一，一般安排大名及随行武士一年在地方的领国、一年在幕府所在的江户居住。
[4] 小木新造等编『江戸東京学事典』三省堂、2003、7 頁。
[5] 日文作"触れ頭"。

以从事相关工作的方式纳租。在官方主导下，国役町使同一种工匠产生了地域性的分散，这在18世纪中叶已经成为一般现象，工匠们在头领的领导下逐渐走向独立。明历三年（1657）江户大火后，社会上对与建筑相关的工匠的需求进一步增加，各地有大量工匠流入江户。工匠们结成伙伴、定下交易所并聚集。对此，幕府决议改变租金征收的方式，规定了工匠的日薪，于是工匠们直接向幕府缴纳金钱完成国役义务的倾向不断增强。随着时代推移和上方[①]工匠迁居江户，江户独有的"名品"诞生并逐渐得到大量生产、推广到全国，其中有武士所需的刀护手与刀鞘、莳绘、出版物等。《守贞漫稿》中描述了一种"如今江户有而京阪地区没有的生计"，[②] 即"献残屋"，是基于"参勤交代"的各位大名向将军献上各色土特产而产生的对于剩余进献品、无用的赠答道具一类物品的再利用，包括昂贵的木刀、匣子及一些食物。

18世纪初期，江户城镇街道上出现了诸多贩卖自家产品与劳动的居家工匠。在面对东海道的京桥地区的街道上，出现了笔店、木桶店、篮筐店、甲胄店、细木家具店、佛像店等店铺。而小巷里，木匠、泥瓦匠、房顶修葺工、伐木工一类的与弟子同住的外出务工者也很多。随着工匠阶层的分化，上层工匠因为其作为承包制商人的性质增强，有不少人成为工匠老板。元禄十二年（1699），江户幕府设立针对建筑相关工匠的调解制度。

除江户之外，在17世纪初，日本各地都出现了新的城下町。为了保证大名及其家臣在城下町的生活，各地的工匠都聚集起来参加建设。福冈城的城下町就是其中一个。大名黑田长政从周边召集了武器匠人、建筑工匠、日常用具匠人等，从而产生了以独特职业命名的街巷，如大工町、新大工町、绀屋町等。贝原益轩是福冈藩人，他编纂了《筑前国续风土记》，其中的《土产考》一文解说了当时福冈藩的产品。书中还列出了许多出自福冈、博多城下町的工匠之手的产品。

[①] "上方"地区即京都、大阪有着悠久的手工业生产传统，其手工艺品在江户也最受珍视。现代日语中仍存在的"下らない"即无聊、无趣的说法，就是来源于江户初期人对于非"上方"制品的贬低。

[②] 喜田川守贞『守贞漫稿』東京堂出版、1973—1974。《守贞漫稿》于1853年成书，1908年又以《类聚近世风俗志》为名刊行。

在工匠组织制度方面，为了让技术得到更好的传承，师徒制度和"守破离"范式也得以彻底确立，工匠不断从农民中分化出来。自17世纪初起，工匠在城下町组成"内仲间"这一由"亲方"即头目主持的横向组织，维持经营与生活。而师徒制则作为纵向组织，以"家业构"的方式约束弟子，以免技术外流。从18世纪开始，批发式家庭内加工工业诞生，19世纪则有了工场制手工业。

与此同时，市民经济与文化水平的提高使江户的时尚、娱乐、出版等各领域获得了迅猛发展。安藤广重的《绘本江户土产》描绘了江户城愈加丰富的特产。歌川丰春（1735—1814）的《浮绘骏河町吴服屋图》则描绘了在店头明码标价售卖衣料的零售界革新性事业形态，即所谓"没有现金谎价"，这使得在那之前被特权阶级垄断的衣料（主要指丝绸）成为大众消费品。被称为江户浮世绘始祖的菱川师宣（1618—1694）是安房保田（今千叶县锯南町）人，曾在京都、江户学习。其集大成之作是《和国百女》，生动描绘了一群将棉花纺成纱线的劳动女性的健康形象。这幅作品的背景是在师宣活跃的江户中期以后，纺织在江户周边地区作为家庭副业得到了发展。此外，在时常发生火灾的江户，建筑业一直是发展最好的产业。木匠、泥瓦匠、房顶修葺工、榻榻米制作工人等匠人的店铺生意兴隆。二代歌川国辉（1830—1874）的《家职幼绘解之图》描绘了修葺屋顶的工人等，三代歌川丰国（1786—1865）的《上梁图》也描绘了建筑工人。

18世纪后半叶到19世纪，浮世绘版画等江户庶民艺术蓬勃发展，并以其高度的装饰性与艺术性受到西方欢迎。① 版画工艺师葛饰北斋（1760—1849）的版画和绘本在江户末期被西方人带到欧洲，作为介绍日本的资料得到翻印。葛饰北斋曾在1826年与当时的长崎商馆医师西博尔特交往，并应其要求，采用了远近法绘图，直到1828年西博尔德欲将日本地图带到国外被逐出日本为止，北斋每年约为荷兰商馆创作一百幅作品，均被带到荷兰。今天荷兰莱顿国立民族学博物馆藏有葛饰北斋的作品。在以德加为中心的印象派画家中间，北斋的作品广泛流传。1856

---

① 爱德华·卢西-史密斯指出，日本对待工艺品的态度中有一种以前一直未被充分注意到的特征，这就是所谓"纯美术"与所谓"装饰美术"的结合。见〔英〕爱德华·卢西-史密斯：《世界工艺史》，第62—63页。

年,《北斋漫画》在巴黎出现,引起了许多关注。法国新艺术运动的代表性艺术家艾米里·加利(1846—1904)曾模仿《北斋漫画》第十三篇中《鱼篮观世音图》创作出以月光为底色、使用瓷漆与金彩绘图的玻璃花瓶。当然,江户美术及出版文化的发展也离不开抄纸、底样绘制、木版雕刻及印刷团队合作的支持。五云亭贞秀的《风流职人尽纸漉》、三代歌川丰国的《今样见立士农工商》都描绘了工匠们的工作现场。浮世绘师锹形蕙斋(1764—1824)曾绘《职人尽绘词》(1804—1806),山东京传等为其作词书、画中词。锹形蕙斋本出身榻榻米工匠家庭,受松平定信委托作《职人尽绘词》,目的是讴歌江户的繁荣。该绘卷全长33米,描绘了47个画面和103个工种。大高洋司编有《锹形蕙斋图 近世职人尽绘词》,现藏于东京国立博物馆。

大英博物馆中收藏有喜多川歌麿(1753—1806)的成名作《画本虫撰》(1788)的木刻版,长26厘米。该版本是英国探险家、博物学家约瑟夫·班克斯爵士(Sir Joseph Banks,1743-1820)遗赠的藏书,上有其藏书印。该书分上下两册,均有日本式的封皮。在跋文中,其师鸟山石燕(1712—1788)称,歌麿幼时就细心观察事物,曾专心致志地将蟋蟀置于掌中把玩,这可谓典型的博物学式观察。[①] 喜多川歌麿自1788年到宽政初期曾配合当时流行的狂歌艺术创作狂歌绘本《百千鸟》《画本虫撰》等具有浓厚博物学色彩的作品。这些绘本以植物、虫鸟、鱼贝类为主题,风格华丽、笔法精致,是其代表作。

由此,在19世纪中叶,欧洲兴起了起源于收集浮世绘的"日本主义"热潮,为近代以降西方对日本工艺的容受打下了基础。"日本主义"(Japonism)指一种审美崇拜,在19世纪60年代已十分普遍。明治维新刚刚结束时,日本社会弥漫着向西方学习、"文明开化"的风潮。各种传统工艺美术作品如浮世绘等被当作过时落伍的文化象征,遭到丢弃、贱卖,而在明治政府开展得如火如荼的"废佛毁释"运动中,各种佛像、佛具也被当作垃圾处理。而当时到访日本的欧洲商人、外交官、旅行者及其他人士则将其成堆廉价买进并带回西方。由此,这种审美趣味在法国和英国持续影响到1910年,尤其对印象主义画派有关键性的刺激

[①] 喜多川歌麿絵、宿屋飯盛撰『画本虫ゑらみ』蔦屋重三郎、1788、跋。

作用。"日本主义"所主张精心研究与引进的日本美术作品,主要是浮世绘。法国画家马奈、德加和莫奈等皆有收藏。同时,对日本漆器的爱好亦已相当普遍。在英语中 Japan 一词除表示日本外,还有漆器、漆工艺的含义,japonaiserie(日本物品)、japonisant(日本物品爱好者)等词语也在那时产生。19 世纪后期,日本主义已与"前卫"艺术革命密切相关。

第二节 宋明理学与近世日本工匠文化

日本工匠文化形成于近世中期,具体在 17 世纪末期到 18 世纪前期。当时,朱学成为官学,"士农工商"四民制度彻底实施,融入幕府的实际统治。无论是"家"作为社会基本单位的确立、工匠阶层属性固化、师徒制定型还是工匠伦理的确立,都在这一时期完成。日本工匠精神在萌芽阶段具有浓厚的佛教色彩,但近世森严的阶层等级制度是行业人群自我意识上升的基础,手工业行会独立则是重要的社会条件。[①] 而区分阶层的主要思想工具就是不断"日本化"的宋明理学,中国对于日本近世思想的影响主要体现在宋明理学作为统治思想在日本的"本土化"与"世俗化"。江户儒学者有着浓厚的实用主义倾向,因而日本对儒学的接受主要是"形而下"的。同样的,此时的工匠精神也由曾经的"神圣性"趋于世俗化即"草根化"。自日本中世、近世以后,宋明理学作为道德伦理自上而下地渗透到日本各个阶层,呈现出较强的"草根性"。

17—19 世纪,随着儒学者、儒医与工匠的深入互动,宋明理学对工匠匠艺活动和思想意识的影响愈加深入。商品经济的发展和工匠制度的完善,加之宋明理学中本身具有的实学倾向,进一步促进了学者与工匠的互动。而在"知行合一"观念的影响下,知识分子往往也从事一些匠事,对于工匠手作的理性认识也进一步得到提高,文人与工匠、知识与技能的距离更近。[②] 可以说,在儒学实学倾向的影响下,随着工匠社会身份的祛魅、世俗化,近世日本逐渐开始理性认识工匠手作。这首先体现在知识界对工

[①] 周菲菲:《试论日本工匠精神的中国起源》,《自然辩证法研究》2016 年第 9 期。
[②] 倉地克直『江戸文化をよむ』、109 頁。

阶层的认识与对其技艺的详解和分类上。出身和服店的儒学家中村惕斋编著的《人伦训蒙图汇》详细记载了17世纪后半叶至18世纪各阶层职能分化中出现的460余种职业，其中"职之部"即有关手工业者的部分占重要篇幅。更有中医寺岛良安模仿明代《三才图会》编纂了江户时代的代表性百科全书《和汉三才图会》（1712年成书于大阪），描述了大量工种的手工匠人的生产与生活状态。这种传统在明治维新后也得到了留存。明治十四年（1881）《东京府统计书》中记载东京的工匠职业种类达350种，从业家庭人口占市内人口的27%。

著名思想家伊藤仁斋（1627—1705）、西川如见（1648—1724）都出身工匠。具有强烈形而下色彩的日本近世思想不光内容包含工匠生产，方法思维亦得益于工匠技术实验、量化方法和因果训练。自上而下地看，一些儒学者、儒医对著名工匠匠艺活动和思想意识产生了影响。同时，寺子屋"余力学文"教材、民间儒学讲习录、《百工往来》等训蒙和通俗读物，是考察"日本化"的宋明理学对工匠阶层的"德育"方式的重要资料。

江户时代前期，著名文学家井原西鹤（1642—1693）曾在《浮世草子》中以中国手工艺品与日本的做比较，指出："唐人（中国人）讲究信义不食诺言，绸缎匹头，表里一色，药材不掺假。木是木，金是金，多少年也没个变。贪诈唯日本，缝衣针越来越短，布匹面儿越来越窄，纸伞不上油，惟偷工减料是务；货一出门，不管退换。"① 江户中期以降，宋明理学成为工匠教化的重要基础。《诸职往来》一书解释了士农工商四民间的区别，重点着墨于技术"诸职"也就是工匠。其上半部通过《正德御制札御式目》，以官方的封建秩序解释四民的社会分工，下半部基于儒教的职分，列出相关术语，因而也同时是一本字典。

在此，对于"物"的表现也阶层化、职业化和标准化了。《诸职往来》的工匠部分以木匠为首，详细列出了各种工匠的身份等级以及其使用的工具名称，关于农民，记述了其农具，关于武士，记述了各种刀具，这些是他们各自的"道具"，而商人是"账房道具"。"道具"是职分的表象，各种职业固有的生存方式内化后，"道具"成为自我认识和自我

---

① 《井原西鹤选集》，钱稻孙译，上海书店出版社，2011，第65页。

表现的手段。承载着佛教思想与信仰的茶道、花道、香道、能乐等日本艺道文化普及了"道"与"道具",在其影响下,"道具"演变为四民阶层身份的象征,"道具"的阶层化指向了职业的阶层化。武士在强调自己身份不同于其他阶层时,才认识到刀是自己的"道具",如《叶隐》便指出"道具"中有所谓主君御魂。大名"道具"中包括各种仪式用具,如装饰禅宗风格书院的"唐物";茶道则讲究尽可能多地收集道具即"唐物",用于各种场合。

一 寺子屋儒学教育与近世日本工匠基础素养的建构

寺子屋的儒学教育在工匠训蒙上起到了相当大的作用。首先,工匠教育中,隐性知识的传达占据重要地位。美国哲学家波兰尼(Michael Polanyi,1891-1976)提出的著名的"隐性知识"(tacit knowledge)[①]是相对于"显性知识"而言的,指在特定情境下经由模仿并体认、体知的,难以通过语言文字符号清晰表达或直接传递的知识。而东亚儒家思维方式本身有助于发挥隐性知识在科学创造活动中的作用。[②]黄俊杰指出,东亚儒家教育的目的在于激发"自我主体性的觉醒",孟子提出的"教者必以正"和孔门"下学而上达"的教学宗风,正符合隐性知识的内涵。[③]

日本近世普遍的学习方式是"素读",这是一种与近代学习方式不同,强调身体化学习、贴近隐性知识习得的一种修习方式。内容主要是对四书五经等儒家经典与基于其写作的一些基础性教材进行句读与背诵。教育学者辻元雅史认为,这是一种将"文本身体化"的学习方式,而在书院教育中,学生素读之后是教师的"讲义",这也与近代教学法不同,以理解经书文句意义为中心,并非集体学习,而强调个别学习,最后在"会业"中,再对汉籍进行集体读解。[④]

[①] 据石仿、刘仲林的总结,该概念在中国有"意会知识"、"隐性知识"、"默会知识"(亦称"默会之知")、"缄默知识"等多种译法。日文作"暗黙知"和"形式知"。本书采用"隐性知识",并对应使用"显性知识"译法。

[②] 王前:《儒家思维方式对近现代科学的影响》,《自然辩证法研究》2015年第6期。

[③] 黄俊杰:《东亚儒家教育哲学新探》,《华东师范大学学报》(哲学社会科学版)2016年第2期。

[④] 辻元雅史『「学び」の復権——模倣と習熟』角川書店、1979、252頁。

素读讲求"读书百遍意自通",强调的是一种对基本规律的身体认知。这种通过身体去模仿、熟悉并修习的原理,与传统技术、艺道传承中对"型"的掌握传承相通,并一直延续到近代日本社会。贝原益轩面向民众所作的普及性读物中对其有所记录。贝原益轩自小从兄长处学习素读,后学习中医和宋明理学。他在 81 岁时出版了著名的《和俗童子训》,提倡大人孩子都应当每日背诵一百遍四书五经中的一百字,这极大地影响了江户时代的日本教育。辻元雅史认为,贝原益轩对心的自律性有所怀疑,认为只有通过身体的规律化,才能达到心的规律化,从而掌握具体的"礼"。中村春作等学者则认为,"素读"是将日常性语言与精神性语言融汇并渗入灵魂的学习方式,形成了近代日本人的基本素养。[①]近代日本文学家谷崎润一郎谈到文章写法时举《大学》里的"诗云:缗蛮黄鸟,止于丘隅。子曰:'于止知其所止……'"做例子说:"从前寺子屋教授汉文的读法,称为'素读教法'。所谓素读,就是不讲解,只朗读。我少年时还有寺子屋,一面上小学,一面还去那里学习汉文,老师把书翻开放在书桌上,拿着棒子一面指着文字,一面朗读出来,学生热心地听着,老师读完一段时,轮到自己高声读,如果能读得满意就继续往前读。外史和《论语》就这样教,对其中意思的解释,如果学生问,老师会回答,一般是不说明的。不过,古典文章大体上音调都很流畅,就算不明白意思,句子还是会留在耳里,自然涌上嘴唇,少年长成青年,直到老年,每次遇到机会就会一再回想起来,因此渐渐开始明白意思。谚语说'读书百遍,其义自见',就是指这个。"[②]

江户日本的庶民教育机构寺子屋是素读学习的重要机构,其教材"往来物"是显性知识与隐性知识融汇教授的主要依托文本。根据明治中期编纂的《日本教育史资料》,江户时代町村设立了许多寺子屋。江户中期的文化、文政年间(1804—1830)设立了 1068 所,天保、弘化年间(1830—1848)有 2808 所,嘉永、庆应年间(1848—1868)达到了 5863 所。江户时期共新设 11333 所。

寺子屋又名手习塾,顾名思义,较之读书,更注重写字。其主要的

---

① 中村春作『江戸儒教と近代の「知」』ぺりかん社、2002、110 頁。
② 〔日〕谷崎润一郎:《文章读本》,赖明珠译,上海译文出版社,2020,第 27 页。

学习方式就是重复模仿"手本"即范本。学生在寺子屋的大部分时间用于自习，教师不时进行个别指导。其既是学习文字的场所，更是学习技术的殿堂，可以学到生活、生产中所需的各种文书样式和基本知识。"往来物"本是模仿中国六朝至唐代流行的"书仪"所编纂的一种体例文书。《庭训往来》是从室町到江户末期长期被使用的"往来物"，其出现标志着日本教育史的转向。日本也曾有过类似体例文书，逐渐从汉文体演变为使用汉字的和式文体。而早期的"往来物"都是公家贵族用来参照的文书范本。室町时期的学者北畠玄慧法印在其著述中开始提倡宋学，一改自古以来的公家学问即汉唐经学，成为新学的倡导者。[①]"往来物"在内容上也出现巨大变革，在原本的文书规范之上加入了大量常识。自此，日本人可以直接从"往来物"中接受经过筛选与提炼过的知识。内藤湖南指出，即使没有教科书，仅凭往来体读本也可以获取所需常识，因其几乎包括有社会平民、武士所需要的所有知识。《庭训往来》一般被认为编纂于室町初期的1324年前后，在中世是最为普及的"往来物"。其注释书与解说书为数众多，如1800年刊的前川六左卫门编著本、1818年刊的浦谷伊三郎编著本、1846年本等。《庭训往来》虽以武家社会为背景，但也包含了庶民日常所需的知识和书信文必要的语句。其以月份分类的基本内容如下：1月，新年问候与武家的游戏；2月，赏花与诗歌；3月，武士的宅邸；4月，各种职业与商品；5月，武家的应酬与酒肴；6月，武家的教训与武具；7月，各种服装；8月，审判、刑罚及将军参谒若宫（即皇子）；9月，禅宗以外的法会与佛具；10月，禅宗的法会与佛具；11月，疾病与药；12月，任国及其事务。此后的"往来物"将日本一般民众必备的常识、兴趣嗜好、道德教化文字等悉数融为一体，简明扼要地加以表达。

由上可以看出，《庭训往来》中已经单独列出职业与商品的部分，且武具、服装和佛具也被视为重要内容。同时，"往来物"中记载了各种职业及其常识，各种手工艺工种几占一半，具体包括：和歌、诗联句、领地子民、农作物、馆堂建造、树木、市町节庆、漕运用船、殖民（锻冶、铸造、工匠、五金匠、染匠、绫织、养蚕、相马、放牧、烧炭、樵

---

① 〔日〕内藤湖南：《日本历史与日本文化》，刘克申译，商务印书馆，2018，第235页。

第二章　近世日本工匠文化的形成　　85

夫、寿器制作、井具制作、漆工、漉纸、唐纸制作、制笠、雨具、船工、渔夫、烧制朱砂、白粉、制梳、礼帽制作、商人、沽酒、酿造、弓箭制作、陶器制作、修理工匠、泥瓦匠、猎人、田乐、舞狮木偶艺人、琵琶师、巫婆、艺伎、舞女、游女、娼妓、医师、阴阳师、画师、佛师、裁缝、武艺、相扑、僧侣、修行人、儒者、明法明经道学士、诗歌宗匠、管弦乐师、佛教乐师、官衙判官）、货物买卖、动物、腌物、武具、马、马具、织物、装束、乐器、政事、武家、仪式、佛寺、佛法（禅、密、圣道）、法事、日常用具、饮食、点心、疾病。①

内藤湖南指出，《庭训往来》的出现标志着这一时期日本教育摆脱中国书，实现了独立。② 然而，其内在的宋学精神及"素读"学习方式并未改变，甚至得到了加强。随着社会分工细化，出现了针对各种职业的《诸职往来》，涉及工匠的内容最多。

其中，《百工往来》中记载：

> 夫士农工商者，国家之至宝，可谓日用万物调达之本源也。
>
> 工匠之辈者，先番匠为首也。有栋梁、大工、小工、斩始之式法。以水盛、规矩、准绳定之，柱立栋上者，撰吉日良辰。御殿、神社、拜殿、花表、柿③、瓦、见世、店、土藏、文库、窖，任其所望造营。又有破损等，可加修复也，犹可有勘辨，所持道具，斩、铇、凿、柊锤、锥、小刀、锯、挽回④、鼠齿、斧、铁锤、镭、玄翁⑤、锄、曲尺、墨斗、墨尺、鑢⑥、钉贯⑦等。又益屋匠者，桧皮、扮皮、竹钉、台切、片庑丁、谷之取合、破风、轩口，可齐备之。
>
> 雕物师者，后藤氏代代家雕与云，此外有奈良雕、横谷、大森、

---

① 〔日〕内藤湖南：《日本历史与日本文化》，第235—236页。
② 〔日〕内藤湖南：《日本历史与日本文化》，第237页。
③ 薄木片。
④ 一种幅宽尖头的锯子。
⑤ 亦作"玄能"，指石匠、木匠用的铁锤。日本冶炼与建筑行业的行话中，大型铁锤被称为"玄翁"（げんのう）。这是因为在传说中，曹洞宗著名的玄翁和尚用铁锤斩破了以妖气杀人的"杀生石"。在此，铁锤由于被赋予了特殊的法力，亦被写作"玄能"二字并传承至今。玄能铁锤较大，两头无尖。
⑥ 锉。
⑦ 钉起子。

柳川、滨野等名家。

秤屋者，于东国者守随彦太郎，西国者神善四邻，此两家之外，坚御制禁①也。杆秤、衡、锤、天枰、针口、将分铜者，后藤今极。这些物品皆为衡量轻重之器具，应秉持廉洁正直之心制作。

染物屋者以蓝染为第一也。

凡诸职人，申赐受领之官名，名人技巧高超获取显誉，非其身计②之功绩，荣耀传于子孙德广大也。旦暮不断下工夫勤力做工……和顺为渡世之则，灾难永不来，家门繁荣之基，天道照正直之诚，阴德阳报者，显然而无疑者也。③

这番叙述显然将工匠的最终价值限定在其"家职"上。池田东篱亭主人编的《新撰订正番匠往来》（1831）分类列举了常见工种、木材、工具和神社佛阁内各建筑物的名称，在此基础上，强调工匠应当"职职入念"从事"天长地久之础万代不朽之柱"的建设工作，以及所应当具备的职业操守：

其职职入念之有工风也，其职职而可有心得事勿论也。

大工志亲职之事，故别而万端，用心割地绘图面引合格好，志规矩雏形其流义之穷法。

千岁栋万岁栋永永栋阴找栋阳找栋纳栋与打候事，建天长地久之础万代不朽之柱，诚目出度觉总而用心，不可怠慢，以此作事用

---

① 独占经营。
② "身计"一词在《颜氏家训》归心卷中有记载："求道者，身计也；惜费者，国谋也。身计国谋，不可两遂。诚臣徇主而弃亲，孝子安家而忘国，各有行也。儒有不屈王侯高尚其事，隐有让王辞相避世山林；安可计其赋役，以为罪人？若能偕化黔首，悉入道场，如妙乐之世，禳佉之国，则有自然稻米，无尽宝藏，安求田蚕之利乎？"［颜之推撰，王利器集解《颜氏家训集解》卷五《归心》，中华书局，1993，第391页］此外，《容斋随笔》在记载朱新仲情事时将"人生五计"总结为："二十为丈夫，骨强志健，问津名利之场，秣马厉兵，以取我胜，如骥子伏枥，意在千里，其名曰身计；三十至四十，日夜注思，择利而行，位欲高，财欲厚，门欲大，子息欲盛，其名曰家计。"［洪迈撰，穆公校点《容斋随笔》（下），上海古籍出版社，2015，第567页］
③『士農工商諸職往来』菊屋七郎兵衛版。

字外无际限，世上一统，通用之其有增书记毕。①

由上可见，日本工匠精神的主要伦理是由宋明理学中的家族伦理、天人关系、知行关系学说在"日本化"过程中形成的。江户时期的"往来物"在明治初期的近代学校诞生后，转型为明治时期"往来物"。1872年学制颁布后，小学设立，入门教科书中有许多是江户时期"往来物"的延续。

二　近世日本工匠伦理的基本构造

1. 职分论与理学家庭伦理融合形成的日本式"家职"观念

日本式的家职观念是一种形而下的职业伦理平等论。职分论来自先秦诸子的论述。陈继红指出，先秦诸子对于"四民"之职分的论述隐含了一条共同的伦理义务——"尽分守职"，其内涵包括两个方面：一是指对于职分内涵的认肯与忠诚，要求尽心尽力履行职分的要求；二是指严守职分的等级分殊而无所僭越。② 这种职分论在日本得到了承继，但其明确的等级分殊得到了一定程度的"日本化"。17世纪以降，"职分论"与强调道德和礼仪教育的理学家庭伦理融合，以形而下的职业平等论，构成了日本的家职观念。佐久间正指出，近世文化的"通奏低音"是人人平等意识。③ 贝原益轩和西川如见确定了日本朱子学经验理性主义的方向。④

近世中期，工匠职业观随着町人哲学思想家石田梅岩提出的"四民职分平等论"和"商人商业有用论"得到确立。石田梅岩指出，四民制度有利于统治，因"人人似相互救助此世之官吏"，"士农工商为天下之治相，缺四民当无助。治四民乃君之职也，相君者四民之职分也……商工乃市井之臣也"。他进一步阐释说："士农工商皆有助治理天下。士为有位之臣，农为草莽之臣，商工乃市井之臣，助君乃四民之职分。"⑤

---

① 池田东篱亭主人编『新撰訂正番匠往来』。
② 陈继红：《职业分层·伦理分殊·秩序构建——论先秦儒家"四民"说的政治伦理意蕴》，《伦理学研究》2011年第5期。
③ 佐藤弘夫编『概説日本思想史』、177页。
④ 〔日〕源了圆、李甦平：《新井白石与朱子学》，《孔子研究》1993年第3期。
⑤ 石田梅岩「都鄙問答」『石田梅岩全集　上』大阪清文堂出版、1972、32、33、81页。

如前所述，在中国明中期以降，精英阶层表现出对工匠匠艺前所未有的重视。而随着匠籍制度的改变，工匠也开始占有一定财富，博取社会声名，更有了地位晋升的方式——以技入仕。郭文英入仕工部侍郎，徐杲以木工官至工部尚书。不少匠人的后裔主动摆脱匠籍，入仕为官，如张瀚、钱铸、顾璘等人。然而，明清工匠阶层的社会地位并没有得到真正提高。工匠及其后裔追求的终极目标仍然是以入仕的方式显亲扬名、光宗耀祖。这也是因为，如果没有真正摆脱工匠背景，入仕工匠（或工匠后裔）仍然会面对精英阶层的非难和排挤。

反之，日本工匠教育中，作为匠人的职分是最终极的价值。工匠教科书《番匠作事往来》中记述道，"大工志亲职之事……千岁栋万岁栋永永栋……天长地久之础，万代不朽之柱"，① 即木工活就是绵延万代之功。平民教养书《诸职往来》也特别指出："凡诸职人，申赐受领之官名，名人上手器用显名誉事，非其身计之手柄，荣耀传于子孙德广大也。"

比之专业书籍，大众文化的受众更为广泛。比如人形净琉璃的著名作品《用明天皇职人鉴》（1705年初演），将佛法与"外道"之争置于天皇家争夺皇位继承权的背景下，讲述了敏达天皇认可佛教，给予工匠官位，而山彦皇子使出阴谋诡计、妄图篡夺皇位的故事。②

记录市民生活的文学形式——落语也生动地表现了明确的工匠职分价值观及其社会认同。落语是江户时期最受欢迎的曲艺形式，其中有一个重要类别是"职人噺"，将工匠树立为庶民道德的典范，讲述相关故事。创造了现代落语原型的戏剧作者、初代狂歌师乌亭焉马（1743—1822）③ 就出身江户建筑工人家庭。

落语《文七元结》讲述了一个经典的故事，不光在相声舞台，也在歌舞伎舞台上重复上演。它充分展现了江户人的"义理"与"人情"。故事讲述泥瓦匠长兵卫虽然技艺高超，但极嗜赌博而债台高筑。一日，

---

① 整軒玄魚校、大賀范国図『番匠作事往来』国文研データセット、https://www2.dhii.jp/nijl_opendata/NIJL0290/049-0063/24，最后访问日期：2019年11月9日。
② 近松門左衛門等『用明天皇職人鑑』『大近松全集解説註釈 第1卷 上』大近松全集刊行会、1923、223—300頁。
③ "乌亭焉马"之名自创立以后，延续到第四代。

第二章 近世日本工匠文化的形成

他在赌场输掉衣服，几近赤裸地回到家中，却发现女儿阿久失踪。其后才知道孝顺的女儿为偿负债已卖身吉原（江户青楼）。青楼老鸨愿借与其百两，并允诺只要长兵卫两年内归还，就还他一个完好无损的女儿。长兵卫便带着钱回家，不料在途中遇到一个要自杀的青年。打听之下，知道原来青年是个玳瑁批发店店员，因弄丢了主人交给他的钱百两而意图自杀。长兵卫犹豫之下将其女儿的卖身钱丢给他，说："女儿就算身子脏了，也不会死，而你如果在这跳河了，就会真的死。"青年名叫文七，他带着钱回到店里，却发现原来他是将钱落在了办事之处，对方已经将钱送还。店主详细询问了文七事情始末后，便为长兵卫的女儿阿久赎身，并带着两个年轻人前去将钱还给长兵卫。然而长兵卫竟然不愿收下，说："给出去的钱再收回太不好意思，就给这人吧。我是个穷人，钱不合我的性子，天也不赐我钱。就把这钱给文七开店用吧。"对此，玳瑁店主颇为感动，要与长兵卫结亲。他说，"（能与您结识）实在是难得之事，若能与如您这样的侠客交往，我扭曲的心灵想必也能扭正"，并把文七送给长兵卫做养子，让文七与阿久喜结良缘，在麴町六丁目开店。①

　　这个故事想表现的"义理人情"都集中在长兵卫这个角色身上。其中的商人也倾慕工匠作风，自称心灵扭曲之辈，不惜破财与其结为亲家。长兵卫自矜精于家业，但生活上放浪形骸。然而，他仍极端崇尚所谓"义理人情"，就算牺牲自己的女儿也无法见死不救。而故事的结局也是送给仅有独女的长兵卫一个耿直的年轻人做女婿，以家业延续与发展（开店）为大团圆结局。

　　工匠技术传承的制度依托主要是学徒制和一子相承制。学徒制称"年季奉公"，又称"丁稚奉公""徒弟奉公"，是指年纪小的学徒于一定期限内在师傅家劳动与学艺，其主要伦理依据就是家职观念。由于江户巨大的工匠需求，以往的一子相传制已经远远达不到社会需求，需要大规模的工匠集团。由此，在"亲方"即师傅之下有多位弟子的学徒（徒弟）制度逐渐确立。但学徒数量与技术传承受到严格限制，学徒要成为独当一面的工匠，需要长时间的修行。这种徒弟制度是维系手行业的重

---

① 该故事是笔者根据索尼音乐唱片（Sony Music Records）1993 年发行的 CD『落語名人会 4　古今亭志ん朝「文七元結」』中的内容总结概括。

要支柱，手工业从业人员的儿子①一般也会继承父业，即以父传子的方式传承技术与经营方式。源了圆指出，学徒制度作为一项社会制度，使在幕末之前的武士社会中最终没能得到普及的人才培养模式和录用有能力者的愿望得以实现。② 被称为"经营之神"的松下幸之助与本田汽车的创立者本田宗一郎都有学徒经验，均认为自己从中获益良多。

以下是几种有代表性工匠修业的年份及教育、工具与信用传承规定：

左官（泥瓦匠）：造粗坯墙（第二个月）、中间涂层（第三个月）、涂面漆（第六个月）、上泥（第一年）、炼粗坯（第二年）、抹底泥（第三年）。

石工：磨石、用凿子（第一年），石碑下石（第二年），坟墓礼拜石（第三年），坟墓道具（第四年），刻文字（第五年）。每月初一、十五休息，夜间不外出。

木匠：拉锯、开孔、辅助打墨线（第一年），给工具上刃，用斧子、刨子，打墨线（第二年），削物、锯开木材并组合（第三、四年），全套工艺与设计（第五、六年）。第三年开始半人役（做出师工匠一半的工作，以此类推），第四年七分役，第五年开始被视为九分役。

家产传承：工场工具。

信用传承：长年的客户，一定区域内的客户保证。

共同知识：寺小屋教授的儒学经典及业务、实用知识。

社会习惯教育：若众宿③及各种祭祀活动。④

职业伦理与宋明理学中的家族伦理融合后，从整个社会层面看，纵向的"士农工商"四民分业制度以及横向的一个个模拟家庭共同体交织，形成了一种"家职"伦理。在此影响下，正如在徒弟制度中师傅称

---

① 尤其是长子，如果家庭中没有儿子则会收养子。
② 〔日〕源了圆：《德川思想小史》，第85页。
③ 一般指村落中的未婚青年夜间相聚从事劳作、欢谈并一同休息以增进情谊。
④ 「古代の技術者編成」国立歴史民俗博物館企画展示図録『時代を作った技——中世の生産革命』、2013、10頁。

"亲方"、徒弟唤"子方"所示，日本的工匠社会形成了一种行业内部关系十分紧密的模拟家庭制度。师傅与弟子通过演绎家庭中的角色，规范彼此的权利与义务。日本特殊传统技艺中保存较好的"家元"制度也属同理。家元即"家之根本"。但这里的"家"，不是一般意义上的家庭，而是专指有某种特殊技艺者的家庭或家族。家元是指那些在传统技艺领域负责传承正统技艺、管理一个流派事务、发放有关该流派技艺许可证、处于本家地位的家庭或家族。这是一个类似以父子关系为轴心的亲族集团。[1]

家职伦理也是一种角色伦理，其提供的行为规范不依靠抽象的原则或价值、美德，而更侧重于以家庭和社会角色为指导标准。因为具体角色的教导作用远胜抽象概念，与角色的名称及其相关的责任、活动，也是一种道德规范。与抽象原则不同，这类道德规范可以起到很切实而具体的主导作用。其中，家庭总是出发点，旺盛兴隆的世界便是目的。要是把角色伦理当作建立道德与认识世界的主要途径，那么家庭、社会、国家便勾连起来。这种互相依存的等级秩序是个有机的、辐射状的组织，以兴隆的家庭为兴隆国家的本源。[2] 小田孝治指出，所谓工匠精神，是在徒弟制度中的共同生活中养成的，徒弟在师傅身旁目睹"亲方"的生活态度、工作热情、对产品的责任、对技术的持久磨炼，从而掌握工匠的伦理、心态和生活态度。[3] 文化遗产的修复装裱师山内启左在谈及师徒关系时说："缔结师徒关系就是结为父子，也就是向先人学习生存之术。我得到了众多人的指导，想把这份幸福分享出去。"和裁士小杉亘也表示："父亲就是师父。我没吃过别人家的饭。"[4] 由上可见家职伦理所形成的牢固的家族纽带。

2. "天道奉公"：日本的工匠意识形态

日本近世思想界将"天人合一"的哲学理念以"天道"本体的方式贯注于日用伦常中，同时，在各阶层落实儒学的人伦日用化，从而形成了工匠精神中的"人性、物性相通"精神与工艺坚持"美用一体"的人

---

[1] 尚会鹏：《日本家元制度的特征及其文化心理基础》，《日本学刊》1993年第6期。
[2] 安乐哲、孟巍隆：《儒家角色伦理》，《社会科学研究》2014年第5期。
[3] 小田孝治『日本の「技」』メトロポリタン出版、2000、53頁。
[4] 山田隆信「職人気質考」『目白大学人文学研究』第5号、2009年。

本价值尺度。这也为将工匠意识形态纳入"奉公报国"的国家主义奠定了基础。

"天人关系"是中国古代哲学中讨论人与自然关系的主要论题，也是考察中国对日本伦理发生影响的重要依据。《易经·说卦传》曰，"立天之道，曰阴与阳；立地之道，曰柔与刚；立人之道，曰仁与义"，"天地存，则人存；天地灭，则人灭"。因此应当以"天地人和"为目标，循自然之法，行"天、地、人"之"三才之道"。天人合一也意味着以人为本。工匠需要发挥自己作为人的主体性，从使用者的角度思考工艺的改进。工匠精神价值观的根本在于技术与产品对人类社会实用与否，因此器物作为日常生活用具，实用价值是其价值的本质。柳宗悦认为，良器总有谦逊和顺从之德。[①]

对日本影响至大的天人关系理论是宋明理学中的"天理"，亦称"天道"。宋代张载在《西铭》中正式提出"天人合一"的命题，在日本阳明学派思想家中江藤树（1608—1648）的"万民皆天地之子"（《翁问答》）、日本町人思想家石田梅岩（1685—1744）的"万民皆天之子"（《俭约齐家论》）等观点中皆有反映。朱子强调特定的"先王之道"，主张"性即理"。朱子的"先王之道"是以士大夫层为中心，到了王阳明的"四民异业而分道"，道则涵盖了四民分业。

而在古学派中，伊藤仁斋（1627—1705）与荻生徂徕在承继宋明理学的基础上，发展出"活道理"与"先王之道说"，强调"道""气"二元，指出了"道"的运动性、方向性与"气"的本源性。并以此将"造物之道"限定为世俗伦理，将"气"形而下为社会各阶层职业伦理论（即日语"職人気質"中的"気質"[②]）。在此基础上主张四民为天地之子，含工匠在内的各阶层各司其职就是"天道奉公"，工匠亦可为官，从而以一种日本式的事功学指导工匠的实践。

伊藤仁斋在其创立的"古义学"中所提出的动态的"道"即"活道理"就具有工匠实践的色彩。伊藤仁斋出生于京都上层町人家庭，其亲

---

① 〔日〕柳宗悦：《工匠自我修养——美存在于最简易的道里》，第15—16、21页。
② 在江户时代"浮世草子"类都市文学中，将各阶层、职业人群以其特有的"气质"分类描写的"气质物"于18世纪后半叶开始流行，讴歌町人文化。代表作有江岛其碛的『世間子息気質』『世間手代気質』等。

属多为著名工匠及商人。① 其"道"有几大特点。首先是其世俗倾向与重视现世的特点。仁斋主张"俗外无道、道外无俗"(《童子问》),这里的"道"是社会生活的规范,"道不待人有人无,乃本来自有之物,满于天地,彻于人伦"(《童子问》第十四章);而以道"达天下"所需的德目中,也以"仁"最为重要,"慈爱之心,浑沦通澈,由内及外,无所不至,无所不达,无一毫残忍刻薄之心,正谓之仁"(《童子问》第四十三章),同时"仁"的必要条件还有"利泽及人"(《童子问》第五十四章)。其次是其动态性,即"道"也是现实(经验世界)与理想的来回往复运动。而世界是"生生化化一大活物",无"一元之理",只有"一元之气","以一元之气为本,理则在气后。故理不足以为万化之枢纽"(《童子问》第一六一章)。② 从中可以看出,仁斋主张的"道"扎根于庶民生活世界,重视承担相应社会分工,具有动态性和变化性。

荻生徂徕在其"先王之道说"中继承了"活物说",认为道就是无限变动的活物,因而先王和孔子的"道"不是理而是"义",对应当时具体的事物或状况,从而指向"平天下"的方法。徂徕的古文辞学就是基于语言背景,即当时的历史背景和具体事物去理解"道"的意义,而先王也不是通过论理,而是通过具体实践教授道的。在《辩名》中,徂徕提出谁都可以接近道。③ 基于此,他还提出了包括工匠在内的社会各阶层"适才适所论",认为"道"是多样的,人人无须成为圣人,只要追求自己的"职分",就能成自己的道。荻生徂徕著名的"圣凡隔绝"与"气质不变"说,就是对发挥个体与生俱来的素质能力、令其有益于社会稳健发展的一种阐释:"气质由天禀得,生自父母。所谓气质变化,乃宋儒妄说,责于人则无理之至。气质为无论如何也不变化之物。米总是米,豆总是豆。所谓学问,就只是养其气质,成就其生得之物……为

---

① 例如其叔父角仓了以(1554—1614)是江户时代早期有名的土木工匠,后成为名极一时的富商;其姻亲尾形光琳是日本极负盛名的工艺美术师;伊藤母亲家的姻亲本阿弥光悦则是刀剑工匠名门之后。出身这样一个匠人家庭的伊藤仁斋在京都开起"古义堂",专门向町人家庭出身的孩子传授"古义学"。所谓"古义学"是意欲废除在当时占据支配地位的程朱理学,通过训诂的方式探讨古典儒学本义的一门实证主义之学。其根本目的是排除儒学中的禅学与道家思想,而儒释道合流正是朱学的一大特色。
② 伊藤仁斋『童子問 巻之上、中、下』伊藤重光、1904。
③ 荻生徂徕『弁道』『荻生徂徕 日本思想大系36卷』岩波书店、1973、201页。

世界亦如是，米作米用，豆作豆用。"① 即民众不能成为圣人，只需安于其社会地位与身份，发挥其有益于社会的能力与个性即可。

由此可见，江户古学派所阐释的工匠精神，即日语"職人気質"中的"気質"，就是把造物之道深化为贯穿天人法则的"道"；"道"与"天"概念的结合，更是将工匠纳入世俗的政治统治，为其提供了"奉公"这一终极追求。"工"者，本为"天人合一"之照相。②"天人合一"本指人在生态系统中的"中和"地位，是"儒家生态哲学的基本原则"。③ 而宋明理学中的"天理"则成为"三纲五常"，更是主张儒家思想与王权结合的依据。在日本，"天命说"则与各职业之"道"结合起来。如前所述，近世禅僧铃木正三在汲取宋学养分，倡导天命论、职分观的基础上结合禅宗劳动观，为日本近世即资本主义萌芽阶段工匠精神的形成提供了重要思想基础。他指出"世法即佛法""任何职业皆为佛行""以家职为入佛道之理"，教导不同职业的人把"各敬其业"视为成佛之道。石田梅岩则强调"士农工商"四民、各职业群体都应该勤于天命所规定的职分。而"奉公"则是各职业人群的终极目标。在荻生徂徕的国家论中，统治者与被统治者之间存在上下的交流和相互依存关系，社会分业被称为"役"，个人通过其分业支持君子实现仁政，从而形成共同体。因而无论是匠人做工还是武士为主君、幕府、朝廷效力，都讲求"灭私奉公"。《叶隐》主张，奉公不能自满，要配得上俸禄，琢磨怎样才能干好；奉公乃一生之事，至死都要自我反思，"知不足而改正之，就是得道"。④ 其后的新井白石对工匠行当的由来做了深入考证，但最终的目的在于通过溯源分析近世社会的状况，并论证其合理性。

"天道奉公"观念蕴生的工匠共同体具有强烈的家国观念。《富贵的地基》是江户时期著名的庶民教化图书，该书教育工匠应当一心不乱、心无旁骛、勤勉认真地工作，为人处世自制并正直，即使辛苦贫穷，也须对工作专一勤奋，只要坚持，就会有好报。俳谐文化也可窥日本家职

---

① 荻生徂徕『徂徠先生答問書』『荻生徂徠　日本思想大系 36 卷』、456 頁。
② 彭兆荣：《论"大国工匠"与"工匠精神"——基于中国传统"考工记"之形制》，《民族艺术》2017 年第 1 期。
③ 乔清举：《儒家生态哲学的基本原则与理论维度》，《哲学研究》2013 年第 6 期。
④ 〔日〕山本常朝：《叶隐闻书》，李冬君译，广西师范大学出版社，2007，第 101 页。

文化的普及程度，《野总茗话》在论述农工商阶层的"达天下养用之恩"后指出，庶民职分之实践是为了报答主政者维持天下太平之恩，庶民要深深珍视君恩、致力于家业，通过在职分之道上努力报答君恩。①

工匠奉公能够得到政权的认可和表彰。古来刀匠就能获得"守"即受领名之类的特别荣誉。室町幕府也向特别优秀的工匠授予"天下第一"称号，因制作能面而闻名日本的工匠就被授予"天下一是闲""天下一河内"等称号。丰臣秀吉也在各个领域的名匠里各挑出一人，授予"天下第一"称号，如陶器工人荣吉左卫门常庆、漆器师法桥幸阿弥长二、涂料师盛阿弥绍甫等。还有金刚家第三十二代首领金刚八郎喜定得到了四天王寺正大工这一头衔与"苗字带刀"的荣耀。所谓苗字带刀，即称姓带刀，是江户时代的身份证明，一般只有统治阶层——武士才享有这种权利。江户时代初期木工中井正清（1565—1619）是当时德川家唯一的御用木工，在法隆寺圣灵院等修复工事中，正清在栋札署名"一朝总栋梁橘朝臣中井大和守正清"。作为知行，正清领封 1000 石，庆长十八年（1613）升职至从四位，这一职位与一般大名相匹敌。正清作为木工获得如此显要的官位，正如醍醐寺座主演所感叹的那样，他得到了大御所（德川家康）前所未有的青睐。

3."知行合一"：工匠的行为依据

格物致知作为儒学认识论的核心，在朱子"即物穷理"的诠释下，纳入了人伦日用和自然事物，而日本工匠文化则为儒学界提供了知识传承的经验文本和自然哲学理念，使格物致知进一步趋于经验主义理性化，指向具体实践积累达到的博识、渐悟、默会和实践知。

宋明理学作用于工匠阶层最直接的动因来自日本近世知识阶层与工匠的互动。奥地利科学哲学家埃德加·齐尔塞尔的"齐尔塞尔论题"，认为资本主义的兴起直接推动了高级工匠与学者之间的社会互动，并指出学者"对工匠的实验、量化方法和因果思维的吸收就是新科学得以产生的决定性因素"。②而中国晚明也存在学者与工匠间的互动，③这种倾向延续到清代，并对日本产生了较大影响。

---

① 日本経済叢書刊行会編『通俗経済文庫 巻9』日本経済叢書刊行会、1917、72頁。
② 王哲然：《近代早期学者——工匠问题的编史学考察》，《科学文化评论》2016年第1期。
③ 潘天波：《齐尔塞尔论题在晚明：学者与工匠的互动》，《民族艺术》2017年第6期。

明清时期，从朱子的"格物致知"至王阳明的"知行合一""事上磨练"，再到王廷相的"实历"、王艮的"百姓日用即道"，精英阶层开始以一种更为理性的眼光看待手工业乃至各行各业的劳动。宋应星指出，"纨绔之子，以赭衣视笠蓑；经生之家，以农夫为诟詈。晨炊晚饷，知其味而忘其源者众矣"，"'治乱'、'经纶'字义，学者童而习之，而终生不见其形象，岂非缺憾也"。但他亦预言，由于科举制度的限制，"丐大业文人，弃掷案头，此书与功名进取毫不关也"。①

工匠出身的思想家，比如出身锻冶工匠家庭的西川如见在其代表作《町人囊》中强调町人生活的意义，提出否定尊卑贵贱，讲求四民平等和个人尊严。书中引用诸多宋明理学经典，主张"人间根本之处无尊卑之理"，分学问、道德、职业、处世等部分说明町人应遵守简略、质素、简约等美德，保持"中道"，做学问以求"道理"。② 古学派荻生徂徕在论及四民制度时主张从事学术研究和教育的目的是培养每个人的个性："农，耕田，养世界之人；工，作器而为世界之人使；商，通有无而为世界人之手传；士，治是而致不乱，相互合助；即使缺一色，国土亦不立。"③ 到了近世中期，工匠职业观随着町人哲学思想家石田梅岩提出的"四民职分平等论"得到确立。虽然石田梅岩主要论证了商人的社会职责与角色，但由于其重点在于自下而上地论证"职"的公共性和整体性，作为"职人"的工匠之伦理，自然也涵盖其中："士农工商共为天下一物。天，岂有二道哉。""士农工商为天下之治相，缺四民当无助。治四民乃君之职也，相君者四民之职分也……商工乃市井之臣也。"④

《和汉三才图会》中多处引用了江户初期的代表性儒学思想家林罗山关于工匠的论述。林罗山与其师藤原惺窝（1561—1619）均为朱子学官学化的重要推手。藤原惺窝曾传训四书五经，在论证四民制度时强调武士有贤能，自然应被举用，农提供衣食，工各司其职，商通有无，身份有序。⑤

---

① （明）宋应星撰，潘吉星译注《天工开物译注》，上海古籍出版社，2008，第4页。
② 西川如見（忠英）『町人囊』西川忠亮、1898。
③ 〔日〕源了圆：《德川思想小史》，第65页。
④ 石田梅岩「都鄙問答」『石田梅岩全集 上』、32、33、81頁。
⑤ 藤原惺窩「大学要略」『日本思想大系28 藤原惺窩 林羅山』岩波書店、1975、42—43頁。

第二章　近世日本工匠文化的形成

　　林罗山是使朱子学日本化、成为德川幕府官学的重要推手。他讲授《论语》《四书集注》等，得到德川幕府重用，林家修建的孔庙在1690年已为最高学府汤岛圣堂。关于工匠，他主要从匠业的中国起源及匠业在维护、巩固社会秩序方面作用的角度加以论述。《和汉三才图会》讲到"相刀"这一职业时，举出了林罗山所罗列的"秦之薛烛，楚之风胡子，晋之吕虔、雷焕，梁之陶弘景，此皆为能相刀剑者"。[①] 而关于"硎刀"即磨刀工这一职业，则引用了《罗山文集》中的叙述："后鸟羽院欲寻觅锻刀良工，便每月更替制剑匠人。（后鸟羽）帝自身亦敕作剑，时有京都人泽田国弘巧于硎剑，便令其磨制御剑。其子孙代代得续磨工之名。"[②]

　　到了18世纪中期，画匠也有意识地更为精细地描绘匠艺活动，以供学者"格物"。1770年著名浮世绘师橘岷江作的《彩画职人部类》由于大受欢迎，在1784年再刻。《彩画职人部类》描绘了江户时代各种工匠。绘画上方余白还写出了基于日汉文献的制冠师、磨镜师、木工、锻冶工、织工等30种职业的来源及其意义。其介绍每个工种时，不光栩栩如生地描绘出了工匠的劳作状态，还画出了使用者的情态，比如威严的官僚审视着做好的乌纱帽，女子照镜子时的妖娆姿态等。该著序言明显意识到其读者大多为知识阶层：

　　　　人人自有其职业，并无功夫到（百工）家中亲眼见识其人。……若有身份高贵之人难知百工之所劳苦，阅览此书便足以不至其家而观察其状态。……若幸能令学者（以此书）为格物之一助，则此书之功不亦多乎。[③]

　　可见，在宋明理学影响下，近世日本的思想世界具有浓厚的博物学兴趣，而匠艺活动也是学者"格物"以探究具有普遍性的"道"的重要对象。东亚博物学有一套完整的学术体系，与西方有较大差异，基于对天地人"三才"宇宙系统的认识，其包含天文地理、医药农学以及关于

[①] 島田勇雄・竹島淳夫・樋口元巳『和漢三才図会　2』平凡社、1985、83頁。
[②] 島田勇雄・竹島淳夫・樋口元巳『和漢三才図会　2』、84頁。
[③] 橘岷江『彩画職人部類』、191—192頁。

动植物乃至志怪方面的"杂学"知识。它源于儒家"博物"观念对于君子通晓人世与自然知识即"多识"这一理想特征的认知；随着宋明理学的发展，"穷理"精神得到强调，博物学的实学侧面得到发展。可以说，中式博物学以"格物穷理"进行实践，蕴含着"知行合一"的方法论。纵观《山海经》《博物志》等中国典籍，可发现中国传统博物学有着明显的人文性和实用性特征。[①]

总而言之，各式博物学典籍为知识界提供了知识传承的经验文本和自然哲学理念，使格物致知进一步趋于经验主义理性化，指向具体实践积累达到的博识、渐悟、默会和实践知。但日本式的"理"是更为灵活的探索性知性，目的是通过人类的智力活动探究事物的发展规律。"穷理"精神首先支撑了日本近世实学，尤其是名物学、物产学、兰学、农学等以博闻广见、经世济民为目的的与博物学有密不可分关系的学问。

日本的知识阶层尤其注重对汉语典籍的批判性接受与博物学知性思考的民间工艺普及。在农学方面，从江户前期开始，已经有了需要公开、共享知识方能促进实学进步发展的观念。江户三大农学家之一宫崎安贞（1623—1697）著有史称明治以前农书之最的《农业全书》（1679）。安贞本为藩士，辞官后在西日本各地游历、采访老农，其后在福冈开垦荒地，从事农耕与技术改良。这时，他遇到了朱子学家贝原益轩，在其支持下模仿明代徐光启的《农政全书》（1639），写作、出版了《农业全书》。其书在贝原益轩及其兄长乐轩帮助下，归纳了150余种作物的特性及耕耘、施肥、培育方法。安贞在序言中道，"力田之术虽有中华之书东传，但我国农民大多为文盲，不能讲习其事；又有专事文学之辈，因农业非其家业，亦不讲农事。故本朝贤君，虽多重农业，但教授农术之书不传于世，不能委之农法"，祈愿"天幸此书广行于世，为农功之益。本书文词稚拙，义理不明，恐招见者非笑。然在等待后来达于农事之智者之期间，暂且可为此世以农事为业之人作少许弥补。因而述管见所及"。[②] 无独有偶，松冈恕庵也将《农政全书》中荒政卷的第46到第60

---

① 周远方：《中国传统博物学的变迁及其特征》，《科学技术哲学研究》2011年第5期。
② 宫崎安貞「農業全書自序」滝本誠一編著『日本経済叢書　巻2』日本経済叢書刊行会、1914—1915、68—70頁。

卷专门选出，以《救荒本草》为名刊印。该书编简明扼要，是图解果腹野生植物的参考书。其后，著有《本草纲目启蒙》的本草学家小野兰山之孙——小野职孝亦刊行了《救荒本草启蒙》。而农学者大藏永常（1768—卒年不详）也在1833年刊行《绵圃要务》，自称是为补充《农业全书》的不足之处。

所谓博物学式思维，可以简要归纳为收集、命名、分类列举可观察的事物的行为。原本在特定语境、故事中各司其职的事物，在博物学中被剥离并重新组合为观察各种要素集合体的知识体系。近世后期，日本庶民教育得到了爆发性普及，可以说，平民阶层也逐渐致力于以"理"来规范自己的行为举止乃至内在道德，甚至产生了博物学式的趣味。日本近世代表性艺术浮世绘中也有菱川师宣《花鸟绘尽》《职人尽图卷》等诸多具有博物志性质的作品。更具代表性的是喜多川歌麿的狂歌绘本《百千鸟》《画本虫撰》等，具有浓厚博物学色彩。博物志与艺术相结合，形成了纸上的日本近世"博物馆"。

贝原益轩的《大和本草》标志着日本的本草学从文献中心主义转为实物中心主义。而本草学在八代将军德川吉宗在位时（1716—1745）进一步发展出物产学这一分支。当时，"享保改革"正如火如荼地展开，其以推进全国规模的殖产兴业为目的，调查各地特产，以开展大规模生产，同时开发商业渠道，最终指向幕府财库丰盈。享保十九年（1734），日本各藩、天领、私领、寺社领全面调查报告了其领内的动植物、矿物。所谓物产学就是研究自然物可以变为产品的学问，在探求自然物的实用性上与本草学有共同之处。二者的区别之处在于，本草学以医学、药学为出发点，而物产学追求经济的发展进步。日本物产学的发展催生了以各地独特的产业"国产"为背景的地方志，对工匠手作与技术、工具的记载进一步细致化。比如加贺藩就为维护本地"国产"而设立细工所，给技术者"御用职人"官位和特权；为独占其产品与技术，在一定时期内甚至采用了不计成本的生产方式。对于工匠基本素养的要求也进一步提高。如日本当代著名陶艺家藤原毛井指出的，"陶艺家和仅仅制作陶器之人的区别在于，一个真正的陶艺家必须能体验和分辨音乐、绘画、文学与哲学中优秀的东西。他只有吸收了这些优秀的东西，方能够将力和个性贯通于他用黏土所制之物，而这种观念与西方相通，可以追溯到十六世纪,甚至更早"。① 到了 1834 年,萨摩藩第十代藩主岛津齐兴则亲自引进江户首屈一指的玻璃工匠——加贺屋工匠四本龟次郎,令其开发了战舰所需的玻璃窗、药瓶及实验和精炼所需的产业玻璃。②

吉宗推行的政策中最重要的是引导了江户日本自上而下对"国富"("国家利益")的关注与重视,这对日本的近代化启蒙起到了极为显著的作用。吉宗为了制止金银外流,限制了日本与荷兰、中国之间的贸易,致力于发展国产物资。还曾派遣采药使前往全国各地,发现与栽培国产物种,就此推广了甘薯等重要的救荒作物。同时,民间开始流行将全国各地的物产与稀少物资聚集一堂的物产会,而这些都促进了博物学与自然志的发展。

大量的工匠图汇、字典和工具器械丛书等教养资料作为儒学训蒙教化载体,成为前近代工匠行为实践的范本,培育了其技术理性。江户时代的庶民教育普及,农工商阶层的孩子均上寺子屋接受教育,各职业的规范书信范本("往来物")得以普及和细分化。③

三 阳明学对近世日本工匠文化的影响

阳明学传播到日本最早可追溯到日僧了庵桂悟与王阳明的直接接触,其日本的开山祖师是近世思想家中江藤树,在他最著名的弟子中,有主事功派的熊泽蕃山(1619—1691)和主内省派/慎独派的渊冈山。其后,阳明学各派继起,而在平民教化中产生最大作用的,是在阳明学影响下形成的石门心学。"宽政异学之禁"④ 后,王学成为禁学。因此出现了如佐藤一斋(1772—1859)等被称为"阳朱阴王"的人物,想要准确把握阳明学的影响越发困难。然而,阳明学在日本就像地下水那样不断渗透,其具有的感性特征与日本的国民性十分契合,其影响远远大于表面能看到的,⑤ 是众多学者的共识。中江藤树、熊泽蕃山等将关注点放在儒学理念和日本现实的乖离上,致力于通过著述与讲学思考如何使儒家思想

---

① 〔英〕爱德华·卢西-史密斯:《世界工艺史》,第 65 页。
② 橘本麻里「ガラスの剛毅」『図書』2020 年第 7 期、56—57 頁。
③ 〔日〕源了圆:《德川思想小史》,第 98 页。
④ 1790 年,作为宽政改革的一环,江户幕府实施了学制改革,禁止朱子学以外学问的讲学。自此,汤岛圣堂被改为官学昌平黉,朱子学则成为官吏登用考试的必考科目。
⑤ 〔日〕源了圆:《德川思想小史》,第 39—40 页。

适用于日本社会,这也从侧面证明了他们对儒家思想的普遍性和道德性的坚持。① 中江藤树根据天地人"三才",提出"时处位"这一概念:"凡经济之所遇,谓之时,时有天地人之三境,曰时,曰处,曰位也。"②

藤树最初学习的是朱子学,后受到王畿(1498—1583)《龙溪会语》影响,通读《王阳明全集》,就此接受了良知心学。吉田公平指出,他是将"心学"作为生活哲学来吸收的,③ 即在日常生活中能够践行并产生社会效用。在当时的心学家看来,在实际生活中进行实践是至关重要的,因此只要能够确认心学的原理,那么除此以外形而上学的心性论之探求,对于生活者来说都是没有必要的。作为涵盖所有不同学派之狭义心学的广义心学,其儒学的生活实践和普及活动可谓江户时期儒学思想运动的一大特色。阳明学的普遍性、道德性在其平民化面相和实践性品格的支撑下,对日本工匠阶层的自我认识和共同体意识培育都产生了巨大作用。

1. 阳明学的平民化面相对日本工匠职业认同的影响

首先,阳明学在理论基调上,是有其平民指向的。而平民化面相与阳明学中的平等观念有必然联系。阳明学所倡的"发明本心""致良知",都是平民亦可修习的简易工夫。其主张人人皆有良知,"良知之在人心,不但圣贤,虽常人亦无不如此"。④ 而这独特的良知理论源自何处?其基础就在于"万物一体论"和对"气"的阐释。钱穆指出,阳明思想的价值在于它以一种全新的方式解决了宋儒留下的"万物一体"和"变化气质"的问题。⑤ "气"是阳明学中的重要概念,《传习录》中指出,无论风雨露雷,还是五谷禽兽,与人"同此一气,故能相通",可见王阳明主张"万物一体"的根据,就在于万物的生命力都来自"气"。可以说,"气"是把握自然与人类社会秩序的综合性概念。同时"气"也承认了万物各自的特殊性与内在的统一性。这与王阳明对"四民"论的新阐释有内在逻辑的一致性。王阳明在《节庵方公墓表》

---

① 衣笠安喜『近世儒学思想史の研究』法政大学出版局、1976、190 頁。
② 中江藤樹「論語郷党啓蒙翼伝」『藤樹先生全集 第一冊』岩波書店、1940、410 頁。
③ 〔日〕吉田公平:《日本近代心学的再出发》,〔日〕冈田武彦等著,钱明编译《日本人与阳明学》,台海出版社,2017,第 92 页。
④ 《王阳明全集》,上海古籍出版社,2017,第 78 页。
⑤ 钱穆:《阳明学述要》,九州出版社,2010。

中提到，"古者四民异业而同道，其尽心焉，一也"，① 在《传习录拾遗》中有"虽经日作买卖，不害其为圣为贤"的论述。王阳明晚年在《拔本塞源论》中进一步谈到了对各个职业角色伦理的理解："其才质之下者，则安其农、工、商、贾之分，各勤其业以相生相养，而无有乎希高慕外之心。"②

阳明学提倡"四民同道"的平等观在日本逐渐演化为一种职分思想，主张各种职业平等的神圣性。其渗透到日本社会的各个阶层，由此影响到工匠阶层的自我认识。中江藤树以"孝"为核心，论证社会秩序的发展目标是以天地为主宰的、四海皆兄弟的共同社会，认为"万民悉为天地之子，则吾、人、有人之形者，皆兄弟也"。其弟子熊泽蕃山进一步阐释道："人皆为天地之子孙，云贱者何之有乎？"③ 中江藤树在近江小川村讲学教化村民德行，被村民称为"近江圣人"；熊泽蕃山亦曾投身治理农村和平民教化事业，他们均致力于将心学伦理普及到社会各个阶层。

职分平等的职业观念随着石田梅岩的"四民职分平等论"和"商人商业有用论"得以确立。日本学者吉田公平在《石门心学与阳明学》一文中指出，石门心学是广义的心学，而日本的阳明学运动，曾对石门心学起到"产婆"的作用。④ 冈田武彦亦认为，朱子学与阳明学相较，更重视知识与秩序，在政教方面更具有优势，因此成为幕府官学；而阳明学称颂人人皆有的道德心，有适合一般庶民的侧面，因而为石门心学所吸收，得以在民间流行。⑤

如前所述，"工匠精神"概念的形成与四民同道思想有密不可分的关系。日语中的"工匠精神"即"職人気質"，"気質"在古典文学作品中曾写作"形木"⑥"形仪"等，原本与对事物与人物外形的观察有直

---

① 《王阳明全集》，第1036页。
② 《王阳明全集》，第62页。
③ 〔日〕源了圆：《德川思想小史》，第39—40页。
④ 吉田公平「石門心學と陽明學」今井純・山本真功編著『石門心學の思想』ぺりかん社、2006、382—396頁。
⑤ 岡田武彦『岡田武彦全集21　江戸期の儒学』明徳出版社、2010、323—324頁。
⑥ 平安中期成书的《宇津保物语》中有一节题为"堅木の紋を織りつけたるみ狩の法衣"，即提到"形木"是刻着各种纹样的木头模型，须在上面涂上糨糊并且贴上布条，然后染上颜色。有一说称，这就是"气质"一词，即"精神"的语源。参见北康利『匠の国日本：職人は国の宝、国の礎』PHP新書、2008。

接关系。井原西鹤在《武家义理物语》的序文中指出："人之一心与万人无异。持长剑为武士，戴乌帽为神主，着黑衣是出家人，握锹则是百姓（农民），使手斧的是工匠，看到算盘则知道是商人。其各自珍重家业。"① 其中就充分体现了"万物一体"和气质之性"一本万殊"的思想。而将各阶层、职业人群以其特有的"气质"分类描写，讴歌江户町人文化的"气质物"在18世纪后半叶开始流行，其滥觞是浮世草子作家江岛其碛，也是他首次将かたぎ用汉字"气质"来表达。江岛也出身手工业家庭，是京都一家大佛饼店的第四代店主，著有《世间子息气质》《世间娘气质》等。在《世间子息气质》中，其碛描绘了不务家业、耽于游艺、爱好奢华的儿子，该书在表现人物内在的同时，具有强烈的教化意味。石川润二郎指出，其碛对"气质"的描述是理学"气质"之说的通俗版翻案；正当的、以家业为重的"气质"为清，而小说中"时下的孩子"贬低自家家业，其"气质"则"浊"化了。②

同为"实学"，中国阳明学偏向道德行为之实学，而日本阳明学则偏向治术技艺之实学。③ 阳明学者对工匠文化的体认与推崇，深化与普及了工匠精神。阳明学者与工匠的直接互动，则进一步强化了日本工匠的自我身份认同。江户前期的著名刀工井上真改修习阳明学，深受中江藤树的影响。他与熊泽蕃山交厚，"真改"之名亦为熊泽蕃山所赠。井上真改原名井上八郎兵卫良次，他继承了父亲"和泉守国贞"的名号，号"二代和泉守国贞"。他"入熊泽先生之门，好书籍"，与蕃山"为善友"。④ 但如前文所述，熊泽蕃山指出其身为一名锻冶刀工，名字中却有"守"这样像"一国太守似的字眼"，乃是"虚名"，⑤"职卑号尊"，不符合君子之道，"分不相应"。于是井上于1672年更名为真改，即真心改过之意。井上崇尚"知行合一"之说，力行制刀，俗称"大坂正宗"，

---

① 井原西鶴『西鶴集下 武家義理物語 卷一』、2頁。
② 石川潤二郎「江嶋其磧・気質物叙説——其磧における「気質もの」の起源と推移及びその語義についてを、主な論點として」『國文學研究』17卷、1958年3月、109—127頁。
③ 钱明：《关于日本阳明学的几个特质》，《贵阳学院学报》（社会科学版）2014年第6期。
④ 內田疎天『勤皇日本刀の研究』公立社、1942、251頁。
⑤ 熊澤蕃山『集義外書卷之十二』井上哲次郎・蟹江義丸共編『日本倫理彙編卷之2』育成会、1901—1903、251頁。

其制作的刀被日本政府指定为文化遗产。①《传习录》中指出，"凡人而肯为学，使此心纯乎天理，则亦可为圣人"，"只论精一，不论多寡，只要此心纯乎天理处同，便同谓之圣"。由此可见，阳明学从良知见地，阐发人类最高可能的平等性，以及为人群分工服务的个别的自由性，只要教人各就自己分量尽力，不作分外希慕，不为功利借资。②井上真改在阳明学者的启迪下，能够清晰地认识到自己作为刀匠的本业，不与"太守"争高低，而是追求匠艺的极致，并在史上留名，无疑与阳明学对各种职业加以积极肯定的精神有内在关联。

正因为阳明学的平民化面相，其主张平民受教育的权利及其必要性、重视民间讲学，提高了工匠阶层的儒学修养。正如尾藤正英所指出的，日本的阳明学派孤立、欠缺连续性的学者较多，多为独自接触到阳明书文后进入此道，甘于在野，不以"官途登用"为目标，只追求自己的心性、真挚求道，因而尤其能感化庶民阶层，具有在庶民间的亲近性。③不论是中江藤树还是其弟子，都十分重视面向平民广开书院。渊冈山在西阵开京都学馆，宣传阳明学。其弟子编纂了《冈山先生示教录》。渊冈山及其弟子的足迹不止于大阪、京都地区，还到达了江户、会津，而江户藤树学派的代表人物二见直养，对江户"商人道"产生了影响。熊泽蕃山为倾心阳明学的冈山藩主池田光政所重用。他在出仕期间治山治水、救济饥民，关注各种"卑近"的现实问题。他的政治经济观念复古色彩较浓，倡导仁政论、"时处位论"、水土论，即主张根据日本的现实情况施政。在《集义外书》中，蕃山指出了制盐、制陶与山林荒废之间的关系，提出"应斟酌以山林烧制瓷器一事。无论如何深山，久居作陶器者，亦会燃尽也。故此为达天下之用，不应荒山"，并建议"有切割木材者，将树木舍弃谷中，令其腐败。亦有以废木材烧制陶器之法"。④蕃山教化实业、主张恢复自然经济的言论具有强烈的复古色彩。

熊泽于1651年为庶民教育机构"花园会"起草会约，称武士的职责

---

① 中島新一郎・飯田一雄『井上真改大鑑普及版』宮带出版社、2010。
② 钱穆：《阳明学述要》，第91页。
③ 尾藤正英「陽明学（日本）」『世界歴史事典 第19巻』平凡社、1953、129頁。
④ 熊澤蕃山「宇佐問答 卷之下」正宗敦夫編著『蕃山全集 第五冊』蕃山全集刊行会、1943、322頁。

在于守护教育人民，学问之目的在于培养基于致良知之慈爱与文武之德行，而这是阳明学派顺理成章的实践。① 这所机构于1670年成为日本第一所平民学校"闲谷学校"。根据明治十年（1867）所编的闲谷学校（精社）的图书目录，该校藏书268册，其中有村濑海辅于1828年编的《王阳明文粹》，足见学生能够自由学习阳明思想。蕃山指出"诸民皆在其业"，农、工、商阶层都要专心于自己的职业，以达到"报国之忠"。

熊泽蕃山也将阳明学的童蒙教育思想贯彻到闲谷学校，并做出了一定程度的本土化延伸。他还认为，朱子学者让孩子根据《小学》进行烦琐的礼节实践的主张是不现实的。② 根据阳明思想，教儿童歌诗、习礼、读书时"必使其趋向鼓舞，中心喜悦，则其进自不能已"，并反对"鞭挞绳缚"。蕃山在承继的基础上，在童蒙教育课程中加入了手工作物、修习弓马等强调动手能力和身体素质的内容，并且禁止体罚。闲谷学校以寄宿制为主，要求学生自主学习，身体与精神并进，学习方式有自学、读书会、讲堂素读、年长者组织年少者以五人一组为单位指导学习等。同时，生活教育与学养教育是联动的，作为对"孝"的实践，要求学生做家务。

由此可见，阳明学真正普及到日本大众当中，与学者将阳明学理论融入家职观念，由此培育工匠基本职业自豪感与操守，最终达到"万物一体之仁"目标的教化工作分不开。不过值得注意的是，王阳明的"四民同道"，指向"有益于生人之道"；阳明的成圣观具有滑向圣凡绝对平等的可能性，这也是王艮及其泰州王门所要达到的成圣效果之一。③ 而日本的"四民同道"指向对家国的忠孝，这就促成对工匠"共同体意识"的培育。

2. 阳明学对日本工匠共同体意识的培育

阳明学致良知之路，是主张"事上磨炼"，良知本就"无所不在"，因而在生活、琐事"日用"中做工夫，就能够成圣。同时，阳明还强调

---

① 冨岡直樹『岡山藩教育内容の考察——閑谷学校と岡山藩学校との対比を中心として』明星大学博士論文，2014，45頁。
② 冨岡直樹『岡山藩教育内容の考察——閑谷学校と岡山藩学校との対比を中心として』，26頁。
③ 钱明：《王阳明、李退溪的圣像像及成圣观之比较——以韩国儒学名著〈圣学十图〉为中心》，《近世东亚思想钩沉——钱明学术论集》，孔学堂书局，2017，第94页。

办事必须彻底且完美,①"无一毫之不尽"。因而工匠通过在日常匠艺活动中的精益求精,就能够磨炼自身。同时,"事上磨炼"的终极目的更在于每个人都能在充分认识到自身社会属性的基础上,正确处理社会关系,从而发挥作用,达到天下之治。

王学"拔本塞源论"中说,"夫圣人之心,以天地万物为一体",圣人推其天地万物一体之仁以教天下,具体是"夫子有亲,君臣有义,夫妇有别,长幼有序,朋友有信"五者而已。② 在江户日本,四民被视为天地之子,含工匠在内的各阶层各司其职就能够以"天道"而"奉公"。石井紫郎提出,江户时期的日本是所谓"家职国家"。③ 因为日本没有真正施行科举制,士、农、工、商的社会分工基本是固定的。工匠虽然社会流动性极小,但如果技艺精纯,仍有可能获得官名,荫庇子嗣。因而工匠得以专注于技术工作。由此,日本工匠的共同体意识是基于职业平等论的"职分"观念,强调以家职"奉公"。

王阳明主张因材施教,在"成德"的同时"精业",因而本身就与工匠教育的目标有相当契合之处:"学校之中,惟以成德为事,而才能之异……因使益精其能于学校之中。迨夫举德而任,则使之终身居其要职而不易","苟当其能,则终身处于烦剧而不以为劳,安于卑琐而不以为贱",④ 这都与精业、专注的职业道德培育有内在联系。而"盖其心学纯明,而有以全其万物一体之仁,故其精神流贯,志气通达,而无有乎人己之分,物我之间"的主张,⑤ 与工匠沟通人和自然界的手工作物行为也有内在亲缘性。

阳明教学常在日用之中,其教与学都贴近生活本身,⑥ 不少日本心学者是知名的社会活动家和教育家,他们有的出身工匠家庭,有的直接从事匠艺活动和技术生产。这种与工匠手工作业天然的亲缘性对他们的思想以及执教实践都有很大影响,让他们能够直接参与、指导生产。在

---

① 李承贵:《阳明心学的精神》,《哲学动态》2017 年第 4 期。
② 《王阳明全集》,第 61 页。
③ 石井紫郎『日本国制史研究 2　日本人の国家生活』東京大学出版会、1986、220 頁。
④ 《王阳明全集》,第 61 页。
⑤ 《王阳明全集》,第 62 页。
⑥ 林丹:《日用即道——王阳明思想中的"形而上"与"形而下"在生活中的贯通》,《中州学刊》2010 年第 2 期。

教学方法上，王阳明曾指出讲学者要放低姿态，"须做得个愚夫愚妇，方可与人讲学"。江户时代的心学者在教化中就惯用"道话"，即举出平易的例子，讲心学的道理。

京都人中泽道二（1725—1803）也是出身工匠的心学者，他曾利用平易的"道话"引导底层民众从事匠艺。道二在年少时就继承家业，做了织工。40岁后，他开始修习心学，后在江户讲"心学道话"，在神田开"参前舍"，主要在关东、中部和东北地区传播心学。55岁剃发，并根据孔子的"道二，仁与不仁而已矣"更名为"道二"。中泽道二在教化民众时使用儒家与佛教典籍，还有和歌等文艺作品，加上庶民生活中的例子，进行巧妙平易的说明。自他开始，"心学即道话"的认识在日本普及开来。他曾在江户石川岛的人足寄场担任教谕。人足寄场是在1790年日本宽政改革后设置的流浪汉收容所，强制收容无固定居住地者、刑满出狱者，教授其手工业技术，令其在大型土木工事中干体力活。在江户末期，心学后人大岛有邻亦曾在此担任讲师。中泽道二著有《道二翁道话》，其学说讲授顺应与天地和合之道。《道二翁道话》第一卷第一章"心为天、形为土"中指出，"天地之常则为道之事，一切万物皆天之心……依其形地而勤，即天地和合之道。道即顺应，人是一个小天地，天地之外无道"。他讲述"贫乏"，引用《中庸》"君子素其位而行，不愿乎其外"，"不愿乎我分外之事，不踏离天命之莲华"，并进一步解释道，"谁也不是自己想要贫乏的，然而天命若如此，便无是非……应当珍惜勤守贫乏，如此将渐渐远离贫乏"，以此教导忠于职守之道。①

江户末期的"新阳明学者"中，与佐藤一斋、大盐中斋以及佐藤一斋的门人相关的为多，他们以讲学明道来应对国难。② 山田方谷（1805—1877）生于半农半工、以生产和贩卖油为生计的农家。他在幕末维新之际学习朱王之学后，在家乡松山藩生产农具、开发特产、推动财政改革，并获得了显著成效。山田方谷的阳明学观以"诚意"为内核。在幕末藩政改革之时，山田方谷"活用王学于实际"，强调"真知实

---

① 中沢道二『道二翁道話 4篇』文海堂、1874。
② 岡田武彦『岡田武彦全集21 江戸期の儒学』、78—79頁。

行"，亦被称为"经济实用学"。他提倡"义利合一"，认为只要"以义为利"，便能"不计利而利自生"。在奉命重振备中松山藩（今冈山县高梁市）财政时，他重点发展风箱炼铁业，着眼于备中的优质砂铁，开矿建厂，从全国各地召集铁匠，以当地传统方法生产铁器。其中包括铁锹、铁锄等农具，新开发的三齿"备中锹"掘土效率高，很快就畅销各地，至今仍在市场流通。同时，他开发农业特产，奖励生产烟草、茶、高级和纸，并给这些产品冠以"备中"这一品牌名。在明治政府成立后，他退隐到闲谷学校教授阳明学。其弟子、后致力于藩政改革的河井继之助（1827—1868）在1860年4月18日的书信中云，"前之三月廿四日，离开备中松山，同廿八日迄逗留于长濑与云山田之宅江，翌廿九日雨，辞山田，宿关备前守城下新见。晦日晴，与油野村之铁山木下万作访方江，逗留两日，参观制铁法。"（现藏于长冈市土史料馆）此处出现的"木下万作"是所谓"铁山师"，其人出生于鸟取县日野郡日南町阿毘缘，是一个以炼铁为家业的"大庄屋"①，据说他管理铁矿，扩大了销路，振兴了家业，后移居到河井继之助书信中所写"油野村"。明治维新后，木下家族继续致力于开矿、炼铁。②

农学者大藏永常（1768—卒年不详）自身精于匠艺，终身致力于在农民中改良、普及先进农业技术。他出身于代代半农半工之家，主营制蜡批发和制锅，祖父传兵卫是既种植棉花，也从事加工工艺的工匠，开店名为"棉屋"。永常青年时曾作为"丁稚"③在制蜡工场工作，29岁后，花了7年时间调查各地农作情况，并曾向桥本宗吉修习兰学，此后一生从事农产制造技术的改良。他在68岁时经阳明学者佐藤一斋门下的渡边华山推荐到三河田园藩，其妻子还是自学阳明学的革命家——大盐平八郎的亲属。他78岁到滨松藩担任"藩兴产方"（农业技术指导）。主要著作有《农家益》（1802）、《农具便利论》（1822）等。他基于自身对农民兼业从事经济作物耕作和手工业生产的深入理解，指出农民要求富裕，则应

---

① 江户时代的一种村官，管辖十几个村子的庄屋。
② 冈山县古代吉備文化财センター「山田方谷とたたら製鉄」，https://www.pref.okayama.jp/site/kodai/636856.html，最后访问日期：2019年5月26日。
③ 指江户时期开始的、在商家进行"年季奉公"，即学徒制劳作的年幼者。如在工匠门下，亦称弟子或子弟。

更多地栽培、加工经济作物，从而大力指导了农事活动。他的《农具便利论》是江户时代关于农具最为详细的实用性图鉴事典，其中记载了日本全国各地的农具中具有普及价值者，加以绘画、文字，详尽说明。事典中还列举说明了耕耘、播种、除草、施肥、灌溉、收割等各种作业的用具，如对各种锹头的刀刃长度、宽度、柄间的角度等以具体数据进行说明。书中还描绘了荷兰产的农业机器。

大原幽学（1797—1858）是日本江户时代后期著名的农政改革思想家，讲"性学""性理学"，或称"幽学"。他所提倡的道德与经济统一的实践哲学具有强烈的感染力，有许多农民、工匠成为其门人。其学派延续到明治维新以后，其门人甚至有一部分是江户幕府的臣子。幽学在年轻时游历各地，学习神道、佛教、儒学、易学和先进的农业技术。尤其是在到访了位于大沟村，由中江藤树设立的藤树书院并且学习了石门心学之后，他于34岁决意进行社会教化活动，创立了被称作世界上最早的合作社的"先祖株组合"①。在其主要著作中，幽学自称"庶人"，将听其讲坛者称为"友人""孙"。②

幽学思想的主要原理是以忠、孝和"分相应论"为基石的独特"性学"。他以"天地之和则性，性则和"的自然协调观点看待人这一存在，并主张"分相应、气量相应"。他以长部村为活动中心，在其中设计、建造了"改心楼"，供其门人修习。在幕府对思想的严格管控下，幽学最著名的反叛之处在于，他将《中庸》中的"天命之谓性，率性之谓道，修道之谓教"中一般训读作"コレ"的"之"训作"ユク"③，并进行了解释："天命之谓性中其之字，指天之阳气施之万物之所以。"④ 这与阳明学"道既是良知。良知原是完完全全，是的还他是，非得还他非，是非只依着他，更无有不是处。这良知还是你得明师"的解释一致。⑤ 只是这里的"良知"／"名师"被阐释为动态的天之

---

① 也被称作农村合作社的先驱。
② 大原幽学『微味幽玄考』奈良本辰也・中井信彦校注『日本思想史大系52 二宫尊德・大原幽学』岩波书店、1973、238 页。
③ "ユク"有"去""往"的动态意蕴。
④ 大原幽学『微味幽玄考』奈良本辰也・中井信彦校注『日本思想史大系52 二宫尊德・大原幽学』、260 页。
⑤ 《王阳明全集》，第120 页。

"气",施之万物,同样的,人也能依此"道"施之他人。通俗地说,这种"之"的训法体现了大原认为人性能通过教育改变。幽学除了将天之"气"的动态变化与实践相结合,也强调"试"的过程:"若以为不勤于尝试,只读书便能知任何事,则误。必须勤于行动、尝试。"① 可以说,幽学"时时刻刻行"的主张,承袭了主张"心即理"、强调日常行为的动态与变化、具有强烈实践性的阳明学。因而,幽学遭到了幕府指其学说为"邪说"的批判,最终自杀。

最后,从工匠普及性基础教育与平民读物中也可以看到阳明学对工匠共同体意识的影响。另外,平民教养文书《诸职往来》中特别指出,"凡诸职人,申赐受领之官名,名人上手器用显名誉事,非其身计之功绩,荣耀传于子孙德广大也","以柔和诚邪欲无欺犯而偏本正路,自他相对,以和顺为渡世之则,而灾难永不来,家门繁荣之基本,天道照正值之诚,阴德阳报者,显然而无疑者也"。② 心学者常盤谭北(1677—1744)尤其重视平民教育,他在关东一带从事教化,并出版了《民家分量记》等诸多著述。他的庶民教化读物《野总茗话》论述了农工商阶层的"达天下养用之恩",并指出庶民职分之实践是为了报答主政者"维持天下太平之恩"。③

江户时期农工商阶层的孩子均上寺子屋接受教育,其普及性教科书中虽然不能直接出现阳明学的内容,但老师在讲解过程中,依然可以用"训读"方式来解读汉文典籍,灌输自己倾向于阳明学的思想主张。上文提到的大原幽学对"之"的动态性解读就是一例。另还有北关东上州势多郡原之乡村(今群马县富士见村)的寺子屋九十九庵老师船津传次平就将"率性"训作"性を率いる"④,以此主张性是可以通过创意工夫改变的。他指出:"夫动植物皆以人们之便利之善率之性质,以计需要指导。例如穿牛鼻、附藤蔓以率之……又有将蜜柑接木于枳壳台木

---

① 大原幽学『微味幽玄考』奈良本辰也・中井信彦校注『日本思想史大系52 二宮尊徳・大原幽学』、284頁。
② 『諸職往来』同文館編輯局編『日本教育文庫 教科書篇』同文館、1910—1911、524—525頁。
③ 日本経済叢書刊行会編『通俗経済文庫 巻9』、72頁。
④ "率性"一般训作"性にしたがう",表示遵从性,而"性を率いる"的训法则表达了指导、引导的含义。

者为小颗，接木于橙台者可得巨大之结果，故近来将香类接于橙台上者最为流行……农事要务，考虑动植物性质之所在，率之以图需用之道，不可轻忽。唱从性之说，怠于保护之时，不计动植物皆退去，遂消灭之事，不可不察。"① 船津传次平被视为"明治三大老农"之一，他在明治时代初期近代化、西方知识与技术潮激烈地涌入日本时，试图站在东方哲学的立场上，以重新诠释性理话语的方式，推动生产的改良乃至现代化。

综上，日本化的阳明学更加贴近工匠的生产生活，其教化活动指向家业报国，因而在幕末维新之际，理所当然地变成新政权"殖产兴业"国策不可忽视的思想资源。对此，本书将在第四章进行阐述。

3. "理"的剥离与变异：阳明学与18世纪日本匠艺的变革

18世纪，近世幕府逐渐僵化的权力结构使得为其效力的画家、工艺美术家的工作越发类型化，进而导致工艺的规范化、类型化。这使工艺迎来了跨越社会阶层的不断发展，自大都市传播到地方乃至农村，也令作品中类型化和个性化的对比更加鲜明。其中，文人画（亦称"士夫画"）的影响不可小觑。它区别于民间画工与宫廷画师作品，泛指中国古时的文人、士大夫之画。一般认为，中国文人画萌芽于唐，兴盛于宋元明，与宋明理学的兴起有密切联系。文人画是中国士大夫社会"游心物外""脱俗远尘""自娱"理想的产物，体现了文人想要远离世俗的精神追求。小林昇指出，18世纪日本文人提倡的隐逸志向与日本早期那种隐居草庵带有佛教修行性质的遁世型隐逸关系不大，真正触动这些日本文人的还是儒家式游离于政治体制之外的隐逸文化。② 17世纪以后，文人画与南宗画论一同被介绍至日本，到18世纪中叶，这类美术形式发展为日本文人画③，日本的文人意识逐渐迎来了真正的成熟。

日本文人画画家与中国的"文人"出身阶层一般存在本质上的不同。毋庸赘言，文人画的作画主体是非专业画家——文人。这些人在明代逐渐市民化，但作为一个社会阶层，他们有强烈的精英意识，并极力

---

① 岩手県勧業報告号外「船津甲部巡回教師演説筆記」、1888年3月、13—14頁。
② 小林昇『中国・日本における歴史観と隠逸思想』早稲田大学出版部、1983、362—372頁。
③ 一般认为产生于享保年间（1716—1735）。

将自己与供职于宫廷画院的职业画家区别开来。① 而日本文人画画家基本是"画工"身份，或"更具有超阶级性的庶民性特征"。② 为了明确这种区别，也有主张将近世日本的文人画统称为"南画"。

明代中期及以前的绘画作品时有传入室町日本。桃山时代明日关系恶化、贸易往来暂时中断，德川幕府在成立之初的17世纪初即颁布相关政策，明商船与江户日本之间的往来逐渐频繁起来。狩野探幽（1602—1674）的《探幽缩图》即绘有唐寅、文徵明等明代后期的画家。

"唐绘"一词诞生于有诸多明清画流入的重要港口城市长崎。长崎直到幕末为止，都是接收中国和西方最前沿绘画信息的地区，长崎的画师和画派亦统称为长崎派。近世甫初，只有长崎一地有画师模仿明清中国画风格，并诞生了"唐绘鉴定御用画师"这一职业，负责鉴定、临摹传入的明清画。日本最早的明清画派即被称作唐绘派，其最早的代表人物渡边秀石曾于1697年担任唐绘鉴定御用画师。伊万里等长崎派画师往往能够迅速地临摹、学习自中国、西方传入日本的最新作品，伊万里的陶瓷彩绘《八种画谱》即参照明代《八种画谱》绘制而成。

近世流入长崎的明清画中，顶级的文人画作品较为罕见，多的反而是那些被中国文人贬作"贱工"的炫技花鸟画、颜色花哨的佛像画，这些作品被当作最新潮的唐绘流入日本。例如，于1731年到达日本的浙江民间画家沈南苹就十分擅长工笔花鸟画，其绘画继承了明代画院的风格，且使用了西洋画的浓艳色彩。长崎画师熊代绣江（熊斐）曾向沈南苹学画，绣江的门人僧侣鹤亭等人又将此类绘画风格带往中央。此外，还有宋紫石求学于宋紫岩，并将这种风格传往江户，为画坛带来了巨大影响。清朝商人伊孚九也被认为是日本知识分子的启蒙者。传入日本的《八种画谱》《芥子园画传》等通俗性版画图谱书中载有彩色图版的明代文人画和南宗画，这些画谱在日本作为启蒙书得到了重视，被数次翻印。③ 尤其在日本文人画的形成过程中，《芥子园画传》成为传授中国画技法和动态的珍贵教科书，其权威地位也因此逐渐确立

---

① 〔美〕卜寿珊：《心画：中国文人画五百年》，皮佳佳译，北京大学出版社，2018，第55页。
② 辻惟雄『十八世紀京都画壇　蕭白、若冲、応挙たちの世界』、18頁。
③ 辻惟雄『十八世紀京都画壇　蕭白、若冲、応挙たちの世界』、17—18頁。

和稳固。①

　　日本的文人画本身很好地发挥了书画一体的妙境。而这种倾向走向极端的标志，就是一种叫作白纸赞的绘画。② 铁斋的大部分画作都附有篇幅较长的赞，他曾言："欲观我画，先读我赞。"③ 尤其是其80岁后的作品赞文当中，屡屡可见引用王阳明"扫尘"语句的内容。④ 如在其在81岁所作《扇面青绿山水图》（《铁斋研究》第18号，作品八）中，铁斋写道："援毫欲扫我心尘，写得溪山小景真。亦是读书余暇乐，拙技何曾视他人。欲扫我心之尘，取笔绘画，绘山谷小景之真。我之绘画是读书余暇之慰，毫无将拙劣之作示人之意。"其82岁时所作《扫荡俗尘图》（《铁斋研究》第17号，作品十七）与86岁时所作《扫尘山窝图》中述道："阳明王子曰，一个尘字昏了许多人。吾辈最忌此尘字不去。社名可谓扫尘。已后心上尘、口上尘、笔墨尘、世路尘，都要扫却。明之大儒王阳明如是说，尘（俗气）令众人蒙蔽。吾最厌此尘不去之事。我等结社以扫尘为名。以后须扫尽一切心上尘、口上尘、笔墨尘、渡世尘。"（《铁斋研究》第5号，作品二十一）

　　铁斋通过画赞表达了其秉持阳明学，通过"拂尘"恢复人本来之"良知"，在生活和创作中"知行合一"的思想，以及其对"心"的重视。综上所述，近世工匠在宋明理学影响下，一方面趋向亲眼观察事物的经验主义和客观主义；另一方面，其尊重个性的主观主义，则主要在画工群体中、在阳明学精神影响下发展，并在近代前期得到了进一步发扬。

第三节　近世日本工匠文化的泛化

一　近世日本工匠文化泛化的社会条件

　　江户文化的特点主要体现在人与人之间的生活关系与兴味上，其次

---

① 鶴田武良「『芥子園画伝』について—その成立と江戸画壇への影響」『美術研究』第283号、1972年9月。
② 〔日〕冈田武彦：《简素：日本文化的根本》，第201—202页。
③ 小高根太郎『富岡鉄斎』講談社、1963、第61頁。
④ 戦曉梅『富岡鉄斎の画風についての思想的、藝術的考察——鉄斎画の賛文研究を通じて』総合研究大学院大学博士論文、2010、35頁。

是实证主义,再次是个人意识的增强。① 而在"人与人之间的生活关系"即社会角色方面,如前所述,在近世知识分子的教化、肯定乃至对匠艺活动和匠人精神的推崇之下,工匠形象在诸种类书、浮世绘画作、落语等庶民艺术中脱颖而出,成为江户人的代言人,对当时日本人的身份建构产生了重要影响。

具体来看,社会各阶层与工匠的交往乃至与工匠身份的重叠,使其价值取向也与工匠社会趋同。

其一,日本皇家贵族自中世起就将工匠视作"神人",因为崇敬工匠凭借技术沟通人神的能力,曾有多位天皇编纂职人歌合和绘卷,这种传统在近世进一步普及、发展成描绘制品、工具和匠艺过程的文艺作品。

日本的贵族群体对工匠及其技术抱有极大兴趣,他们用语言和图像对为自己服务的工匠阶层进行描绘,实际上也是在表达对其工作方式与性质的尊崇,包含浓厚的信仰色彩,对工匠精神的萌生应当说也起了一定的促进作用。自平安时代开始,日本出现了各种关于工匠职能的神秘传说,讲述其超越人力的神妙技术。如日本最早的百科全书《倭名类聚抄》中的"人伦部"记载了各种工匠,长篇物语体小说《宇津保物语·吹上》描写了纪伊国牟娄郡富豪神南备种松之家的各类工匠,歌谣集《梁尘秘抄》中也有诸多工匠登场。

如前所述,工匠教育当中,隐性知识的传达占据重要地位。职人歌合中的工匠面部表情祥和专注,一心投入工作中,图旁有诗歌吟咏其工作内容,如褾经师对应的诗句为:"此经裂缝不齐,如何裁剪。"②

职人歌合采取语言与图像并重的方式表现工匠的生产与生活,不光用通感的方式设身处地地描绘了工匠的境况与心理,更是通过图片来促使观者获得直观清晰的感受。事实上,手工业作坊时代的知识技术传授,较之言语本身,更多的是通过直接的肢体动作来传承。从这个意义而言,《职人歌合》采用了通感、场景叙事和寓教于喻的手法来表现具有丰富隐性知识的工匠生产活动。其中有对具体动作的特写,以便观者看清如

---

① 〔日〕石田一良:《日本美术史》,朱伯雄、平砚译,浙江美术学院出版社,1989,第142页。
② 日文原文作"この巻切り、いかにしたるにか 切り目のそろはぬよ"。引自日本国立国会图书馆藏『職人尽歌合』写本。

图 2-2 《职人尽歌合》第二十六番 佛像雕刻师与经书刻印师

油漆工如何自帮手手中接过油漆,也有场景叙事,先想象工匠生产的心情,然后代入并描绘、歌咏,让观者进入工匠的世界。形象的说明文字和图像引人入胜地表现了技术性的匠艺,让观者得以感受整个劳动过程。

其二,知识阶层、上层武士与工匠互动频繁,使近世日本社会中知识与技能的关系较为紧密。这是因为他们中不少人出身工匠(如古学派开山祖师伊藤仁斋),或乐于匠事(如阳明学派学者、武士熊泽蕃山等)。日本武士道文化的精神源头《叶隐闻书》(1716)主张"一瞬一瞬地重叠起来,就是一生"(一念一念と重ねて一生なり),即一次次行为的重复就形成了人生,还说"只此一瞬,除此以外,再也没什么可以着急上火的事了,也没什么要到处寻求的事了,只要守着这一瞬过日子",① 并强调专注的重要性,指出"万能一心。所有才能都从一心发出,凡事不倾注一心都不行"。② 这种人生观与工匠精神无疑是相通的。其特点是对每一次行为充满诚意,对每一项工作都全神贯注。相对地,较为缺乏贯彻人生的整体构想。武士的"一瞬"是对主君的忠义,而工

---

① 〔日〕山本常朝:《叶隐闻书》,第 73 页。
② 〔日〕山本常朝:《叶隐闻书》,第 354 页。

匠的"一瞬"一般是针对手工作品。

荻生徂徕在《政谈》一书中还以木匠匠艺为职业活动的典范，对武士的生存模式提出了建议：

> 我在乡下时见过农民制作盛食物用的提盒。专门做这类漆器的匠人很不容易，一个漆匠受雇于上总国的许多人，他就各处周游为人们制作这类实用型的工艺品，漆匠每到一处就住下来工作20天或30天，然后又到另外的地方去。等他觉得第一处地方的那些漆器已经干透，就返回去在它们上面描绘图案花纹。漆匠用的漆是他平时精心选购准备好的，胚料底子也是事先准备下的，所以一切都是按他自己的要求做出来的，非常结实。
>
> 在上总国的松古村有座释迦堂，据说是著名的飞弹国的木匠建造的。看房梁上的记录就知道它已经建了四五百年了。"飞弹的木匠"一般来说是指从飞弹地方出来干活的木匠。那时候上总国还没有木匠。飞弹的木匠有的是进京服徭役，有的是在各地藩国跑着打工。木匠接了盖房子的活儿以后，先到雇主家把木材伐下备好，然后就到五日里、十日里以外的地方去干别的活，干好一家又去另外一家，当他觉得最先干活的那家的木头干透了就返回来把木料按需要锯开备好，让它们继续干燥着，自己则又到别处去干活，等估摸着锯好的木料干透了再回来，所以他们建一所房子要花上两三年的时间。飞弹的木匠把横木的榫眼凿成口小里面大的形状，横木榫头也做得稍微粗一点，用力将横木敲进去牵拉住榫眼，不需要楔子。房子经过风吹雨打，榫头榫眼的牵拉处受潮膨胀，柱子和横木的连接处就紧扣在一起，严丝合缝如同是一块整木料，这样做成的房屋其结实程度不言而喻。俗话说飞弹木匠的一只楔子能管大事，指的就是这些。
>
> 如果武士们住在自己的知行所内，如上所述，各种事情都不是那么信手拈来方便自如，人心感受磨练，任何事都要花费时间精心制作完成；住在江户城里则不同，各方面方便顺手，但是人心浮躁，都是些临时应急之举、权宜之计，所以上上下下的损失累加到一起

难以言表。①

　　武士与工匠的相通之处还在于共同体遵天道"奉公"的精神。无论是匠人做工还是武士为主君、幕府、朝廷效力，都称为"奉公"，讲求奉献精神。同样，武士也被教导不应当追求利益，应为主家赐予的世袭职务而努力工作："一生的职业目标，就是要对人有益，而有关经理财政的事，最好不懂。"②

　　上层武士对工匠精神的认可可以用饭冢桃叶相关的一个小故事做旁证。饭冢桃叶（生卒年不详）是江户后期的莳绘师，擅印笼莳绘，以在高莳绘上采用金贝、切金装饰的精细华丽作品闻名。据《莳绘师传·涂师传》所载，明和年间（1764—1772），桃叶受阿波德岛第十代藩主蜂须贺重喜召见，令其在木屐上绘画，但桃叶以其失礼为由，加以严正拒绝。然而，他的匠人风骨反而得到重喜赏识，由此进入藩主之家供职。

　　"文人陶工"是日本陶瓷器行业的一个特殊群体，在明代手工艺文化的影响下诞生。如尾形乾山（1663—1743）出身和服商家，后来成为江户中期京都陶瓷器的代表性名工，与皇家、其他大商人交谊深厚。1689年，尾形乾山在洛北御室仁和寺附近设习静堂，由此开始在御室窑野野村门下学习陶技。后开乾山窑，形成独特釉法。他在《陶瓷制方》中称"最初之绘皆光琳自笔"，可见初期作品中之画均为其兄光琳所绘，乾山写画赞。1712年迁窑，开始制作具有独特设计的餐具并因此扬名。享保年间他前往江户，得到轮王寺宫公宽法亲王知遇，入谷从事陶艺制作，著陶法传书《陶工必用》；1737年赴下野国（今栃木县）佐野作陶，著《陶瓷制方》。

　　其三，武士尤其是广大的下层武士作为知识阶层、权力阶层，有手工造物和技术习得的传统，常从事手工副业③维持生计。自江户时代中晚期开始，下级武士往往生活困窘。武士需要供养家人和家臣，工作和各种仪式也需要花销，因而往往要通过从事手工副业，如糊伞、制作提灯和扫帚、饲养并贩卖金鱼蟋蟀等维持生计。在明治维新中起到重要作

---

① 〔日〕荻生徂徕：《政谈》，龚颖译，中央编译出版社，2004，第61—62页。
② 〔日〕山本常朝：《叶隐闻书》，第79—80页。
③ 日文作"手内職"。

用的福泽谕吉、胜海舟、渡边华山等萨摩、长州的武士在少年时代，都曾从事手工副业。

也就是说，日本有"擅长手工作业的知识阶层"。① 著名的浮世绘师歌川广重（1797—1858）原名安藤广重，出身下级武士之家，其父亲安藤源右卫门供职于幕府消防组织。广重是歌川丰广（生年不详—1830）门人。其青年时期在任消防队员的同时，自1818年起开始作画，以《内与外姿八景》美人画为主，但并未得到好评。此后他将消防队职务让予其子，于1831年发表"东都名所"系列，改号"一幽斋"，建立抒情色彩浓郁的文人俳谐趣味风格，开始作为风景画家扬名。透视法、远近法等西洋绘画技法也对其作画产生了影响。1833年，广重发表"东海道五十三次"系列，奠定了其浮世绘风景画大师的地位。此后，他还创作了《木曾海道六十九次》等作品。他的成功对于此后日本风景画的发展起到了不可磨灭的影响。

其四，商人往往是半工半商，与工匠结成工商同业组织，谋求利益；农民的农闲兼业较为普遍，与手工业生产有天然亲缘性，可以说，农民普遍以兼业的方式从事手工业小商品生产、小商业经营、小雇佣劳动，从而出现小农、小工、小商的三位一体化趋势。到了江户末期，大量农民流入城市，成为短期工。据江户后期风俗史家喜田川守贞《类聚近世风俗志》载，江户时代的行商和半手工业半商人者的经营种类甚多，有吴服、高荷木棉、帽子、地纸、笔墨、还魂纸等约八十三种。这说明了"町"的发达特别是"城下町"的商业扩张所带来的整个社会面貌的改变。②

其五，女性以缝纫技术为"妇道"，多事养蚕纺织。传统女性的重要技术工作是纺织缝纫。这种工艺一般也是世代沿袭的，主要由母亲传给女儿。同时，江户时期曾出现多名从事其他家业的著名女性匠人。比如浮世绘代表画家葛饰北斋之女葛饰应为（生卒年不详），还有江户后期长崎铸工德乘之女铸工龟女（生卒年不详）。后者继承父业，制作唐物风格香炉。她性格豪放，不厌贫困，只要拿到订单预付款，就与友人

---

① 倉地克直『江戸文化をよむ』、109頁。
② 韩东育：《"八千天日记"中隐藏的近世日本》，《历史研究》2006第3期。

痛饮，其后进行制作。有多件黄铜鹈香炉传世，代表作有"鹈香炉"（现藏于东京国立博物馆）等。

明治维新以后，女性也加入实业发展的大潮，其从事行业以传统的纺织为主。1872年，京都建立了日本首个女校"新英学校女红场"，在京都市内有多处校舍，主要教授花道、裁缝、手工艺、绘画等实用技术，及英语、阅读等教养类科目。其设立目的是令女性能以手艺谋生。此后，该校逐渐提高了技术教育的比重，演变为京都府立第一高等女学校，直至如今的府立鸭沂高等高校。栗原稻（1852—1922）是明治时期出身工匠的实业家。她出身于下野国兼营农业与布料的杂货商之家。因其父经营失败，幼时便开始织布谋生。她在东京租借织机白手起家后，在1884年设立栗原稻工场①。她以女性身份投身创业，在传统染色和纺织工艺的基础上锐意创新，制作出崭新风格的织物，事业不断发展，得到"织机之神"等美称。在1919年，她获得了日本政府颁发的绿绶褒章。

其六，被歧视部落民大多集体从事冶炼、皮革生产并因此获利。对此本书将在第三章予以专门叙述。

二 近世日本工匠文化泛化的表现与影响

如前所述，江户时代有"工匠时代"之称。工匠在严格的行规下利用其群体优势，普及了工匠文化。

物质与技术方面，工匠通过生产、祭祀活动及劳动术语表现的对工具的神圣化与生产循环观念得到普及，影响了其他阶层的技术与生态观念。对自然的敬畏、对物品的珍惜导向对废物的回收利用，进而指向重视、坚持循环再生的"简约生活"和高效生产。江户日本是当时少见的循环型社会。比如由布片缝制成的和服十分普及，这种和服上的布片被拆掉后，还可以聚集起来继续做专由旧布片制成的和服。在衣服实在不能穿的时候，还能将上面的块块布片拆下来，充作抹布或尿布。包袱皮②本来是浴池垫子，可以回收、浸湿、造纸，产生的灶灰还可制成肥

---

① 后大同毛织，中文译作"大同利美特"。现已在东证上市。
② 日文作"風呂敷"。

皂。人体排泄物也会经回收后贩卖给农民做肥料。此外，还有修缮并循环利用各种破损、废旧物品的修理店，比如修理桶箍的"桶箍店"、修理烟袋的"烟杆店"、修理破损茶碗的"再烧店"、回收废铁并制成菜刀或剪刀的"锻冶屋"等。

制度方面，学徒制中的"丁稚奉公"即小学徒帮工制普及到士、商、农家；行业工会则提高了全社会对于技术"特许"即知识产权的观念。比如在1783年12月23日，池田屋平右卫门发明的打井水的新工具就获批了独家经营权。集体劳动普请法的上下均力分工制也在各种工程建设和商业经营中得到了运用和传承。

精神方面，工匠的家职伦理中对神佛负责的虔诚态度与技术至上的职业追求促使日本思想界重视与理性认识技术工作，使江户思想更加具有形而下色彩和"知行合一"追求；同时，工匠对匠事的强烈认同使其具有专注忘我、精益求精、不善言辞、不问得失等性格特点，这通过近世儒学者对于商、农、妇孺乃至流浪汉、刑满释放罪犯的教化得以普及，成为平民行为的榜样，使当时的庶民价值观指向敬业奉献。

另外，工匠技艺传承的方式也对社会各界有所影响。近代以前，日本在传承源自中国的技术时，怀着敬畏之心，特别强调手艺人代代对"型"的严格遵守与通过长时间体认而获得的隐性知识。近代日本文豪中，有不少人是在近世末期的工匠社会中成长的，因而深受其浸润与影响。比如长谷川如是闲出身建造城堡的木工之家。谷崎润一郎在论述文章写法时，还指出有必要学习工匠技术用语的特点，如"'大工'（木匠）、'左官'（泥匠）、'建具屋'（建材行）、'指物师'（木雕家具师）、'耗师屋'（漆器师）、'表具屋'（裱褙店）……木工所用的'ウチノリ'（内侧距离）、'ソトノリ'（外侧距离）、'トリアイ'（调和）、'ミコミ'（测深）、'ツラ'（表面）、'メジ'（接缝）、'アリ'（锲形结合）之类，还有建材行、木雕家具师用的'一本引キ'（单推拉）、'引キ違イ'（多槽推拉）、'開キ戸'（平开门）、'マイラ戸'（带窗棂的拉窗）、'地袋'（地柜）、'天袋'（顶柜）、'ハシバメ'（榛）、'鏡板'、'猫脚'、'胡桃脚'之类的用语，很简洁，其中有些发音连要配什么汉字都不清楚。这样实际上也没有任何不方便，相当够用，从这点看来，日语其实是效用比想象广且巧妙的语言，现在才知道真是太晚了。

那么，如果我们学会这些师傅的用语，把'社会'说成'世の中'，'征候'说成'きざし'，'预感'说成'蟲の知らせ'，'尖端'说成'切っ先''出ッ鼻'，'剩余价值'说成'差引'或'さや'，而且世间一般人都乐意这样用，让这些用语拥有新味道，那么我们就真的大可不必再麻烦到汉字了"。① 对于谷崎而言，近世工匠的语言形态成为近代转型中日语的一种模范。

然而，行匠事即可奉行"天道"的价值取向也导致平民不问政事、缺乏大局意识的思维特点，工匠对荣誉的追求在近代也被明治政府轻易纳入"家职报国"的价值体系，演化为一种制造业民族主义并加剧了社会整体的民族主义倾向。

---

① 〔日〕谷崎润一郎：《文章读本》，第27页。

第三章　日本工匠文化的近代转型

　　明治维新后日本向近代工业化的转型及其经济腾飞，是日本近代史乃至东亚近代史研究的重要课题。其中，传统工匠如何实现技术转型和角色转换，从而在人力资源上支持日本的近代产业发展，是亟应关注的话题。日本文化软实力的重要代名词"工匠精神"在近代曾面临严峻挑战。明治初期，新成立的日本政府积极引进资本主义各项制度，将工匠转型作为殖产兴业、文明开化、富国强兵国策的一环，废除了以往的"身份制度"，试图突破近世社会对社会阶层与职业的严格分类，认可了职业选择的自由。可以说，人才凝聚措施是明治维新中尤为重要的方略。同时，政府通过积极引进资本主义各项制度，使工匠的世界发生了巨大变化。庆应四年也即明治元年（1868）三月十四日，明治新政府颁布了"五条御誓文"，其内容为："一、广兴会议，万机决于公论；二、上下一心，大展经纶；三、官武一体，以至庶民，各遂其志，毋使人心倦怠；四、破旧有之陋习，基天地之公道；五、求知识于世界，大振皇国之基业，以立'万民保全之道'。"[1]

　　在明治政府大力宣传的"家族国家观"中，工匠作为重要人才，也被纳入国家发展的轨道，凝聚到明治维新的殖产兴业、文明开化和富国强兵国策中。韩东育认为，明治维新速度背后的核心动力是"体用不二"的制度设计和"家国认同与政治认同"的合一。[2] 可以说，明治时代在劳动领域仍然是工匠的时代。"职工"这一新概念出现，用于指代工匠与劳动者之间的过渡性身份。工厂劳动者存在于极其有限的领域，以动力与机械进行生产的纺织业、制绒业、钢铁工业和造纸业等得到发展，取代了江户时代以来由工匠完成的小工业。与此同时，出现了新的业种。近代化雇佣关系中的无产阶级在明治中期产业革命、第一次世界

---

[1] 明治文化研究会编『明治文化全集』第二卷『正史篇　上卷』日本評論社、1992、33頁。

[2] 韩东育：《东亚的近代》，《读书》2018年第8期。

大战时期的经济繁荣期、昭和年代前十年（1926—1935）的军需工业化时代不断扩大，生产的协作化与机械化不断发展。

第一节　工匠文化在明治时期的转型

在雇佣关系方面，明治时代兴起了完全以合同为基础的承包制，包工头[①]也成为一种新兴职业。如前文所述，从江户时代起，就已有将工匠划分为居职与出职的情况。横山源之助（1871—1915）指出："工匠大致分为居职与出职两类：从事装饰品制作、木屐制作、木屐带制作、包袋制作、莳绘工艺、平金刺绣、装订、裁缝、漆器制作、烟管制作及灯笼制作等工作的是居职，从事木匠、泥瓦匠、石匠、铺瓦匠及油漆工等职业的是出职。在分工很细的城市里，对两者进行区分的必要性很小：从整体而言，一方面出职可以说是专门贩卖劳力生活的纯粹劳动者；另一方面，居职属于劳动者阶级，但其中很多人也独立投入资本开店贩卖制作品，因而在一定意义上，可将其视为商人，比如木屐匠人、灯笼匠人和裁缝师就大多如此。虽说在东京这样的大城市，居职中的七八成属于纯粹的劳动者，但也有如洋装裁缝师那样边做裁缝边开店的人。"[②] 近世晚期，出职一般都有自己特定的东家、客户。为了维持客户层，互不侵犯，工匠自己结成了类似工会的组织，限制工匠人数。而他们与客户间既属雇佣关系，又类似主从关系。工匠中也存在被称为"外来人"的一种，因不限定于特定的批发商和客户，穿梭于全国各地，被称为"外来"，多见于旋木器皿工匠、木工、泥瓦匠、房顶修葺工和衣箱制作工等工种。

与居职打交道的批发商大部分集中于日本桥区。而在明治时代，居职与批发商的关系也发生了改变。居职多分布于本所区、浅草区、下谷区、小石川区、京桥区以及日本桥区的部分地区，市内有六七万户手工业者。明治末期开始，东京受到大正时期特别是第一次世界大战时期经济繁荣的刺激，城市面积扩大。大正十二年（1923）的关东大地震后，

[①] 日文作"請負師"。
[②] 横山源之助『日本の下層社会』岩波書店、2017、84—75頁。风俗史家喜田川守贞在江户末期编的《守贞漫稿》中大工（建筑工人）、左官（泥瓦匠）等专门出门到别处做工的则称为出职，将细木器工匠、裁缝匠等在家做工的唤作居职。

工匠群体不断向市内周边及郡属地区扩散。

批发商对居职工匠而言的绝对性主导地位，这导致工匠会被商人的"町人根性"绑架，受到不良批发商要求，在工作中偷工减料、粗制滥造。在江户时代，工匠专事生产，买卖中介[①]和零售商从事贩卖，而批发商则以金融手段联结三者，即通过入股式行纪[②]形成牢固的组织，由此垄断利益。

关于"明治时代的制作者迅速增加产量或新出现"的物品，横山所著报告文学作品《日本的下层社会》（1898）中列举了木屐、木屐带、板车、瓦、砖、瓦屋顶、帽子、人力车、照片、洋装、裁缝、西洋洗涤、洋伞、皮革工艺品、涂漆、金银手工艺品、金银镀金、电气机械、印刷、玻璃手工艺品、皮革染色、包、玻璃工艺品、椅子、饭桌、消防水泵、石板、牙膏、纽扣、测量器械、医疗器械、铅字印刷品、洋刀、石头板材、白粉、墨水、麦秸手工艺品、铅笔、温度计及幻灯等。他指出，当时东京的百万人口中有三分之一是手工业者，并且大部分为在家做工的匠人。在"文明开化""殖产兴业""富国强兵"的大潮中，西洋崇拜和废佛毁释的潮流令许多从事传统工艺的工匠失业。废藩置县以降，诸多御用工匠失去了藩主与高级武士们的庇护，不光无法如从前一般不计代价地制作奢侈品，甚至困窘到只能靠计件活维生。横山源之助认为，因"中间商急欲粗制"，工匠沉沦到"以快速糊弄工事为能事"。[③] 东京的工钱一日不如一日，而产品的品质也每况愈下。《社会百方面》记述了1893年前后东京居职工匠的内情。东京工业制造的动力是不可见的：他们在九尺二间的长屋[④]，在无火也无水的下层工作。在东京本所区内1.8万户中，有木匠、泥瓦匠、涂料匠、染匠等出类拔萃的，也有在公司工作的职工，除此之外，还有8000余人作为单纯的底层手工业者，领着2—16钱的日薪，其中有三分之二是小孩和女性。还有1500余户，是全家劳动。[⑤]

在利益为先、崇尚自由的明治时代，入股式行纪逐渐崩溃，新兴的批发商不断涌现。他们以雄厚的资金实力将工匠与零售商揽入自己麾下，

[①] 日文作"仲買"。
[②] 日文作"株仲間"。
[③] 横山源之助『日本の下層社会』、87頁。
[④] 指宽约2.7米、纵深约3.6米的长排房屋，一栋房子中几家住户共有墙壁但各有出入口。
[⑤] 乾坤一布衣『社会百方面』民友社、1897、167頁。

而工匠也得以自由选择批发商。但利益为先导致工匠的工钱遭到极力削减，工匠们也由此对工作敷衍了事，生产出大量廉价品。明治政府为了换取外汇而令农家家家户户大量生产、出口的生丝和工艺品被斥为"粗制高价"，"日本制造"一度沦为粗制滥造的代名词。虽然江户时代职业分工严格、人人以家业为本的观念根深蒂固，手工业从业者尤其是世袭家族大都不愿轻易改行，但是极端的西洋崇拜和废佛毁释的潮流仍导致许多佛像师等工匠失业。

在构建近代社会秩序时，如何利用"东洋道德"统合国民伦理，并在此基础上接受西方文明，树立民族自信，成为知识界构建理想日本人形象的动因。在前近代的道德教化中，士（武士）需要遵守仁义礼智信五常，农民则须遵循天道、按期纳贡，工匠应当朝夕勤于磨炼手艺、力图流芳后世，商人要正直和顺。[1] 横山源之助的问题意识，正是工匠精神如何在工业勃兴中重构。他指出，在传统产业中，有一种遵循履历与习俗的社会和与之相适应的"职人气质"，然而随着时势变迁，该工匠精神已经失去了旧时面貌。[2] 在明治维新之前判然不同的居职与出职工匠的"衣服风采"、身份、工作内容，也趋于混杂。他基于统计数据与比较，表达了自身的忧虑：从前的行业组织的消亡可以证明"同业者之间人情灭绝"，工匠社会陷入黑暗；"下层社会"民众在金钱等方面处于劣势，"如今勃兴的工场中的职工偏重快速、不在意磨炼技术"，不"习业"。[3]

明治社会中，从政界要人到匠人本身，开始反思、重拾工匠文化传统，在承袭与强化工匠的职业认同、地方与国家认同的基础上，完成了工匠的近代化职业转型。具体而言，到了19世纪八九十年代，日本从上到下开始反思传统工艺的魅力与"工匠精神"的必要性。有的工匠组成了横向组织，试图通过建立企业保存自身作为工匠的主体性。尤其是通过博览会、贸易公司和"古美术"复兴运动，工匠之"艺"的转型催生了所谓工艺职人、工艺家等新式工匠；而各式劝业机构如雨后春笋般在日本全国各地的涌现与专利制度的完善，也使不少工匠不光转型为技

---

[1] 详见近八郎右衛門编『諸職往来』近八郎右衛門出版、1884。
[2] 科学史家吉田光邦指出，当今公认的气度高旷、气概豪迈的工匠形象是在明治趣味中美化、创作出来的。参见吉田光邦『日本の職人像』河原书店、1965、153页。
[3] 横山源之助『日本の下層社会』、90—91、102页。

工作者，甚至走上创业之路，建立丰田等影响世界的公司。在技术传承上，日本近代工匠在继承前近代的"守破离"理念与技术理论化传统的基础上积极引进欧美技术，并达到学科化；在管理方式上，前近代的养子制度促进了近代管理模式的引入，注重团队通力协作和经营者深入生产第一线的做法催生了"日本式经营"的诞生；在思维方式上，注重隐性知识、追求质量至上的"家职"观念成为传统工匠角色转换的本土资源。

由此，日本工匠的"艺"通过技术性再造登上世界舞台，为日本匠艺的世界性声誉打下了基础；而工匠的"技"则向近代技术、产业转变，成为日本近代产业发展的重要源头。日本工匠的历史性转变是日本工艺魅力长存、产业持续发展的基本条件，日本传统工匠的转型史印证了日本对近代产业模式乃至国家制度的本土化接受过程。

宋明理学的家族伦理观念在稳定的幕藩体制下得到推行与发扬，但到了江户时代后期，内外危机致使原本稳固的意识形态发生动摇，儒学的"道统"和"孝"观念在新时代遭遇危机。日本儒学发展到后来，越来越明显地染上国家主义色彩，以至于与近代军国主义有了某种联系。[①]比如后期水户学[②]在内外交困之下，从中国儒学中抽离出宋学的忠孝纲常理论，并结合江户后期日趋兴盛的国学与神道思想，形成了独具日本特色的"忠孝合一"观。"忠"与"孝"通过国体论联结成一体，而国体或者说天皇成为尽忠尽孝的终极对象。汤姆斯·F.密勒指出，20世纪初，日本为了与其他国家对抗及急于增加税收和外汇，高擎着民族主义大旗，推行所谓父型政策（paternal policy）："当时，日本所实施的一些新经济制度和经济手段充分彰显了其工商业的中央集权特质。在当今的现代文明社会中，我们还是第一次亲眼看见一个政府履行起一个企业的职能，甚至所有的工商活动项目都要归政府管理和监控。"[③] 日本的几大

---

① 钱明：《迥异于中国的日本阳明学》，《中华读书报》2014年5月28日，第10版。
② 水户学（みとがく）是在日本水户藩（今茨城县北部）编纂《人日本史》过程中形成的学派，以朱子学为中心，综合国学和神道，倡导尊王和大义名分。后期水户学是第九代水户藩主德川齐昭设立藩校，以"文武两道"为宗旨，倡导尊王攘夷运动意识形态的支柱，也是明治维新的原动力之一。
③〔美〕汤姆斯·F.密勒：《亚洲的决裂：1909年前远东的兴衰》，郭彤、林珺丽莎译，北京航空航天大学出版社，2019，第12—14页。

重点产业被政府垄断。通过部分控股以及各种各样的补贴政策，明治政府抓住了许多大型工业企业的命脉。集中这些力量，并向国民征收高额税费，日本政府得以有能力将全国资源投入任何一个有发展前景的项目中。比如日本棉花产业俨然是一个国家垄断行业，国家渗透的方式多种多样。首先，实施保护性关税政策；其次，建立商品销售托拉斯组织；再次，以4.5%的利息给企业提供运营贷款；最后，提供国有运输线路运费折扣。① 密勒认为，这些政策十分危险，有朝一日会催生出反作用力，使之前的成果作废，乃至于完全摧毁之前的成效。的确，日本的制造业在二战中为军国主义服务，不可避免地走上了自我毁灭的道路。

与以上动向一脉相承，明治政府在指导工匠精神培育时，理所当然地开始将传统家职观修改成"家族国家观"，即以"职域奉公"、为国家勤勉劳作的劳动"天职"观，并以此鼓励殖产兴业、进步创新。宋明理学对于日本工匠精神的影响是持续性的。近代日本走向近代国家的思想基础来自儒学发展出的家族国家论（国家主义），其接受西方实证主义、理性主义的土壤是宋明理学在客观上的技术理性指向，工匠精神则是这两者的具体表现。日本近代出版的工匠教科书结合了大量西方器物、技术流入日本的新情况，开始宣传利用新技术，通过生产报国。然而，明治政府十分提防民众思想的西化。在一般普及性中小学教育中，批评教育的过度西化倾向、体现儒家德育的内容日增。1879年出台的《教学大旨》强调了仁义忠孝是教育的核心。1890年颁布的《教育敕语》更是规定了所谓"忠良臣民"应当"孝父母，友兄弟，夫妇相和，朋友相信，恭俭持己，博爱及众，修学习业以启发智能，成就德器，进而广公益，开世务，常重国宪遵国法"，而一旦有缓急，则应当抛却对个人利益的考量，"义勇奉公，辅翼天壤无穷之皇运"。② 1877年出版的《诸职必读百工往来》虽加入了"自转车（自行车）""人力通信车"等新事物，但在伦理上强调"无粗忽疏漏""劳心勉励之""受内外人之爱顾，蒙造化之幸福"，此处将"内"训为"ワガクニ"即"我国"，将"外"训为

---

① 〔美〕汤姆斯·F.密勒：《亚洲的决裂：1909年前远东的兴衰》，第27页。
② 宮原誠一『資料日本現代教育史4 戦前』三省堂、1974、26頁。

"タコク"即"他国",显示出与西方列强相对的明确意识。1879年出版的《开化诸职往来》先在"诸道具之部"中列举了"盆杯、茶碗、手箱（便携式小箱）"等常见生活物品,接着叙述道：

>　　求东京制作者愈来愈多,在同样的舶来品类中为最。为诸县之所不及也。……应当尝试联接开明进步,仰皇威,敬亲,以恻隐之心,不怠职业,尽力勉励,一家和顺,富贵繁荣,子孙连绵。①

其中虽然提及了工匠学习舶来品制作方法的必要性,但其指向"仰皇威,敬亲,以恻隐之心,不怠职业,出精勉励,一家和顺,富贵蒙荣,且表子孙连绵之瑞",进一步将日本天皇视为与国家同等的、需要尽忠尽孝的对象,并宣扬精业以报天皇。

另有《家职要道》对匠艺活动做了极为细致生动的描绘和要求：

>　　木工求手艺之美,应当专注于规矩绳墨。当今的风气喜好精美,木工顺应这种风气,专用刨子,没能以墨规为主。只是以看得见的地方为荣。应当不拘于以上做法,考虑到将来,重视墨规。……如前述,做工时用的是历经百年星霜之树木,不得草率怠慢,否则将受天谴。
>
>　　建房时主人必问工钱,若大约需要一百名工人,则应先回答需要一百五十名工人。若比说的少,则主人喜悦。若一开始说得少其后又增加数量,则主人将不快。包工者偷工减料是凡夫常情。应当以正直为本,劳动自己的筋骨,不遗余力。商人有时得利,有时受损。工匠则无所谓吃亏,不应得利外之利。因工匠为世人之所不为,应为世人之榜样。正直为身之宝贝,若能保住此宝,比千万金还要珍贵。
>
>　　栋梁激励手下亦是阴德,有阴德者必有阳报,这点不限于木工。……除工钱外不得借一钱。……
>
>　　人若得不到"和"则难以达到志向,有不知礼者即使正月也忙

---

①　鹤田真容编『開化諸職往来』小森宗次郎、1879。

于工作。也有许多人前往远方拜谒神佛，却不为亲族贺新年。若祈子孙繁昌，比之神佛，须先守礼。……

工匠承诺工期时常说"明日"。明日变下个月、下个月变明年，原本就是不守信用的妄言。因那种无益之事，导致污名流传于世，有损于自身，因而应仔细考虑日期后再约工期。

在逆境中大体可以见证人的职分。因为人就算改变其外观，其言语仍可能粗暴。因而，平生应慎守礼让。……身为人，应当念天地之恩，恪守人道，以报其恩。天地正直，所以念报恩之人应当以正直为上。子孙盛衰也在于自己的行状。[①]

其中尤为强调工匠的道德、礼数和美誉。为启蒙教育编写的明治十四年（1881）长崎县立师范学校改订版《改正六谕衍义大意》，根据明治时期的时局变化，对近世的《六谕衍义》做了改造。其中"各安生理"一条修改为"勉励产业"，"士农工商"和提倡安守职分的"只勤我当尽职分，日行好事，不问将来"的表述被删除，改为"素来人拘旧习而无新发明，此谓大忌，当能察时势之变换，扬己之所长，经营产业"，[②] 也就是主张直面现状变化，勇于转型创业。

可以说，阳明学影响下的日本近代工匠精神本身指向具有公共性的"国际道德"，提倡劳资平等和谐的"天职"观念。横井小楠被视为树立日本近代实学的"明治中兴之祖"，[③] 他在《国是三论》（1861）中提出富国论、强兵论与士道论，并指出其中"富国论"是"根本之义"。他主张重视亮天工的格物，私淑熊泽蕃山，[④] 注重实践，认为应大胆接受西方文化，尤其应推动实业发展。横井指出，"天下公共之大道"乃"万国通商之理"。因此应以交易兴业、增进国富，不分"君子俗流"之别，双

[①] 正司南畝『家職要道勤善示蒙勸善示蒙家職要道卷之十聞工職立身法下』図書出版会社、1890、231—233頁。
[②] 長崎県『小学校教科書』長崎県教育会編『長崎県教育史　上巻』臨川書店、1975、824—829頁。
[③] Tessa Morris-Suzuki, *A History of Japanese Economic Thought* (London: Routledge, 1989), 1989.
[④] 〔日〕源了圆：《德川思想小史》，第45页。

方进行详尽研讨，方为"施善教仁政，明亘万世永赖之大经大本"。① 这一构想在明治维新后也为"实学党"以"尧舜孔子之道，西洋器械之术"将日本建立为理想的儒教国家起到了长期指导作用。其呼吁日本不应取强兵之道，避免使用"权变功利"之术，不悖"天地之心"，而应成为"有道之国"，宗"天地有生之仁心"，行"天地仁义之大道"，与诸国通信通商。② 涩泽荣一（1840—1937）③、尾高惇忠（1830—1901）也在很早的阶段就放弃了强兵，一心致力富国。即便在第一次世界大战期间日本物价高涨，涩泽荣一也不放弃阳明学教化，坚持刊行《阳明学》杂志。然而遗憾的是，随着时代变迁，日本军部势力抬头，最后"富国"沦为"强兵"的手段，偏离阳明学精神的近代日本没有坚持"王道"，走上了"霸道"——战争道路。

三好信浩指出，日本工业化的一大特征在于，在士农工商身份固定的封建时代处于统治阶层的武士成为工业的旗手，而这原本被看作被统治阶层的职业；工匠则维持着原有的地位。④ "士族授产"，即令士族从事农业、工业或商业的政策，也是明治政府改造传统手工业的重要一环。明治维新以前，日本各藩将养蚕缫丝、机织作为手工业的重要组成部分，组织武士及其家庭成员参与生产。在明治维新的废藩置县政策实施以后，新政府无法继续保持士族俸禄，旧封建士族在政治上与财政上成为新政府的负担，甚至达到危及新政权存亡的地步。⑤ 于是明治政府采取"秩禄处分"与"士族授产"政策，将士族阶层改造为适应新时代的劳动力与经营者，这对日本近代产业化也有积极意义。1870年，主导"岩仓使节团"视察、学习西方的政治家岩仓具视（1825—1883）提出关于士族

---

① 日本史籍協会『橫井小楠關係史料二』東京大学出版会、1977、38、348、915—916頁。
② 横井小楠『夷虜応接大意』日本史籍協会編『橫井小楠關係史料一　続日本史籍協会叢書オンデマンド』東京大学出版社、2016、11—14頁。
③ 涩泽荣一是明治时代重要的金融家、工业家，他不仅将股份公司的相关概念引进日本，还创建了大型纺织厂、造纸厂、私有银行。他在宣扬自立美德的同时，重视国家秩序，反对"国家与社会进步要依赖个人主义"的看法。2019年日本银行发行的1万日元新纸币上，使用了其头像。
④ 三好信浩『明治のエンジニア教育　日本とイギリスのちがい』中公新書、1983、196頁。
⑤ 臧佩红、米庆余：《近代日本的"秩禄处分"与"士族授产"》，《南开学报》2001年第5期。

家产，应当"诱导奖励其从事各自所好之生业"，而1878年，岩仓具体提出了应首先奖励士族从事工业，因为士族历来不适应经商，而农业劳动艰苦、经营困难，所以可以"兴办授产所，设置百般工艺"。① 同样的，大久保利通（1830—1878）主张将作为国策的"殖产兴业"与"士族授产"相结合。就此，日本新政府于1874年实施"士族授产"，于1878年筹备并发放"起业基金"。

士族本是象征日本封建制度的存在，然而在日本社会转型的过程中，成为开拓资本主义道路的先驱，部分成功者还成了大资本家。"士族授产"中，工业方面占到了76.4%，这是当时最普遍、最容易为士族所接受的产业。② 其中最多的是养蚕、制丝和机织，占到了49%，其次则是制茶、纺织、制糖、制纸、制火柴等，有不少是自外国引进的新产业，同时也是日本商人不大愿意涉足的领域。其中，不少企业都失败了。然而依然可以说，明治时期的新兴产业，很多是依靠"士族授产"开了先河。同时，"士族授产"也是日本地方产业兴起的重要契机。如号称日本第一的静冈县茶园、冈山县纺织业、广岛县棉织业、福岛县丝织物、鹿儿岛的萨摩缟、福冈的久留米饼等，都是日本出名的地方特色。与此同时，工厂劳动者、资本、金融机构的普及、企业精神的培育等资本主义经济所需的基本要素，可以说都通过"士族授产"得以养成。在明治的社会背景下，信浓国埴科郡西条村（今长野市松代町）的藩士大里忠一郎（1835—1898）于1874年模仿官营富冈制丝厂开办西条村制丝厂，不断改良设备，以生产优良生丝。他自己从事生产，研发了制丝用锅炉，为制丝技术发展做出了贡献。不仅如此，他还参与了生丝出口公司同伸会社的创立，尝试直接出口，后成为明治期长野县制丝专家。清水诚（1846—1899）是明治时代发明家、实业家，日本火柴产业的创始者，出身金泽藩士世家。1870年，清水赴法国工艺学校留学，结识宫内厅次官吉井友实。自吉井口中，清水听闻日本火柴只能依赖进口的情况。他决意凭借当时的"士族授产"、救助贫民政策，投身火柴生产事业。1875年，他设立新燧社。翌年，产品出口上海。1878年，他再次前往欧洲，

---

① 吉川秀造『士族授産研究』有斐閣、1935、264—267頁。
② 臧佩红、米庆余：《近代日本的"秩禄处分"与"士族授产"》，《南开学报》2001年第5期。

引进安全火柴制法，生产不断扩大。到1880年，该公司的产品能够满足国内需要，并为日本火柴的大量出口做出贡献。晚年，清水单身前往大阪开发火柴制造机械，并创建了旭燧馆。

在解决劳工福利问题上，1911年，日本起草第一部《工厂法》。在关于这部法律的讨论中出现了重新利用传统思想（或"传统的发明"）的趋势。① 这是因为，明治年间资本主义经营管理阶层试图利用日本的家长制传统，减少《工厂法》对企业的影响，而这种家长制传统被认为是解决劳工问题的具有日本特色的关键点。② 而最终，《工厂法》得到了自上而下的实施。对此，日本经济学者冈稔指出，正如"帝国颁布的宪法是赐予人民的，而不是人民索取来的"，日本政府是"工人福利"的主要推行者，而《工厂法》的实现则几乎完全靠政府和学者倡导，因而该法可被"纯粹看作保护劳工的问题"。③

而日本近代工业草创期的男性熟练技术工人群体亦逐步形成。他们一般会在不同工厂工作以积累经验，类似于曾经的"渡り職人"（游历工匠），其职业规划是在不同工作单位与职业种类中历练后，存钱建立自己的工厂，其中有少量成功者。

陶瓷也是明治日本出口创汇的重要产业。当年的陶瓷业巨子、第六代森村市左卫门确立了森村商事株式会社的六条企业精神："一、海外贸易是在追求四海皆兄弟、世界和平、共同幸福、正义人道的仁人志士精神下所创建的；二、以不谋私利、牺牲小我造福后代为目标；三、以诚实守信为宗旨，不违背诺言；四、戒谎、戒傲、戒怒、戒骄、戒懒；五、洁身自好，厚道重义，以诚待友，因为朋友是永远的灵魂至交，团结合作的价值远重于金钱；六、坚信天道，自信自觉对应世间万事。"④

---

① 〔德〕阿梅龙：《真实与建构：中国近代史及科技史新探》，孙青等译，社会科学文献出版社，2019，第328页。
② Andrew Gordon, *The Evolution of Labor Rlations in Japan: Heavy Industry, 1853 – 1955* (Cambridge: Harvard University Press, 1985), p. 65.
③ Sheldon Garon, *The State and Labor in Modern Japan* (Berkely: University of California Press, 1987), p. 11.
④ 森村市左衛門「遺訓＝経営理念の出発点」、http://morimurabros.com/corporate/philosophy.html、最后访问日期：2019年10月3日。

第三章　日本工匠文化的近代转型

　　从上可见，近代日本的武士精神与工匠精神作为凝聚民众力量的精神模范，在主张儒教道德的基础上，得到了结合与普及。统治阶层与经营者尤其重视克服江户时期商人的"町人根性"和工匠的"职人根性"。大正年间曾担任东京急行电铁董事长的关守造在批评町人根性后，将工匠分为"工业家"与"工艺家"两种。前者着重于"技"，后者则看重"艺"。关守造认为，无论是工业家还是工艺家，面对新形势——来自国外的先进技术和激烈竞争的挑战，以及新机遇——国外的大量订单，都需要克服小富即安、故步自封的"职人根性"，谋求发展的道路。① 对于工艺美术界，其中"制造军用品、美术装饰品或贵重物品等的工业家，得到幕府或大小名扶持，过着安定的世袭生活，完全不认可竞争。虽然日本工艺品等获得很大发展，得以领先世界，然而工业家自身的竞争心已然消失。一朝遭遇今日之竞争甚烈之时期，恰如离杖之盲人，殆不知其为何处，单单恋想昔时，发出叹声，至于呈此丑态"。② 尤其是工艺品方面，甚至出现了粗制滥造现象，他将其归因于"工艺家忘其本分，为利奔走"，因而工艺家应当"如从前一般制作完美之物，假使不廉价，也可以其展示技巧上之意气，要有努力达到欧美直接需求的意志。需要有非如此不可能保持以往身价的觉悟"。③

　　关守造所论及的工匠技艺转型，是近代日本谋求发展工业、赚取大量外汇和赢得国际声誉的必经之路。同时，工匠身份的转型本身也与明治后期的战争和日本走向帝国主义道路有必然联系。甲午中日战争之前，日本劳动协会的成员以鞋工、车夫、泥瓦匠、木工等手工业匠人为主，铁工、印刷工等工厂劳动者比较少。且除了东京，劳动者散布全国，为了竞争，结成各种团体。而促进产业革命与资本主义发展的重大因素就是甲午中日战争，日本在获取巨额赔款并将势力延伸到朝鲜后，逐渐演化为"实业日本""资本制度的日本"和"帝国主义日本"，而劳动阶级的队伍也逐渐壮大并开始觉醒。④

---

① 関守造『実業家之自覚』石川文栄堂、1915、153—154頁。
② 関守造『実業家之自覚』、15—16頁。
③ 関守造『実業家之自覚』、152頁。
④ 松岡稔『日本労働組合運動発達史　前篇』共生閣、1931、6—7頁。

第二节　近代日本工匠转型过程中"工艺职人"与"工艺家"的形成

日本匠艺得到世界瞩目，逐渐形成近代"工艺"认识的社会背景是19世纪后半叶欧美"日本主义"的盛行。明治初期日本的主要出口货物除了生丝等原料，就是沿袭江户手工业传统制作的各种手工制品。明治政府为了快速实现近代化而实施的各种改革，从产业结构而言，也主要是要改变旧有的工匠生产方式和社会阶层，如将作为生产主力的工匠改造为工厂劳动者。近代化中的工匠转型首先体现在工匠的手工制作转化为"工艺"或机械制造，而产品转化为"工艺品"或近代工业化产品。匠艺转型为日本近代化奠定了重要基石。

同时，日本美术工艺也成为沟通日本与西方的重要媒介，令日本的"工匠精神"为西方所知。爱德华·卢西－史密斯认为，"整个现代工艺的理论都来源于日本"的原因在于"日本文化也许最早认识到，手工艺除了会带来实际产品外，还是一种有道德价值的活动，就像它最早认识到手工艺是它的实践者道德状况的表现一样"。[①] 这种手工艺的道德负载承袭了古来的家职观念与"表现自然力"的生态意识，同时也在明治新政府的主导下发生了一定变化。如前所述，近代工匠教科书《开化诸职往来》等就将传统家职观修改成"职域奉公"、为国家勤勉劳动的劳动"天职"观，鼓励近代产业化中的进步创新。

在传统手工业制作的沿袭中，有别于一般工人的"工艺"与"工艺职人"即工艺匠人概念应运而生。"工艺"概念最初是明治政府为了改组学校、建立博览会制度而推出的，在1888年以前，"工业"与"工艺"几乎是同义词。比如1878年明治政府博物局所编纂的《工艺志料》序言中写道："劝励工艺，而利国用焉，殖货财焉，治国者之所宜尤急矣。而博览会者，所以开人知识，盛工艺事也。欧洲各国，称为文明者，盖因斯道而弘焉。富国强兵之计，实基于此。"[②]

[①] 〔英〕爱德华·卢西－史密斯：《世界工艺史》，第70页。
[②] 黑川真赖『工芸志料』有邻堂、1888、1页。

日本在明治初期大兴博览会，并且热衷于参加世界博览会（万国博览会），其主要目的是响应"殖产兴业"的国家方针，一来学习技术、了解世界，二来促进出口和产业发展，同时，这也是日本树立国际形象之战略的重要部分。

正如幕府末期儒学家寺门静轩《江户繁昌记》中所载，江户时期物产展览会、药品展览会已经成为展示7000多种珍品、云集四方来客的盛会。宝历七年（1757），田村元雄和平贺源内共同举办的特产展览会是日本展览会的开端，而意识到这种展览会与欧洲各国以产业振兴为目的的博览会有本质区别的，是亲历1862年伦敦世博会的幕府使节竹内保德一行。紧接着，幕府、佐贺藩、萨摩藩及以清水卯三郎为代表的民间人士正式参加了1867年拿破仑三世倡办的巴黎世博会。这是日本（当时的江户幕府、萨摩藩、佐贺藩）第一次参加世界博览会，当时，江户商人清水卯三郎将展馆中的亭楼改造为茶屋，并请柳桥的艺伎现场招待，获得了好评。一些法国画家还竞相模仿日本的室内设计。[①] 这不仅是遵照日本传统造园思想与技法的产物，更是表现异国趣味、东方情趣的"日本"投影。

明治新政府引入了这种理念，明治四年（1871）五月，在田中芳男等人的倡议下在大学南校[②]举办了物产博览会，展品包括动植物、矿物、科学仪器、医疗器械等。1873年，政府接受了维也纳世博会的参展邀请，并设立了以1867年巴黎世博会亲历者为核心的事务局，着力收集参展品；与此同时，文物省博物局筹划在国内举办博览会。文物省博物局的筹划工作和维也纳世博会展品的收集工作促成了明治五年三月汤岛圣堂博览会的举办。当时的太政官[③]致力于古旧器物的收集和保存，因此绝大部分展品都是古旧器物，而博物资料、先进科学仪器等相对较少。入场参观者达到了15万人，入场费每人2钱。此后，京都、奈良、和歌山等地区也纷纷开始举办博览会，其中以京都为最，在举办博览会的同时又加入了助兴节目，这种助兴节目便是如今依然

---

① 《简明不列颠百科全书》（中文版）第6卷，中国大百科全书出版社，1986，第775页。
② 大学南校是1862年江户幕府设立的西学教育机构，致力于引进西方文化。1877年与东京医学院合并，发展为后来的东京大学。
③ "太政官"为明治政府时期的最高官，设置于1868年，1885年内阁制成立后废止。

流行的"都舞"①的原型,给博览会增添了娱乐色彩。博览会成为"文明开化"的象征之一,冠以博览会之名的"余兴",如杂耍、戏作小说等也逐渐增多。

1873年5月1日开幕的维也纳博览会是明治政府首次参加世界博览会。这也是欧洲第一次建起正宗日本庭园。日本派出松尾伊兵卫等造园师,建造了鸟居、神殿、神乐堂、太鼓桥等,还掘池并放入了锦鲤。奥匈帝国皇帝弗朗茨·约瑟夫一世与皇后曾专门到访该庭园。博览会上展出的工艺品是在"御雇外国人"②建议下收集并精心挑选出的。

具有高度技巧性的明治时期的陶瓷制品在制作过程上与其说是个人的创造,不如说是分工造就的。③根据东京国立文化财研究所编纂的《明治期万国博览会美术品出品目录》中的《维也纳万博出品目录》④,日本馆分为26区,其中第六区是皮革类,第62号到第82号及第111号均为播磨县工艺品,包括"箪笥、砚箱、文库、纸入革"等,其侧面纹样则有"菊、竹雀、鲤、鸟、龟、龙、虾"等。岩仓使节团的记录官久米邦武在《特命全权大使美欧回览实记》中的《记维也纳万国博览会见闻》中记载道,日本在这次万博会赢得超越各国的声誉,其中"染革竟反而获得激赏,或是因为展示了欧人未知之秘蕴"。⑤在发现姬路革在西方人眼中的魅力后,他们对于传统手工业有了新认识,在"被歧视部落"地区大力发展传统工艺产业。进一步革新后的姬路革产品在1900年的巴黎世界博览会上获得了铜奖。

明治初期的贸易公司、美术商人也对"日本主义"尤其是日本工艺品在欧美的盛行做出了贡献。起立工商会社就是将日本的美术品和物产

---

① "都舞"是京都年中节庆以艺伎为主的舞蹈大会,于每年4月举行。
② "御雇外国人"指幕末至明治时期日本内务省与工部省为了实施殖产兴业而大量公聘的外籍顾问。1868—1889年,日本政府机关和私人机关雇用的外国人总计2299人(包含家庭、个人和大使馆人员),其报酬是一般公务员的20倍。
③ 森下愛子『近代京都の陶芸技術にみる 古典へのまなざし——革新と復古の間で京焼陶工が目指したもの』独立行政法人国立文化財機構東京文化財研究編集委員会編『無形文化遺産研究報告』3号、2009年3月、76頁。
④ 東京国立文化財研究所美術部編『明治期万国博覧会美術品出品目録』中央公論美術出版、1997、34—41頁。
⑤ 久米邦武『特命全権大使米欧回覧実記第5篇　欧羅巴大洲ノ部』博聞社、1878、120頁。

出口到全世界的贸易公司，被称为日本贸易公司的滥觞。明治六年（1873），明治政府集结全国之力，收集精品美术品与物产运至维也纳世界博览会展出，引起了诸多外国人关注，日本会场内的观众接踵摩肩，在一定程度上甚至改变了欧洲人的日本观。在博览会结束后，英国公司提出收购会上展出的日本庭园，并要求博览会事务局对商品的质量做出保证。当时的博览会团长佐野常民紧急组织起半官半民的贸易公司，卖出展会上的日本庭园和其他产品。1874年，起立工商会社在银座开设事务所、建设制造所，开始制作美术工艺品。在其最盛期，曾雇有80余名职员，并从日本全国调用各种职业的精英，选用100名以上技术精良的技工，制作出的产品运到世界各国的博览会并获得金奖，后来更是成为赚取外汇的主要美术品。

明治初期的贸易公司一定程度上奠定了日美贸易的基础。起立工商会社创立纽约分社的契机是费城世界博览会的召开。其设立也是日美贸易史上划时代的事件。对此，时任大藏大臣大隈重信在《纽育日本人发展史》序言中写道："松尾仪助创设起立工商会社，奠定了日美贸易的基础。"① 1876年，为纪念美国建国100周年，世界博览会在费城召开。日本派出了众多人员参加，由宫内省②认定的帝室技艺员③甄选最高等级的展品。当时起立工商会社社长松尾仪助（1836—1902）极力推广香兰社制造的有田烧（伊万里烧）。自此，具有异国风情的瓷器在美国掀起了热潮。松尾乘胜追击，拜访了佐贺出身的老乡、当时日本大藏省长官大隈重信，提出为了提高日本国力，需要进一步走向世界。于是，在大隈支持下，起立工商会社分社于纽约开设。公司名为 The First Japanese Manufacturing and Trading Company，销售日本的针织物、莳绘、漆器、瓷器等工艺品。两年后举行的巴黎世界博览会期间，起立工商会社巴黎分社开办，促进了浮世绘对印象画派的影响。巴黎分社起用了巴黎世界博览会审查官大塚琢造和毕业于帝国大学的林忠正。林忠正（1853—1906）是医师长崎言定次子、富山藩士林太仲养子。1878年作为起立工商会社员工前往法国从事世

---

① 紐育日本人会『紐育日本人発展史』紐育日本人会、1921、第1頁。"紐育"即纽约。
② 存在于律令制时代至1947年的日本曾经设置政府部门，主要掌管天皇、皇室及皇宫事务。
③ 负责制作日本皇室御用美术、工艺品的美术家、工艺家。

界博览会事务。他活跃在巴黎，结交龚古尔等美术评论家与印象派画家，进一步扩大了"日本主义"的影响。而起立工商会社的巴黎分社也在法国的日本趣味风行的背景下大获成功，瓷器、扇子、梳篦、发簪等商品尤为畅销。当时还籍籍无名的梵高也曾到访起立工商会社，从松尾处得到嬉野茶茶箱盘，并以此为蓝本画出了"Still Life with Three Books"与"Small Basket with Flower Bulbs"两幅油画（阿姆斯特丹梵高美术馆藏）。

　　起立工商会社的社训是"优质制作"[①]，但这也导致其工厂生产成本极高。在1881年日本国内政变（即明治十四年政变）后，支持起立工商会社的大隈重信一派被排挤出明治政府中枢。由此，起立工商会社走上下坡路，支撑了10年后，因经营不善，于1891年解散。在短短17年时间中，该公司给日本带来巨大利益，亦对日本的美术工艺品发展做出了贡献，也为其后成立并活跃至今的山中商会等贸易公司打下了良好基础。起立工商会社中的著名匠人，如真葛烧匠人、日本帝室技艺员宫川香山等此后仍活跃在各自领域。

　　世界博览会的佳绩催生了日本国内各式劝业博览会的开展，及"美术工艺"概念的诞生。1871年，以岩仓具视为首的使节团赴欧洲对其文明进行了考察，参观体验了维也纳世博会。使节团成员大久保利通受到了极大冲击，归国后即建议政府开设内务省，并亲自出任内务大臣，极力推行富国强兵、殖产兴业的政策。大久保利通意识到举办博览会对劝业政策推行极有益处，于明治十年（1877）在上野举办了第一届国内劝业博览会，并获得好评。会场分采矿、冶金、制造业、美术、机械、农业六个展区，展品达8.4万多件，入场人数达到45万人。首届劝业博览会的举办对产业近代化的促进与启蒙有很大作用，其也兼有对劝业政策在全国范围内的推行情况进行调查的功能。

　　劝业博览会中，陶器、漆器等手工制品占绝大部分。有不少展品融合了传统手工艺与近代技术，如信州卧云辰致发明的水力纺车、京都荒木小平模仿创造的纹样提花织机等。博览会开办期间，来自各府县的劝业政策负责人召开会议，就各地区劝业政策的实施情况进行了交流。在此之后，日本国内劝业博览会频频举办，明治十四年，在上野举办了第二届国内劝

[①]　日文作"良質なものづくり"。

业博览会，参观者达到了82万人。第三届国内劝业博览会上展出了前一年（1889年）巴黎世博会上交换所得的1700多件外国产品。之后，京都（1895年）、大阪（1903年）相继举办了国内劝业博览会，展示了日本产业近代化的成果。传统匠艺通过展出得到了国内外关注，有益于产品的出口。于是此后直到1903年为止，每五年日本都举办一次国内劝业博览会。

明治十六年（1883）三月，农商务省在作为博览会场而广为人知的上野举办了水产博览会，展出内容包括各地的渔业、渔具、渔业资源实况等，属于产业近代化的一种策略。举办共进会意在促进商品品质的改良，进而振兴产业。明治十八年（1885），丝织品、陶漆器举办共进会，丝织品和陶漆器在当时都是重要的出口商品。

各种世界级别的展会还促进了日本专利制度的确立、完善。明治大正时期，日本企业大量模仿和伪造外国企业商标。然而在20世纪初，有迹象显示，日本政府打算采取相关措施保护外国制造商和商人的利益，此举动可能是因为它需要确保外国展商会出席下一届东京博览会。[①]

明治四十年（1907），政府计划于明治四十五年举办媲美世博会的日本大博览会，后因财政困难而被迫终止。取而代之的是1909年召开的东京劝业博览会，随后又相继于大正三年（1914）举办了东京大正博览会、大正十一年（1922）举办了和平纪念东京博览会。在这些博览会上，脱离派[②]的建筑样式、自动扶梯、缆车、文化住宅[③]等反映与引导新时代市民生活风尚的新事物先后得到展示。其他诸如化学工业博览会、新发明博览会等为了促进后发产业发展的博览会也时常举办。为了纪念所谓皇纪[④]2600年，政府原计划于昭和十五年（1940）在东京举办世界博览会，会址在100万坪的人造陆地——月岛，后因七七事变，计划宣告终止。其后，博览会的产业功能被日益国际化的展销会替代。[⑤]

"美术工艺"这一分类方法出现于第三次国内博览会（1896年）。"工艺"本是"美术"中边缘的一个概念，"美术工艺"在近代美术学校

---

① 〔美〕汤姆斯·F. 密勒：《亚洲的决裂：1909年前远东的兴衰》，第29页。
② "脱离派"是19世纪末在德国、奥地利各城市兴起的绘画、建筑、工艺的革新运动，主张摆脱过去的艺术形式，创造出生活和功能相结合的崭新的造型艺术。
③ "文化住宅"指日本大正至昭和初期兴建的和洋合璧的住宅样式。
④ 以《日本书纪》中神武天皇即位年份设定为纪元元年，皇纪元年相当于公元前660年。
⑤ 日本第一届国际商品展销会举办于昭和二十九年（1954）。

的培育下，得到了独特发展。19世纪八九十年代，极端的西方崇拜风潮逐渐式微，而对于日本传统美术、工艺的保护与欣赏风气则在日本自上而下地扩散开。1876年，日本工部省开办了日本第一座美术学校——工部美术学校，这正是明治政府推进殖产兴业政策的重要机关，主要目的是西欧技术的移植与教育。《工部美术学校诸规则》的"学校目的"第一条称，美术学校的目标是"以欧洲近世的技术移我国旧来之职风，为百工之辅助"。[①] 1887年，冈仓天心等人创设东京美术学校，并于1890年设置"美术工艺科"。而1889年设置的帝国博物馆，也特设"美术工艺部"。这是东京艺术大学美术学部的前身。其中一个重要人物是美国东亚美术史学者厄内斯特·费诺罗萨（Ernest Francisco Fenollosa）。费诺罗萨毕业于哈佛大学哲学系，在1876年开馆的波士顿美术馆任日本美术部部长，他感慨于日本的展品是令人惊奇的宝库。他于1878年到旧东京帝国大学（今东京大学）任教，此后，开始从事日本美术品的收集与研究，致力于传统美术的保护与复兴。

冈仓天心提拔了数量众多的工匠到美术学校与后来的日本美术院。这些工匠正是被称为"亲方"的一批当时社会地位较低的工匠，有佛像师、雕工、铸工、漆工等。他们进入美术学院殿堂后，获得了"奏任"即政府高级官员的待遇，此举措在当时震惊世俗。

由此，日本出现了所谓"工艺家"这一阶层。他们的求学与任教不再依托于传统的学徒制，而是在东京美术学校。有无数"工艺家"在此掌握技术与获得教养，踏上"学院派"工艺制作之路。这可称为"工艺家运动"。1927年，日本帝国美术与展览会第四部也专设"工艺"区，令工艺终于作为"美术"的一部分登堂入室。池田泰真（1825—1903）出身武士、从事匠作，后成为博览会委员与帝室技艺员的代表。他本为幕末明治时期漆工，生于江户赤坂，是三河国（今爱知县）西尾藩士池田新五郎第五子。1835年，他入柴田是真（1807—1891，被称誉为"日本国宝级漆艺家"）之门，此后20余年从事漆艺改良。1859年，他在浅草开店，从事髹漆莳绘，史称药研堀派。1873年，他获得维也纳万国博览会进

---

① 「工部美術学校諸規則」青木茂・酒井忠康編『美術』『近代日本思想大系 第17巻』岩波書店、1996、429頁。

步奖牌，此后多次获得国内劝业博览会奖项并担任评审委员。同时，他还作为宫内省的一员，参与御用品制作。1896年，他被任命为帝室技艺员。此后的漆艺代表者还有小川松民（1847—1891），他是江户日本桥五金师忠藏之子。1862年，他向中山胡民学习莳绘，向池田孤村学习绘画。1870年，他在浅草开店。1876年，考察费城世界博览会。1877年，他在日本第一届内国劝业博览会上获取龙纹奖。翌年，他拜谒正仓院文物后开始努力研究古代漆器，苦心钻研后，作品获得了第二、三届劝业博览会妙技奖。1890年，他就任东京美术学校首任漆工科教授，致力于培养工艺家。

与此同时，另一部分工匠以工艺职人的身份，依托日本"古美术"制度的保护存活并发展起来，其终极形态是"人间国宝"。[①] 所谓"古美术"保护政策，相当于如今的日本文化遗产（"文化财"）保护制度，最初目的是殖产兴业，为此收集、保护、展示优良传统工艺品，以图振兴出口。而在1886年，博物局与博物馆都移交日本宫内厅管理，古美术的保护业也从殖产兴业中分离出来，成为以帝国博物馆为中心形成"皇国史"、主张日本美术的独特性（identity）的一部分。[②] 1890年，日本皇室用于表彰日本美术的模范制作者的帝室技艺员制度开始实行。1950年制定的《文化财保护法》以及文化遗产保护委员会设立的目的就是"宗工匠的传统技艺"，以继承濒危的工艺职人的高超技术，并谋求"祖国的文化自立"。[③] 二战后的1954年，日本的"人间国宝"即"重要无形文化遗产技术保有者"认定制度建立，樋田丰次郎指出，这项制度是"对从古典得到启发并展开创作的工艺家们在战前就已经从事的活动，从制度上加以认证"。[④]

对于在传统工艺的基础上进行符合新需求的创作，龙池会、观古美术协会、日本美术协会等都进行了尝试。以雕刻界为例，在当时的东京，

[①] 冯彤在《日本无形文化遗产传承人制度》（《民族艺术》2010年第1期）中指出，"人间国宝"只是对个人作为重要无形文化遗产持有者认定荣誉的称谓，不包括团体。笔者赞同此看法。"人间"在日语中指代"人""人类"，而"人间国宝"即"重要无形文化遗产保有者"，在三省堂《大辞林》中指"拥有重要无形文化遗产认定技能之人"。可见"人间国宝"指的是特定的人。
[②] 佐藤道信『日本美術誕生——近代日本の「ことば」と戦略』講談社選書メチエ、1996、34頁。
[③] 樋田豊次郎『工芸の領分——工芸には生活感情が封印されている』中央公論美術出版、2003、39頁。
[④] 樋田豊次郎『工芸の領分——工芸には生活感情が封印されている』、39頁。

雕刻师已经分为两种，一种是传统式的工匠，以雕刻象牙制品赚取加工费为生，有400余人，由于其首领①住在谷中，并有相当的势力，拥有大量学徒与职工，人称"谷中派"；另一种则是较为"高尚"、超然的"先生派"，亦称"技术派"，颇有道人风骨，只接受特别订制，并于1887年组成了"东京雕工会"。

江户佛像雕刻师高村光云就是以博览会为契机，凭借技术成为著名的雕刻家、天皇御用技师，即从工匠转型为艺术家。高村光云在《光云怀古谈》（1929）中谈到自己的经历。他本是木工，从12岁起"奉公"（住在师傅家做学徒工）十年，结束后还要进行一年"感恩奉公"②，如此方能成为可以独立接活的工匠。而他通过一个偶然的机会，得以到佛像师高村东云家奉公。这时他父亲嘱托道："你一年只能在老师同意的前提下回家两次，也就是孟兰盆节和过年。即使有活儿来到家附近也不得入内。要回家只能等到奉公十一年，真正成了够格的工匠之后才行。"1863年3月10日，光云正式入东云之门。东云告诫他："不需要算盘。工匠不能算钱。等你成了出色的工匠，就能雇佣会写字、会用算盘的人来帮你做这些。你就这么只顾着拼命学雕刻。"光云于是专心工艺研习。在1877年日本的第一届劝业博览会上，光云受邀制作、展出了白衣观音。这件作品获得了龙纹奖，并迅速卖给了外国人。接着，德国商会等国外订单纷至沓来。1884年的展览会上，光云初次展出了自己创作的工艺品——虾蟆仙人，并获得三等奖，由此作为雕刻家为人所知，并加入了雕工会、日本美术协会。他在回忆中谈到，雕工会的成立是由于旭玉山③、石川光明等具有"名人气质"④，即不

---

① 日文作"親方"。
② 日文作"御礼奉公"。指"奉公人"（往往是学徒）在结束约定的做工期限后，作为报恩，留在主人家继续劳动一段时间。
③ 旭玉山（1843—1923），明治大正时期的牙雕家。生于江户，最初为僧侣。后还俗从事牙雕。在医师松本良顺、田口和美处学习人体骨骼构造，因精巧骷髅作品知名。1881年，与石川光明、岛村俊明等共同成立雕刻竞技会（其后的东京雕工会），奠定了日本近代牙雕业的基础。代表作有在1901年第二届国内劝业博览会上展出的《牙雕骷髅》（现藏于东京国立博物馆），以及同年在日本美术协会展出展的《官女》（现藏于宫内厅）等。
④ 日文作"名人肌"，指文艺高明、性格顽固、看淡利益之人，与"工匠精神"即"職人気質"词意相近。大正、昭和时代小说家矢田挿云（1882—1961）在《从江户到东京》一书中有云："所谓古风的名人肌，虽手艺精湛，但很少干活。"矢田挿雲『定本・江戸から東京へ　第2巻』芳賀書店、1964、413頁。

在意世间形势，只凭技艺制作，自视甚高、自命"先生"的一派。[①] 1886年，中央官员、东京大学校长渡边洪基（1848—1901）等牵头设立东京雕工会。

在工匠技艺转型的过程中，还有一批所谓"民艺作家"在1926年开始的"民艺运动"的培育下形成。民艺运动以古代中国为参照对象，以佛教为信仰依据，在后世留下了深刻影响。这项运动将美术工艺与民艺明确分离开，主导者柳宗悦主张中国传统的"美用一体"理念。民艺即"民众的工艺"之缩略词，换言之，是"民众的、以民众之手、为民众所生的工艺"。这是柳宗悦与和他抱有相同美学观点的陶艺家友人浜田庄司、河井宽次郎等于1925年新创的概念。1926年，他们发表了《日本民艺美术馆设立趣旨》，由此揭开了持续超过半个世纪的"民艺运动"的序幕。

柳宗悦也是一位宗教哲学者，他用"我空"这一佛教说法，论述应该放弃执着，所谓"无我之境方为净土"，只有不在器物上标明自己的姓名，才能将人引到救赎的道路上。他认为，工匠个性的沉默与对执着的放弃之心与器物相呼应。[②] 他还主张民众的共同作业、重视地方性与手工技术、歌颂程式化之美。柳宗悦等民艺运动家、思想家组织了多种民艺展览会、工艺展览会，1931年创办《工艺》杂志，以和纸印刷，并将民艺理念融入其装帧设计。1936年，柳宗悦在东京驹场开设"日本民艺馆"，出任馆长。这同时也是他的居所，是他将民艺理念渗透到生活中的实践的一部分。他还培养了大量"民艺品"与"民艺作家"。1957年，他获得昭和天皇授予的"文化功劳者"称号。

匠艺传承在时代变迁中展现出的强大生命力依然要依靠"袭名"传统，即某行业流派共同体对其长年积累的隐性知识做出系统性保护和传承的手段。日本的手工业者就会继承上一代的名号。在拥有特殊家业或家艺的家庭，家长会沿用先人名字。而袭名的继承者也会因袭家族的一切权利与义务。在手工业家庭中，袭名也确保了秘技的秘不外宣、一子相传。这也就

---

① 高村光雲「彫工会の成り立ちについて」『幕末維新懐古談』岩波書店、1995、https://www.aozora.gr.jp/cards/000270/files/46639_25178.html、最后访问日期：2019年3月7日。

② 〔日〕柳宗悦：《工匠自我修养——美存在于最简易的道里》，第21页。

是日本手工艺专家常常提及的"秘诀""奥义""内在玄义""秘术"等。

"袭名"现象在展现禅意的茶道相关工艺中表现尤为显著。茶道体验涵盖了包括茶叶、茶人、茶舍、茶具等在内的标准,而这些标准主要由著名的茶人制定,因而他们也规定了传承茶道器皿工艺的工匠世家,以及他们需要遵照的禅味浓厚的简约、质朴的美学准则。明治中期以后,出现了世袭制作茶具的十个家族,即所谓"千家十职"。① 这始于利休之孙千宗旦所指定的十个家族:乐烧的乐家、漆匠中村家、柄斗工黑田家、裱糊匠奥村家、五金工中川家、细木匠驹泽家、茶具袋工土田家、一闲张漆器匠飞来家、制锅匠大西家、陶器匠永乐家。其中,铸锅匠称作釜师,乃是生产铁制茶釜的工匠,亦称茶釜师。古时并无制釜专门工匠,釜皆由行走铸工制作。到了中世,逐渐有了定居一处的铸工,专事锅、釜、镜、鼎等的制作。另有工匠专门为神社、寺庙订制梵钟、佛像、铃铛、灯笼等,吃住均在工地。室町时代以降,随着茶道流行,约在1289年,京都三条地区出现了由釜师组成的"釜座",最擅制釜、钟。专门制釜的铸工也层出不穷,自称釜屋,根据茶人喜好制釜。在安土桃山时代,有位著名的釜师辻与次郎,住在京都三条釜座。他是著名茶人千利休的釜师,曾铸造阿弥陀堂釜、云龙釜、四方釜等。丰臣秀吉赐予其"天下第一"的称号。到了17世纪,江户、盛冈、仙台、山形、金泽、桑名等地也开始生产茶釜。釜师一般为居家工匠,工具与一般铸工无异。近代开始,随着需求减少,盛冈等地开始制作实用性高的铁瓶,而曾经的釜师也演变为工艺美术家,数量锐减。

伊万里烧是明治时期的传统工艺业界不断进取、追求"艺"之转型

---

① 茶人也是一种"职人",即广义上的工匠,与茶具制作有不可分割的关系。如桃山时代茶人千利休(1522—1591)摒弃室町时代的名物观,亲手制作高丽茶碗、濑户茶碗和被称为"宗易型"的乐茶碗,以此在道具上贯彻自身的茶道美学。而其后人、江户初期茶人千宗室曾任幕府的茶道茶具奉行,并培育了陶工大樋长左卫门、铸锅师宫崎寒雉等,后开创日本茶道宗家"里千家"。茶人与庭园制作联系亦十分紧密。县宗知(1656—1721)是江户中期的庭师、茶人。名俊正,号玉泉子。据说曾担任幕府庭师,小堀远州名下的庭园有许多是由他所作。向远州的高弟上柳甫斋学习茶道,主张日常即茶,须行自然的茶道。著有《宗知密传抄》等。茶人与漆器亦有密不可分的关系。筬井秀次是室町时代末期的奈良漆匠人。他得到著名茶人武野绍鸥认可,制作其茶道用枣形罐和其他茶具。此后其名字承袭五代。第二代最为有名,成为千利休的漆匠,并从丰臣秀吉处得到"天下第一"之号。

的典型例子。陶工酒井柿右卫门初代本出身豪族，学习中国瓷器制法，在17世纪初期到中期制作陶器并开发出釉上赤绘技法，为伊万里烧的发展做出了巨大贡献。柿右卫门曾得到了拜谒佐贺藩主锅岛光茂的机会并进献陶器。他所制作的陶器还受到了中国人、荷兰人的喜爱。到了18世纪初，伊万里烧在欧洲风靡一时，成为德国、法国、意大利等国的主要窑场尤其是"迈森"① 仿制的对象。1885年东京上野举行的"陶瓷器等共进会"上，柿右卫门传人获得了农商务大臣赏金。1890年，已经传到第十一代的柿右卫门获得第三届国内劝业博览会有功赏，1893年获美国芝加哥万国博览会二等奖。1912年，歌舞伎名伶片冈仁左卫门在歌舞伎座首次演出《名工柿右卫门》。1922年，日本小学国语读本卷十有《陶工柿右卫门》。十二代柿右卫门曾获得日本工艺会奖等多项荣誉。1971年，"浊手"技艺即独特的乳白底色素坯获得日本重要文化遗产综合认定。1998年，十四代柿右卫门先后获得外务大臣、文部大臣表彰，并在2001年被认定为色绘瓷器的重要无形文化遗产保有者。他的名言是"作为一个作家之前，我是个工匠，因而需要在承袭传统的基础上展现个人色彩"。2014年，十五代柿右卫门袭名至今。

　　日本手工艺与艺术之间界限的模糊，及其崇尚自然的特点，在当代重新得到了世界的关注。正如前文所述，匠艺被视为沟通自然与精神，并践行道德的桥梁性活动。而在19世纪80年代欧洲兴起的"艺术与手工艺运动"与当时欧洲日本文化热的复苏一致，标志着欧洲人开始认为手工艺人是一个或许能更好地解答那些传统上只有美术家才能回答的问题的人群。② 因此西方学者关于"整个现代工艺理论都来源于日本"的言论尤其来自将手工艺认作其实践者的道德状况的表现这一点。③

第三节　近代日本工匠转型过程中发明家与创业者的出现

　　传统工匠的技术转型从根本上而言，是工匠经验与科学理论传统相

---

① 迈森瓷器，即Meissen Porcelain，指德国萨克森德累斯顿地区附近的迈森瓷厂所生产的瓷器。
② 〔英〕爱德华·卢西-史密斯：《世界工艺史》，第70页。
③ 〔英〕爱德华·卢西-史密斯：《世界工艺史》，第70页。

互融合的结果，而这也意味着工匠在身份地位和职业角色上的转换。

明治时代正是这样转型的时代，既是工匠受难的时代，也为工匠们创造了成为时代弄潮儿、登上国际舞台大放异彩的前所未有的良机。美国学者库恩的《必要的张力：科学的传统和变革论文选》一书中说，人们所熟悉的科学活动"主要根基不在学识渊博的大学传统之中，而往往在于已有的技艺之中，他们全都关键性地依赖于往往由工匠们帮助引进新的科学实验程序和新的仪器"。[1] 而日本在接受近代科学技术时也主要依靠了近世的工匠技术传统。工匠精神近代传承的主要功绩是其支撑了近代发展的"日本制造"。

工匠技术在知识形态和物质形态上的转型，首先表现为技术的理论化。而这在日本中世已经开始，以"守破离"技术传承范式的确立及大量增加的技术类图书为标志。如前所述，"守破离"思想是日本在中华文化辐射下，在历史上不断学习、传承、创新总结出的技术发展路线。在日本历史上，对先进文化、技术的崇敬与学习的热诚从未断绝。即使在被称作"锁国"的江户时代，手工匠人仍旧在积极引进中国的陶瓷技术和西洋的透视画法。技术类图书的增加和工匠基础教育的普及，为大量独立经营、自学技术的工匠提供了生存之路。还有不少出身工匠者自发修习"兰学"和《天工开物》等明清技术类图书，以获取技术。比如前述农学家大藏永常在调查各地农作情况和修习兰学后一生从事农产品（包括农具）制造技术的改良，成为著名的农业技术专家。

以上近世变革都为日本近代工匠的转型奠定了基础。为了达到"破"与"离"的阶段，江户的工匠需要脱离"母体"，通过旅行与四处修业来积蓄"眼力"与阅历。而从江户末期开始，博览会、展览会作为技术进步的机缘，为工匠提供了更丰富的学习素材和更大的竞技舞台。明治维新后，全国有大量手工业从业者云集东京，怀抱着强烈的社会责任感，熟练掌握近代产业技术，在"守破离"技艺传统理念基础上进行技术改良乃至创办企业。别名"机械仪右卫门"[2]的科学技术工作者、发明家田中久重（1799—1881）也是其中一员。久重是筑后国有马氏藩

---

[1] 〔美〕托马斯·库恩：《必要的张力：科学的传统和变革论文选》，范岱年、纪树立译，北京大学出版社，2004，第118页。

[2] 日文作"からくり儀右衛門"。

地城关镇久留米市的玳瑁工艺师之子。嘉永五年（1852），在各地盛行机关人偶之时，他发明了消防泵"云龙水"及"万年自鸣钟"等，从鹰司关白处获得了"日本第一工艺师"的奖章。当年，他还被佐贺藩精炼负责人邀请，从事蒸汽船、大炮及电报机的制造。明治六年（1873），74岁的久重前往东京经营一家小工厂，明治八年（1875）于新桥南金六町（银座八丁目）成立诸器械制造所，在工部省的命令下制造了莫尔斯电报机。明治十一年（1878），久重的技术、工厂与员工被工部省收购，成为电信局制机所。明治十五年（1882），其养子二代久重设立的田中制作所收到日本海军兵器和通信机的订单。明治二十六年（1893），该制作所的经营权转让给三井，于昭和十四年（1939）与芝浦制作所、东京电气合并成立东芝集团。

明治七年、八年，"机械仪右卫门"的制作所里有六七位从业者。其中有一位是后来的冲电气（Oki）的创立者冲牙太郎（1848—1906）。牙太郎是广岛农家出身，后入赘花匠吉崎家做养子，向银器工艺师学习技术后，牙太郎成为安艺藩武器工艺师，获得"苗字带刀"这一等同于武士的权利。维新后的明治七年（1874），他怀抱梦想上京，成为一名寄宿学生。在应聘汐留电信寮时，他在履历书中附上了自己手工制作的银簪，就此被录用为饰品杂役工，得以在汐留电信寮充分发挥技术才能。明治十年（1877），电信寮改制为电信局。已经晋升为技术员的牙太郎进入电信局翌年新建的制机所，其后，在所里开发了纸质丹聂尔电池和涂漆电线。这些发明替代了进口产品，因而得到了官方奖励。明治十四年（1881），牙太郎在京桥创立了"明工舍"，主要制造军用电报机和电话。明治二十二年（1889），明工舍更名为冲电机工场，随着电话制造业的发展，工场成为日本通信设备领域最大企业，随后于明治四十五年（1912）更名为冲电气。该企业如今是日本半导体和电气集团，在亚洲、欧洲等地都设有分公司与办事处。

从事自行车制造的宫田（Miyata）工业起源于由笠间藩（今茨城县笠间市）专聘制枪师宫田荣助（1840—1900）所创立的制枪工场。荣助出身于常陆国（茨城县）真壁郡的农家，师从于堂兄弟国友家，而此家代代制枪，荣助由此掌握了相应技术。明治九年（1876），荣助上京，进入小石川的炮兵工场，继续从事枪支锻造相关的工作。明治十四年，他从工场独立出来,建立了制枪工场。一开始,厂里的设备只有两个台钳、一个风箱、一台脚踏式旋床。这个工场承包了村田枪的制造工作,同时也生产海军的枪弹。明治二十二年,荣助开始尝试生产自行车。明治二十三年(1890),他完成了第一辆自行车的生产。1900 年,狩猎法得到修订,猎枪需求急剧减少。同年,初代荣助去世。明治三十五年(1902),宫田制枪所更名为宫田制作所,将自行车制造变更为主业,这也是日本首个安全自行车制造商。宫田制作所在第一次世界大战中获得发展,在昭和时期进入摩托车市场。1976 年,宫田自行车公司进入运动自行车制造领域。

如前所述,日本技术传承可以体现隐性知识在东亚的重要地位。近代以前,日本在传承源自中国的技术时,怀着敬畏之心,特别强调手艺人代代对"型"的严格遵守与通过长时间体认而获得的隐性知识。而在近代技术变革之际,日本的技术工作者在依靠技术传统与"直觉"的基础上着手发明创造,甚至投身经营,为日本的近代化做出了贡献。在近代各大产业的新兴期,不少传统手工业部门解体。金属加工工匠们往往转型从事蒸汽器械、西洋文具、外科手术器械及锁扣等物品的制作。尽管如此,他们的手工制作一般不建立在理论基础上,而只依赖于手工技术的"勘"①(即直觉)、"骨"②(即窍门),③ 工具基本只需一个铁钳,不同技术门类之间的方法与观念灵活变通。这是列维-斯特劳斯所谓"紧邻着感性直观"的、大致对应着知觉和想象平面的科学思维方式,④ 给当今日本的机械工业留下了深刻影响。所谓的工匠直觉就是一种经验型的隐性知识,其标准化、文本化则是产业技术科学化的前提。而对传统及西方技术理论的习得与运用,则能够创造出新的隐性知识。得到科学理论启发的工匠,能够成为工程师,进而完成自己的设计。藤仓电线的创始人藤仓善八本来从事女性发髻挂件的制造,因偶然发现弧光灯导线中的电线,正如穿过发髻挂件正中间的金属丝一样,便开始尝试制造

---

① "勘"在日语中指直观感知事物的能力、第六感、悟性。
② "骨"在日语中一般写作假名"コツ",指要领、要害、要点,此处笔者译为"窍门"。
③ 小木新造等编『江戸東京学事典』、550 页。
④ 〔德〕克洛德·列维-斯特劳斯:《野性的思维》,李幼蒸译,商务印书馆,1987,第20—21 页。

绢绵卷电线和橡胶线，此后从田中工场和明工舍接到许多电线订单，得到持续发展。① 在时钟生产技术方面，田中久重的得意门生田中精助前往1873年举办的维也纳世界博览会，带回了西洋技术，这成为日本制造西洋时钟的源头；他还成为日本制造、修缮电信机的第一人。可以说，工匠"直觉"在当今日本的机械工艺中留下了深刻烙印。

卧云辰致（1842—1900）也是其中一员，他在明治初期发明了卧云式纺织机。他出生于今长野县的横山家，自小从事家业，纺织日本式布袜②的底部。但该工作费时费力，因而他从少年时期就在思考如何改良机器，以提高效率。他在20岁出家，并于1867年成为卧云山孤峰院住持。但在明治政府的废佛毁释运动中，寺院遭到废弃，他也随之还俗，姓氏取山号"卧云"。他在1873年发明了第一架卧云式纺织机，并于1876年开设以水车为动力来源的连绵社，自此开始经营纺织业，翌年在第一届国内劝业博览会上展示织机③，获得了最高奖凤纹奖牌。德国化学家、工艺家瓦格纳④称赞其为"会上第一之发明物"。

卧云辰致的发明与兴业过程伴随着日本专利制度的确立。在其发明的卧云式纺织机普及到全国之时，日本还没有保护发明者的制度。由于织机构造简单，各地仿制品频出，效率更高的西洋纺织机又得到了普及，卧云式纺织机逐渐被淘汰，卧云的生活陷入困窘。但他仍在1881年举办的第二届博览会上展出织机改良版，获得进步二等奖。1885年，《专卖

---

① 小木新造等编『江戸東京学事典』、550頁。
② 日文作"足袋"。
③ 日文作"ガラ紡"或"和式綿紡機"。
④ 瓦格纳（1831—1892）是德国应用化学家，日本近代工业的指导者之一。1868年，他到日本长崎参与建设肥皂工厂。1870年，得到肥前（今佐贺县）藩招聘，从事有田瓷器窑的改良，开始与陶瓷器打交道，指导煤窑氧化钴的使用方法。1873年，他作为日本事务局的"御雇外国人"参加维也纳世博会，为日本物产大获好评做出了贡献，并写作了《维纳大博览会报告》。其后，他从事教职，在工部省劝业寮工作，教授陶器的石膏成型、电镀、摄像、合金等技术。在此期间，他新创了各种彩陶的制作方法，比如七宝陶瓷的着色技术，为清水烧的制造、改良做出了贡献。其后，他在京都府立医学校、京都舍密局、开成学校等工作。1884年，东京的代表性陶工加藤友太郎（1851—1916）在东京牛込筑窑，瓦格纳参与指导，其后他自己也在小石川的江戸川开设了"吾妻烧"窑。此窑后来转移到东京职工学校，改称旭窑。而东京职工学校本身也是在瓦格纳的建议下于1882年设立，1885年专设陶瓷科，是如今东京工业大学窑业科的前身，这也成为日本陶瓷教育的滥觞。为纪念瓦格纳的巨大贡献，至今在日本京都左京区的冈崎公园还竖立着他的纪念碑。

特许条例》公布并施行，后演变为"特许法"即专利法；在1899年，日本加入了《保护工业产权巴黎公约》。卧云因其成就获得蓝授勋章。1890年，卧云发明了用于养蚕的网织机，并且在第三届国内劝业博览会上展出，获得了三等奖。1896年，他开办自己的工厂，制造蚕网，并于1899年获得专利。在卧云于1900年逝世后，他的四子紫朗继承了其事业，还在1914年发明了卧云式旋转拔稻机。

同样发家于纺织机制造的丰田集团，后来转型为世界知名汽车制造企业。丰田佐吉（1867—1930）是日本的发明家、实业家。他不光创建了丰田集团，一生中还获得发明专利84项、外国专利13项，其中有丰田式木铁混制力织机、G型自动织机等。同时，他也是"丰田生产方式"的创造者。丰田佐吉出生于静冈县，其父伊吉在农作之余从事木工，他也成为木工学徒。丰田佐吉出生地周边信奉日莲宗，而其父伊吉是二宫尊德报德宗的信徒，其信念来自这两者。[①] 平日里，他看到母亲在织机上劳作的身影，心想织机实在是效率太低，萌生了改造织机的想法。他在18岁时立志："既没有受到教育，又没有钱的我，要通过发明来对社会做贡献。"[②] 他在19岁时，赴上野第三届国内劝业博览会参观外国机器和卧云辰致的新发明。为了获取改良织机的灵感，他在赴日本各地学习、参观后，将自己关在仓库里，没日没夜地做木工，做了就拆、拆了重做，像"狂人"一样。他把老家田里的产出一点点地变卖出去，得的钱都花到了发明上。[③] 1890年，他发明了木制人力织机，此后不断改良织机。日俄战争后他发明的廉价力织机极为轻便，为力织机在地方中小型纺织企业的迅速普及做出了重要贡献。

佐吉在事业上取得一定成功之后，依然将重心放在技术开发与制造上，这遭到其资助者——三井物产的反对。然而佐吉力排众议，在三井物产中也找到支持者，建立了纺织机厂（其后的丰田织机），兼做实验工厂。到了1925年末，他终于完成夙愿，研制出自动织机。翌年，他创立丰田自动机织制作所，获得"世界机织王"之美称。这套自动织机设备号称"魔法屋"，其专利使用权于1929年转让给英国，由此获取的资

[①] 楫西光速『豊田佐吉』吉川弘文館、1962、30頁。
[②] 豊田自動織機製作所『四十年史』社史編集委員会、1967、21頁。
[③] 楫西光速『豊田佐吉』、30頁。

金被用于开发汽车,为丰田汽车的研发奠定了基石。

此外,松下电器的创设者松下幸之助曾在少年时代在大阪的船场做学徒,在火盆店和自行车店做帮工。本田技研工业株式会社的创立者本田宗一郎少年时曾在东京的汽车修理厂做学徒,磨炼修理技术。岛津源藏(1839—1894)是日本的发明家、岛津制作所的创立者。1870年,京都府为响应日本殖产兴业的政策,设立劝业厂、舍密局①。出身于京都一家佛具店的源藏开始进入舍密局,学习物理化学知识。当时舍密局聘请了多位"御雇外国人"做教师。其中最有名的是德国化学家、工艺家瓦格纳,岛津源藏就是瓦格纳的学生。源藏于1875年3月31日开始制作教学用物理化学仪器,开设岛津制作所。在1877年的第一届国内劝业博览会上,源藏展出了自己制造的锡制医疗器械,并得到了当时的内务大臣大久保利通的奖赏。同年,源藏成功实施京都府载人气球计划。1894年,源藏去世,其长子袭名并继承了公司。今天,总公司设于京都的株式会社岛津制作所仍是从事精密仪器、探测器、医疗器械和航空器械制造的知名公司。

池贝庄太郎(1869—1934)是明治大正时期的知名实业家、池贝铁工所的创立者。他生于东京,是安房国(今千叶县)胜山藩士池贝重右卫门的长子。1881年庄太郎进入横滨西村铁工厂,成为学徒。1885年,进入田中久重的工厂,成为一名旋盘工程师。1889年5月,他创立池贝工厂。当时,工厂的设备仅是两台旋盘机,生产各种机器。其后,逐渐将石油器械等树立为拳头产品。1905年,庄太郎发明了池贝式标准旋盘,奠定了其发展成为日本代表性的工作器械生产商的基础。翌年,合资公司池贝铁工所设立。1913年,公司改组为株式会社,庄太郎任社长。在第一次世界大战后的萧条环境下,该公司开始开发印刷器械等,发展为大型器械制造商。

早川德次(1893—1980),出生于东京都,是日本的实业家、发明家,综合家电制造商夏普的创立者。他是制造贩卖矮脚饭桌的早川家的第三子。出生后不久,被寄养在制造肥料的出野家。其后,德次到金属

---

① 舍密是荷兰语"化学"(chemie)一词的日语音译,指西方的化学制法。舍密局是日本明治时期以化学技术的研究、教学、劝业为目的设立的官营、公营机关,又称理化学研究教育机构。

加工工匠坂田芳松家做学徒，时间长达八年零七个月，成为一名可以独当一面的金属加工工匠。1912 年，他发明了无须在皮带上打孔的带扣"德尾锭"，并独立开店。1913 年，他发明了 5 号卷岛式水龙头并取得专利。接着，他开始着眼于金属文具，制造钢笔的笔帽夹、金属环等金属配件，随后接到了自动铅笔部件制造的订单。德次设法在自动铅笔内部使用黄铜板，外装用镀镍做金属轴，使成品具有高度实用性和装饰性，替代了用赛璐珞制成的容易损坏的自动铅笔。在 1915 年，他以"早川式缲出铅笔"申请专利，并设立"早川兄弟商会金属文具制作所"，在一战期间在欧美销路大开，在日本国内产品也广受欢迎。为了能提高商品生产的效率，德次率先引进流水线生产。此后，早川德次不懈的努力孕生了"夏普"这个品牌。1924 年 9 月 1 日，德次在大阪府设立"早川金属工业研究所"（到 2016 年 6 月 30 日为止，一直是夏普总公司所在地），最初还是制造生产钢笔配件。一次，德次与员工一起拆解了两台收音机，通过设置摩斯电码的手动键盘进行了实验，并于 1925 年 4 月开发出日本国产第 1 号机矿石收音机。同年，矿石收音机开始在市面上贩卖。1929 年，他发明了远距离收音的交流式真空管收音机。1935 年，"株式会社早川金属工业研究所"创立，德次任董事长。

荒木小平（1843—卒年不详）是明治时代京都西阵的织机工，他为日本纺织业尤其是西阵织业的近代化做出了贡献。1874 年，京都府设织工场（1877 年改称织殿）组织工人学习使用刚刚引进的西洋织机。荒木进入工场后，使用木材制作出本是铁制的西洋式织机，并在 1877 年的国内劝业博览会上展出，获得了好评。1880 年，织机商人佐佐木清七开始贩卖该木制织机，销路很好，在西阵、桐生、足利等其他纺织重地逐渐普及该织机。后来，荒木小平继续研制雕文机等西洋织机的木制仿制品，采取薄利多销的方式贩卖到各地。

可以说，明治时代以降，西阵纺织品业界为迎接新时代，积极进行技术革新。这与地方诸藩也开始致力于振兴工商业的时代背景相契合。明治初期，京都府的经济地位急剧下降，传统的西阵织也明显衰退。于是京都也发力劝业，致力于复兴传统产业、引进创设新产业。1870 年，京都府制定产业复兴基本方针，槙村正直副知事制定的《京都府庶政大纲》中有五大政策："一、在京都全域开办产业，以机械推进制造；二、利用闲置地生产茶、桑类特产；三、开辟水利、道路以提高运输效率，繁荣商业；四、推进职业教育，令艺能人士正式就业；五、周知海外工商业动向，提高人民的产业知识。"① 而第一个实际展开的业务，就是舍密局，之后还有劝业场的开办、各种模范工场的建设。同时，京都府极力将西阵织、清水烧的制造技术运用于贩卖事业中。其中四世和五世伊达弥助是代表人物。尤其是五世伊达弥助（1838—1892）继承了曾参加维也纳世界博览会的四世伊达弥助家业，后进入舍密局学习，成为一代名工。在1890年明治天皇到访名古屋时，五世伊达弥助还曾应邀赴宴，并获得帝室技艺员称号。1895年，西阵织物制造业组合（工会）在京都上京区马喰町竖立了称颂伊达弥助的"西阵名技碑"，刻有《西阵名技伊达弥助君碑记》。笔者试译碑文如下：

  帝室技艺员伊达弥助君殁后数月，织工某某等来谒予，曰我西阵从古业织造家不断。

  机杼声数百年于兹然，大概不过继箕裘之业，其技精妙、织纹高古，足以发扬西阵之名，于内外若君其人者未之有也。明治二十三年，今上在名古屋行宫特召列，御宴寻为帝室技艺员，赐年金若干，实为异数。是西阵之荣也。请予记以传不朽。予曰，方今谁有不识君名者乎。闻大隈伯爵孺人某氏纳君所，织藕丝观音四十余体于关东诸名刹，且供皇后御览赏赐御制歌，又闻君所得内外金银赏牌不知其数，其技之精妙可以证焉。君技既达之九重、纳之名刹，证之赏牌复何用。予记某等曰然，虽然伊达氏技艺之所造诣、意匠之所渊源不可以不谂，因取行状于怀出视之，状曰，君小字德松，生京都市上京区，堀川天神北街家，世织绫子绢，及五世祖某始织华纹，考称弥助，亦有巧名。君袭其称，少欲兴父祖业，从辻礼辅受画法及舍密术。为人淳朴，不喜浮薄。尝曰，绚烂之极，复古澹者，物之情也。今也宇内文物日开，如泰西华丽，俗亦当渐尚澹逸，输出物产于海外者不可不知也。且泰西织造专用机械，何足称人工

---

① 一般社団法人京都経済同友会「京都再発見京都・近代化の軌跡　第3回　西洋の技術を取り込め〜勧業場と舎密局の開設」、https://www.kyodoyukai.or.jp/rediscovery京都・近代化の軌跡3-西洋の技術を取り.html、最后访问日期：2022年9月7日。

其为美，适眩俗眼耳，故君所织专在手，工好模古制华纹，苟有不满意，则考诸六法、参以舍密术，① 改作数次，为忘寝食，既成奇文。隐暎光采沉郁，世称伊达锖织。锖织者，谓有古色也。君有鉴识，每见名花异草、怪禽奇兽及奇罗织文、绘画雕镌，无论于天工人作，注视把玩以研究之。傍亦为人考订，必竭心思。向者有第三回内国劝业博览会，宫内省临时全国宝物取调局及京都市工业物产会等之设也。皆以君为审查官。君检讨精核，评论正当，而西阵物产之名大兴，盖君之力也。先是京都近国罹水灾，西阵将饥，君特兴工场以赈之，就业者若干人称曰救助机。及君殁，识与不识无不哀惜痛叹。予喟曰，有之哉，技进于道者，不独西阵名声，实关国家福利。予今叨为京都美术协会会头，不可以不文辞某等请也。于是乎记勒之石。大勋位贞爱亲王题字　明治廿六年九月从三位勋三等［北垣国道撰文　正八位岩本范治书］。

此外，还有井上伊兵卫（1821—1881）等著名西阵织工。1872 年，井上伊兵卫被选为京都府织物传习生，与吉田忠七、佐仓常七赴法，在里昂学习了极为复杂的织法。翌年将西洋机械引入日本。1875 年成为京都府织工场（后更名为织殿）的教授，指导、普及新技术。不只西阵织业界，他对日本纺织技法的近代化也贡献极大。1871 年，他将日本古典创意发挥到纺织品中，成为帝室技艺员，并赴伊达弥助的工场工作。川岛甚兵卫（1853—1910）也是明治时期的纺织工艺家，他是京都和服世家长子，年幼时就展现出纺织图案制作的天赋，开始从事美术纺织品的制作。1879 年，他继承家业，1885 年在五品共进会展出作品。翌年，他与农商务大辅品川弥二郎一同前往欧洲，在巴黎学习哥白林式织锦。后在柏林展出一万匹织锦，大获好评。翌年，他为制作皇家御用织锦回到日本，开始制作"缀锦"，发表《富士卷狩图》《武具曝凉图》等代表作，在国内外博览会上不断获奖。同时，还作为先驱，在改良西阵纺织、开发新产品、扩大海外销路等方面做出了卓越贡献。

当时，日本的纺织业界体制腐败，出现了粗制滥造问题，西阵织的

---

① "考诸六法、参以舍密术"应当是"考察传统织法，并借鉴西洋制法"之意。

名声也每况愈下。对此，京都府在1877年设立了"西阵织物会所"，专事质量检查，禁止没有合格证的产品的贩卖。同时，对织工和中介也发放许可证，以此排除没有许可证的业者。十年后，西阵织夺回了作为高级织物的声誉，西洋式机械也急速扩张。到了1907年前后，西阵织的织机已经达到约2万台，生产额2000万日元（占当时日本全国织物总生产额的约7%）。

除京都外，日本各地为获取外汇、振兴地方经济，也致力于发展纺织业。代表性人物有石河正龙（1826—1895），幕末至明治初期的纺织技术者。正龙出生于大和国石川村（今奈良县橿原市），据称是武士楠木正季的后裔。1846年，正龙在杉田成卿（1817—1859，江户时代著名兰学医杉田玄白之孙）门下修习汉学。1856年，出仕鹿儿岛藩，参与鹿儿岛的纺织业建设、国产会所建设和蒸汽船建造。1868年，负责鹿儿岛藩堺纺织所的建设与运营，后出仕大藏省劝农寮。正龙还是一位纺织技术工作者，曾在富冈制丝厂中安装机器，并作为劝农局和工务局雇员，在各地从事织机的设计与安装工作。1886年，他晋升为四等技师。其后，他轮换到各纺织公司工作，最后在天满纺织工作时过世。

造船技师、精密仪器技师等亦曾得到后世日本人立起纪念碑加以称颂。上田寅吉（1823—1890）是幕末明治时期造船技师，伊豆国（今静冈县）人，造船工匠。1854年参与建造沙俄使节乘坐的西式帆船，1855年进入长崎海军传习所学习蒸汽船制作。1862—1867年，留学荷兰学习西方造船技术，曾参与"田城""清辉"等舰船的制造。户田村立造船乡土资料博物馆藏有纪念他的"大工士碑"，彰显他作为"国士"，即日本近代造船技术的里程碑式人物的地位。大野规周（1820—1886）是幕末明治时期的精密仪器技师，出身于江户神田松枝町的幕府历局御用钟表师世家。其祖父弥五郎规贞、父弥三郎规行都曾为绘出首幅精确日本地图的伊能忠敬制作测量器具。规周在1862年奉幕府之命赴荷兰留学，修习测量仪器制造，1867年回国，曾制造天秤、测量仪、温度计等近代度量衡标准器械，也曾制造货币计数器、罗盘、大时钟。今天在大阪造币博物馆中仍展示着他制造的大时钟和天平。大阪造币局附近的樱宫神社就立着"大野规周君纪念之碑"，这是1886年远藤谨助（1836—1893）所立，称颂大野规周为日本度量衡标准器械的制作及精密仪器的近代化所做出的巨大贡献。碑文是菊池纯所拟，末尾处曰"曾运郢斧，学技荷兰，制权造衡，镂心刻肝，三世工艺，海内弁冠"。[①] 他还获得了正六位勋六等的爵位。

明治时期以降，日本出现了很多"洋风"与和洋混合式建筑，风格变化明显。其中有不少出自名工后代之手。如伊藤平左卫门（第九代，1829—1913）是幕末明治时期的名古屋堂宫大工。初代从事名古屋城筑城，并担任尾张（名古屋）藩营建方栋梁。明治以后仍从事建筑业，并延续至如今的第十二代。伊藤平左卫门家系中，代表作有第三代营建的东本愿寺名古屋别院本堂（元禄时期），第六、七代同院再建（文政期），第八代的高野山金堂（嘉永时期），第九代伊藤平左卫门在明治维新后建了爱知县厅舍、见付小学（今静冈县）、三重县厅舍等，也参与了西本愿寺筑地别院、东本愿寺函馆别院等近代寺院建筑的建设。还有安达庆喜（1827—1884）是明治时期的开拓使、推进洋风建筑的技术工作者。他本为江户芝田町的大工栋梁，1871年进入工部省，不久后成为开拓使御用工作者。翌年春天赴札幌，担任开拓使本厅舍等一系列洋风建筑的建设。其代表作有札幌农学校家畜房（1877）、同演武场（1878）、丰平馆（1880）等。

木匠头领清水喜助将建筑木匠班子成功转型为建筑公司的例子亦值得一提。第一代清水喜助曾获得工匠的最高荣誉——"苗字带刀"，并曾在横滨居留地建造了独特的和洋混合式房屋。而第二代清水喜助也是技术工作者，在建造第一国立银行、三井银行等新型建筑的同时，对内部的工匠制度进行了改革。初代时班子内部只有栋梁、职人、手代（掌柜）和小僧（学徒），到了二代时，引入专门的"店员"，他们作为经营代理人，在一定意义上发挥了"包工头"[②]的作用。这些店员虽然不动手干活，却可以直接在工地上管理工匠，令其充分发挥技术。同时，在其设计筑地大饭店时（1867），聘请了号称"横滨西洋馆之祖"的美国建筑师理查德·布里金斯（1819—1891）参与设计、施工和监理。基于这次经验，喜助在其后建造了第一国立银行、交易银行三井组等拟洋风

---

① 荻原哲夫「あっ！と驚く弥三郎―大野規周の墓―」、ogiwara.doc（live.com）、最后访问日期：2023年5月24日。

② 日文作"請負"。

第三章 日本工匠文化的近代转型

建筑。第三代则是本为士族出身的养子，同时也是不直接从事技术工作的知识分子。他将班子改造为了现日本五大综合建设公司之一的清水建设的前身——清水社。他先是改革会计方式，引进最先进的簿记法。接着给予各个工地负责人更大的权限；设置"事务总长"职位，处理店内所有事务；将店员服装全部更换为西服；设置新的奖金制度，将各个工地一成的利润拿出来，奖励给业绩高的店员；首次引进大学毕业的技术工作者——东京大学造房学科毕业的建筑家坂本复经；等等。这些划时代的举措奠定了近现代建筑行业录用优秀建筑师、建筑技工的行业规定，为建筑行业同业公会的设立和地位提高也做出了重要贡献。[1]

除了以上工匠个人及其家族成员走上发明、创业之路外，"产业工艺"也是日本近代以来工匠文化的一种变形，推动了"意匠家"[2]"工业设计师"的诞生。1901年，东京高等学校开设图案科。此后，日本的美术学校、工艺学校都特设相关专业，具体从事图案和形状、色彩、花样设计的研发与教学。同时，日本举办各式农业展览会和工商业展览会，逐步开发、普及了较为复杂的设计工序与成果。由此，"工艺职人"中的一部分转型成为工艺、工业制品的外观设计"意匠家"或"图案家"。二战以后，所谓"工业设计师"（industry designer）从美术工艺中脱离出来，专事日常生活用品的设计。1952年，日本通产省产业工业试验所，即工业制品的专门研究机构成立，2001年并入独立行政法人产业技术综合研究所至今。

另一方面，在新旧交替、社会变革的近代，对于趋利避害的商人而言，传统的工匠精神在某种情况下成为一种"累赘"。无独有偶，早年留学日本的中国国民党元老戴季陶曾著有《日本论》，其中以"町人"代称日本商人，指出所谓"町人根性"就是思维灵活、精于算计、重利轻义、不择手段，而这是他们在江户时代处在"士农工商"等级序列最下级的社会地位导致的。[3]

---

[1] 吉田光邦『日本の職人』講談社、1965、309—310頁。
[2] 日语中"意匠"指美术工艺品和工业制品等形状、色彩、花样的构思和装饰。意匠的创作则指探求物品、建筑物及图像更为美妙的形态、更为方便地使用形态的行为（日本経済産業省特許庁「意匠とは」，https://www.jpo.go.jp/system/design/gaiyo/seidogaiyo/chizai05.html，最后访问日期：2023年5月24日）。日本还有对产品、商品的设计专利进行认可的"意匠权"及对其进行保护的"意匠制度"。
[3] 戴季陶、蒋百里：《日本论 日本人》，上海古籍出版社，2014，第33—34页。

值得注意的是，在近代转型的阶段，中国的手工业及相应的工匠精神仍然是日本的重要参照对象。日本新浪漫派代表作家永井荷风（1879—1959）在其《洋服论》中写道："说到洋装的缝制，中国人远超日本人。在东京，帝国宾馆前的中国人洋装店口碑很好，燕尾服也应在该店制作。而银座的山崎洋装店之类只顾贪图暴利，他们店里制作的洋装针脚粗糙，扣子也钉得稀稀松松。这都是为了节省线头，因此，在我看来，没有比日本商人更不可信任的了。"①

更有，在明治初期，中国在茶叶、生丝生产等方面的手工业技术仍遥遥领先于日本。相关技师也曾在两国的交流当中，对日本的近代产业与出口发展起到了引导作用。罗伯特·海利尔指出，1859年至19世纪90年代，西方商人、日本茶叶生产商及明治政府高官等严重依赖中国的茶叶生产技术，就连占据高市场份额的西方进出口贸易公司也聘请中国茶叶技师担任技术责任员；而这对"文明开化运动"与19世纪后期日本在国际市场地位的提升具有重要作用。②

第四节 近代日本"被歧视部落"的技术转型与社会角色转换

日本的"被歧视部落"③，亦称"未解放部落"，简称"部落"，源于日本古时的奴隶阶层。他们虽然不属于传统"士农工商"阶层论中的"工"，在社会中处于边缘地位，但承担了多种技术性工作。他们或作为朝贡品被进贡给中国，或作为商品被买卖，或为王公贵族修建陵墓乃至被殉葬。直到奈良时代大化改新④，日本引进中国的律令制度以后，奴隶被纳入"贱民"阶层，后又演化为被称为"秽多""非人"的群体，

---

① 永井荷風「洋服論」『荷風随筆集（下）』岩波書店、2007。据青空文库主页、https://www.aozora.gr.jp/cards/001341/files/49671_38499.html、最后访问日期：2019年5月18日。
② 〔美〕罗伯特·海利尔：《从中国学习，向西洋兜售——文明开化中的中国技术》，孙继强译，《南开日本研究》2018年第1期。
③ 日文作"被差别部落"。
④ 大化改新指日本645年6月发生的政变。其主要内容是废除大贵族垄断政权的体制，学习中国隋唐政治经济体制，建立古代中央集权国家。

又有通称"部落民"。在第二次世界大战结束以前，部落民长时间处于社会底层，遭到其他社会成员的避忌与歧视，不得与"良民"通婚、同食。战后最大的日本社会政策就是以解决部落问题为目的的"同和行政"。明治维新以后，部落民在日本近代天皇制下的中央集权国家建立过程中，在法律上被编为一般国民，迎来了社会身份与职业的巨大变化。然而，日本社会对其的歧视与边缘化却并未减弱。被歧视部落民在近代转型过程中热切地参与知识界对"日本人起源"问题的探讨，寻求自身的身份认同，并结成共同体，联合日本共产党开展解放运动与反法西斯运动。第二次世界大战后，被歧视部落民仍为其解放不断抗争，借助行政、法律等手段一定程度上改善了自身的社会处境，但歧视并未得到根除。

被歧视部落的"异民族起源说"如今已被视为荒唐无稽之论，然而，部落史学家本田丰指出，这种学说值得再次认真探讨，比如北陆地区直到南北朝时期还有中国与朝鲜半岛的渡来人到来，至今留存着渡来人带来的诸多文化遗产。如此可以认为渡来人形成的部落确实存在。[1] 兵库县神户市的番町部落在1966年有人口2.2万，是日本屈指可数的大规模部落，当地人认为自己的先祖是汉民族。[2] 无论被歧视部落源自何处，部落问题能够充分证明日本社会的异质性和多样性，以及部落近代转型所遗留的、在日本社会深深扎根的歧视问题。

目前日本被歧视部落的各种问题，都可以溯源到近代。明治维新后，新成立的明治政府制定了文明开化、殖产兴业、富国强兵三大国策，并强化了对天皇的信仰。在三大国策和"一君万民论"[3] 的主宰下，被歧视部落民的身份进一步边缘化。在近代转型与其自我意识的觉醒中，他们联合日本共产党，展开了轰轰烈烈的解放运动。

目前，尚未有人以被歧视部落民的技术职能与身份变化为线索，

---

[1] 本田豊『新版　部落史を歩く——非人系部落の研究』亜紀書房、1991、211頁。
[2] 兵庫県部落解放運動史研究会『神戸の未解放部落付録〈特殊部落〉について——神戸市長田村視察記』兵庫県部落解放運動史研究会、1973。
[3] "一君万民论"指只承认一位君主与生俱来的权威与权限，原则上不认可其臣下、人民任何身份差别与歧视的思想主张。在江户时代末期，被以吉田松阴为首的讨幕派志士广泛接受。明治政府通过实施废藩置县、发布征兵令、颁布被歧视部落的解放令等政策，打击了除天皇之外的特权身份，并以天皇为象征元首，进行了实质上的集权。

剖析部落问题与日本近代化及日本社会同质性、包容性的关系。事实上，他们在近代前期及近代的多次斗争，往往与其技术性工作有关。本节即把部落民看作工匠的重要组成部分，主要从手工业技术职能对其进行分析。

一 近代以前日本"被歧视部落"的手工业技术职能

关于日本古代社会身份制度中"贱民"或"奴隶"的记载，初见于《三国志·魏书·东夷传》"倭人"条中对日本列岛上"邪马台国"的"亲魏倭王"数次上贡"男生口""女生口"的记述。[①] 这些奴隶也从事王公豪族的陵墓修建，甚至被殉葬。在大化改新之后，大和朝廷制定了律令，将人民的身份分作良民与贱民两种。贱民中有官户、陵户、家人、公奴婢、私奴婢，称"五色之贱"，其中前三者隶属朝廷，后两者归贵族与寺院支配，实际上没有属于自己的土地。而最底层的"私奴婢"被视为"畜产之类"，与牛马、兵器并列。这些贱民主要在朝廷经营的工坊中从事手工业和做杂役，修建大型宫殿、伽蓝等。

古代贱民制度到了 8 世纪开始动摇，到了平安时代，律令制度逐步解体，贱民从国家支配的口分田等地逃亡到庄园，开始从事农业、纺织、锻冶等工作。贱民群体的特殊地位与其技术传承与血脉传承直接关联、相对封闭，导致其融入当地社会环境困难。10 世纪初的延喜年间，奴婢制度被废止。但贱民依然不得以农业为主业，没有土地所有权，并在贵族庄园、寺院从事清扫、土木、搬运、警备等杂役和手工业，或者在河道等"散所"[②] 居住，长期遭到歧视。

镰仓时代中期开始，贱民进一步分化，根据其职业及与领主关系，名称大有不同。比如京都清水寺隶属民被称为"清水坂非人"，祇园社的称"犬神人"；处理死秽、清扫的，在《和名抄》[③] 中被记载为"屠儿"。大约于 1274—1281 年成书的类书《尘袋》记载"秽多"又读作"きよめ"，即清，原名为"饵取"，以取鹰饵为职业，与"非人"类似，

[①] 《三国志》卷 30，中华书局，1959，第 857 页。
[②] "散所"是日本古代末至中世，贵族和寺院神社领有土地的形态之一，或用于称呼其居民。其居民附属于领主，免于征收年贡。
[③] 成书于 10 世纪的汉和词典。

都可等同于天竺的"旃陀罗"即屠者。① 在佛教各宗派中，继承了一向宗、法华宗等镰仓佛教的诸真宗宗派向被歧视部落民传教，15世纪以后，以城市为中心进一步扩大势力。② 到了江户时代，在幕府对部落的宗教统制与怀柔政策下，已经有95%的部落民皈依了易行、易修的净土真宗、净土宗、时宗等主张"凡夫、恶人"也能得救的宗派，笃信阿弥陀佛，祈祷来世不再做部落民。

中世的贱民是直接侍奉神佛，清除世上污秽，或从事创造性工作的具有特殊地位的人群。其往往居住于河岸荒芜地区，没有自己的土地，遭到各种歧视。但他们在土木建造、工业生产和艺道文化上做出了极大贡献。比睿山湖西穴太的工匠就奠定了近世日本城郭中石垣建造的技术基础。15世纪后半叶的战国时代又称"下克上"的时代，贱民社会在相当程度上迎来了解放。其典型例子是在"土一揆"③ 中，以驮夫和车夫为首，隶属于寺院、制造武器的河原者自己武装起来进行反抗。寺本伸明指出，其中战斗到最后的部落民很可能在德川幕府成立后被肃清，接着身份遭到贬低，被编组到近世部落中。④

德川幕府在17世纪初，即庆长到元和年间，在各地城下町和村落中详细记录贱民并将其身份固定化，作为贱民统制的一环，将江户浅草的弹左卫门提拔为"秽多头"，令其管理关八州和陆奥、甲斐、伊豆、骏河等地区的"秽多"与"非人"。由此，部落民彻底被划为代代生活在荒芜之地、从事"贱业"的"贱民"。

江户社会对使用死牛、死马制作皮革制品的"秽多"，从事送葬等清除死秽的"犬神人""非人"等被歧视部落民的歧视加深并制度化。⑤ 随着歧视观念的扎根，原本常年周游的被歧视部落民也定居到特定的场所，身份被固定化。部落民不能参加生活区域中"共同体"的风俗活动，不能平等参与共同的祭祀活动。除去少数的富裕层，绝大多数部落

---

① 正宗敦夫編纂校訂『塵袋』日本古典全集刊行会、1934、366—367頁。
② 〔日〕网野善彦：《日本社会的历史》，第263页。
③ 根据王玉玲在《日本室町时期的德政一揆及其影响》（《世界历史》2018年第4期）中给出的定义，"一揆"指由平安时代末期的农民斗争发展而来，泛指为实现某种共同目的而采取一致行动的反抗行为。"土一揆"一般特指农民武装起义。
④ 寺木伸明『被差別部落の起源』明石書店、1996。
⑤ 〔日〕网野善彦：《日本社会的历史》，第263、312页。

民生活贫困。在江户时代中期以降的大都市江户,人口已经达到百万,如都市清扫、治安管理、对贫困人口的处置乃至刑罚等多种底层工作都由"非人"承担。

到了江户时代中后期,皮革产业蓬勃发展,一定程度上改善了贱民阶层的生活。"秽多"所从事的皮革业,是日本古代律令制下中务省的内藏寮中制典履之职,本由高丽、百济移民组成的"狛部"[①]担任。在日本战国时期,战国大名和城下町都需要武器,而武具的材料需要皮革,因而他们出于军事需要,召集、保护了大量皮革业从业者,令其处理牛马尸体,并禁止其流动。比如古信州地区、江户及大阪地区的皮屋町,以及广岛的皮屋町等。而江户时代的皮革业中心是摄津的渡边村和播州的高木村。[②] 根据《奥田家文书》的记载,和泉国南王子村是拥有自治权的"秽多村",在1847年的预算书上记载有1780人,村中"秽多"制作"雪踏",即内侧铺钉兽皮的踏雪草履,所得占总收入的81.7%。[③] 皮田町匠人和毛皮屋町商人"生活不苦。尤其是皮革物能带来可观的利益,经济上可颇富裕"。[④] 描述幕末世情的史料《世事见闻录》中记载了江户浅草弹左卫门的三千石身价,大阪渡边村的太鼓屋又兵卫被幕府调度资金高达70万两。[⑤]《雍州府志》亦记载"其家富者多"。历史学家泷川政次郎则认为江户时代的秽多人群"据推测一般比其他贱民更加富裕"。[⑥] 德川幕府为了统制皮革生产,剥夺了饲养牛马的农民直接处理牛马尸体的权利,将其交由被歧视部落。其表面上的理由是禁止不当杀生并防止"死秽"传播,这客观上导致农民的不满直接指向"秽多"。[⑦]

[①] 在日语中,"狛"发音与"高丽"均为"こま"。"狛氏"是古代朝鲜半岛移民日本者的后裔,或做染革工匠,或为雅乐,直属于天皇或有较大势力的寺院。同时,"狛"还指"狛犬",意为从高丽传入日本的神兽。

[②] 磯元恒信『長崎の風土と被差別部落史祖考』長崎部落解放同盟長崎県連合・長崎県部落史研究所、1980。

[③] 沖浦和光『沖浦和光著作集第6巻 天皇制と被差別民両極のタブー』現代書館、2017、84頁。

[④] 磯元恒信『長崎の風土と被差別部落史祖考』部落解放同盟長崎県連合会・長崎県部落史研究所、1980。

[⑤] 武陽隠士『世事見聞録』『日本庶民生活史料集成 第8巻』三一書房、1969、745頁。

[⑥] 滝川政次郎『日本社会史』洋洋社、1956、339頁。

[⑦] 沖浦和光『沖浦和光著作集第6巻 天皇制と被差別民両極のタブー』、85頁。

第三章　日本工匠文化的近代转型

　　由于被歧视部落专门处理牛马尸体和负责刑吏工作，在近代医学建立以前，"秽多"对于人体和动物身体的知识比一般的医生要精确得多，往往活跃在医疗相关工作的舞台上。《兰学事始》①的序文中写道，1771年，杉田玄白等人为了确认荷兰基础医学书中的人体解剖图是否正确，前往江户小冢原刑场观看"秽多虎松的祖父、九十岁高龄的健康老者"对受刑者尸体的解剖"分腑"过程。该老者一边精确地解剖了肺、心脏、肝脏、肾脏、胃、子宫等内脏，一边说出各个器官的名称，均与荷兰的人体解剖图相符。以此为契机，杉田玄白、前野良泽等决意翻译荷兰医书。

　　被歧视部落民的精神支柱与社会认可，几乎都来自佛教寺院的管理和所谓的天皇"庇护"。江户幕府对部落的宗教统制与怀柔政策使95%的部落民皈依了净土真宗、净土宗、时宗等宗派。部落寺庙最胜寺至今保留着《百姓往来》《买卖往来》《名册》等教科书，由明治初期住持了玄大师誊写。西日本地区被歧视部落寺院大多属于净土真宗内的本愿寺派或大谷派。部落民往往主张自己的职业技能传承与天皇一族有密切联系，这在手工业史研究上被称作"贵人潜幸传说"。②比如"非人"中流传着醍醐天皇赐予了他们从事特殊职业的特权。基于以上对自身职业的自豪感，部落民对加诸自身的蔑称往往是抗拒的。在关东地区，被幕府规定为"秽多"的民众自称"长吏"③。1835年9月，幕府勘定奉行④向弹左卫门问询"秽多寺僧侣是否由弹左卫门管理"，弹左卫门回复道，"关于长吏寺的僧侣……"特意将"秽多"换成了"长吏"。

　　江户末期，"秽多"身份的部落民开始参与一揆，反抗幕藩权力。这些运动都成为部落民近代身份改变的原动力，如1749年的姬路藩全藩一揆、1782年的和泉北部54村参与的千原骚动。到了19世纪初，部落民开始展开更具有独立意识的反抗斗争。如1804—1855年丹波篠山藩本

---

① 《兰学事始》成书于1815年，作者为杉田玄白（1733—1817）。书中叙述了欧洲人到达日本，荷兰医学传入日本，杉田与前野良泽（1723—1803）苦心翻译《解体新书》，以及兰学由此逐渐走向兴盛的过程。1869年，该书在福泽谕吉等人的努力下得以正式刊行。
② 吉田光邦『機械』法政大学出版局、1975、45頁。
③ "长吏"在古汉语中指地位较高的县级官吏。"长吏"一词从日本古代末期开始，一直指代寺院和神社中的特定职位，因此作为长时期担"清净"工作的部落民，就有了此称。
④ 德川幕府掌管财政和幕府直辖地区的官职。

村控制下的皮多村进行了近半个世纪的分村独立运动。最具代表性的是1856年的涩染一揆，其起因是1855年12月池田藩（今冈山）为了改善财政发出的二十九条俭约令的最后五条"别段御触书"，规定被歧视部落民在公共场合只能穿着无花纹的柿漆染制衣物，不得穿着木屐。对此，1856年1月到6月间，53个村落数次开会，最终有1500余名部落民穿着白色丧服，进行非武装申诉，并于6月15日向池田藩首席长老伊木若狭提交请愿书。8月，上述条例得到撤销。1866年，热切期望"脱贱"的部落民组成"维新团""一新组"，加入了倒幕长州军，加速了德川幕府的覆灭。

直到近代，关于被歧视部落民自身的直接记录几乎无处可寻。关于他们的身份、起源的论述，大部分只能在知识阶层的论著中找到。关于被歧视部落的成因，主要有异民族起源说、宗教起源说和政治起源说几种观点，其影响持续至今。异民族起源说有的主张被歧视部落是日本原住民，[1] 有的则认为他们是"渡来人"，即中国与朝鲜半岛移民的后裔。[2] 在实行锁国政策的江户时代，"国学"以日本为清净之地，认为污秽的被歧视部落来自朝鲜、中国等大和民族居住地以外之处。因而，宗教起源说认为对于部落的歧视源自神道与佛教中的净秽观念。

近世中期，知识阶层对净秽观念和被歧视部落民就有所论及。山鹿素行（1622—1685）在《山鹿语类》中提到，"非人"、乞食应由官方详细调查，择高贵者不往来之地以养；而对于"秽多"，则应当课以"町中的扫除、公罪的执行、死牛马的处理"三役，令其居住偏远之地，在衣服上做出标识。而荻生徂徕则指出依"神国风俗"，"秽多"并非同种，因而不能与国人同火同食。而经世学者海保青陵（1755—1817）强烈主张"秽多"是"夷狄之种，非我天照大神宫之后"，甚至将其等同于"禽兽"，他在《善中谈》中断言，"我邦古法秽多火贱，不与良民同火"，甚至提出应当在"秽多"额头上刺青标记，以与良民做区分。[3]

---

[1] 上杉聰『天皇制と部落差別』大阪解放出版社、2008、178—179頁。
[2] 高橋貞樹『被差別部落一千年史』岩波文庫、1992。该书在1924年出版时名为《特殊部落一千年史》，后因"特殊部落"一词存在较大争议，已非现行通用名称，1992年岩波文库在再版时将其改为"被差别部落"，该改动又引起了较大争议。
[3] 海保青陵『善中談』海保青陵他著『海北独語』尾崎敬義ほか、1916。

宋学主张圣人可通过穷理修德而达，不讲究血统，传播到日本后对其歧视观念的改变做出了一定贡献。如1724年设立的汉学塾大阪怀德堂的中井履轩（1732—1817）抗议对屠者的极端歧视，并指出这是近世"神官斋"之愚行。冈本保孝（1797—1878）精通和汉之学，在《难波江》中针对当时一部分国学者认为"秽多"是"三韩等归化人"子孙便加以歧视的观点，指出古代三韩等"蕃别出身者"中有的位及大臣，"渡来人"本并不受歧视，因而如今也不应当歧视朝鲜半岛来的所谓"归化人"子孙。衣笠安喜将儒教的平等思想等同于部落解放论，认为儒学思想起到了启蒙作用。他举出阳明学者熊泽蕃山等人的相关言论，剖析了其治理游民等作为维持封建治安的土地捆绑政策所起到的作用。①他指出，"近世儒教的历史贡献在于其为封建性的贱民解放思想"，"近世儒教的身份制思想，将所有人看作在道德上拥有平等原理的封建性的人，由此将之编入身份制度，对于被视为人外之人的贱民而言，这是一种贱民解放论"。②

到了幕末维新之际，千秋藤笃（1815—1864）等幕末儒者、志士从宋明理学内含的平等理性面向出发，基于仁爱的治理思想，宣扬部落民解放的必要性。千秋藤笃在《治秽多议》里指出："夫天地生物，非人则兽、则禽、则草木、则土石，安有人体而有兽性者耶？……若其为外夷之俘囚，古来归化我君长者，必列诸臣僚，岂以之为俘囚之氓耶？……若其一朝慨然，叹曰，以我为丑类，以彼为良民，不伍不婚则已矣，既劳以备役，又从而侮辱之，亦何甚哉！如彼黄巾之乱，五胡之乱晋，固不可荡一君一旅乎也。夫如是乎，为州长邑者，不可不忧也……宜复其民籍……授之田庐，课以农桑，则其体种、皆淬励、勇孝义，不久化为良民……曰邦有司狱吏，人未必为卑，埋葬之事，僧徒为之，人未必为辱，山民以杀戮为业，人未必为秽。今令其徒改业可夫，不改亦可矣，则彼徒之惯以为业既久，未必欲遽改之事也。如是乎，复何妨？呜呼！以国家四海为家，以万民为子，一视同仁、爱及禽兽，而徒于彼徒，舍而不收，岂不

---

① 衣笠安喜『近世における部落差別思想』『部落問題研究』17巻、1964年12月、13頁。
② 衣笠安喜『近世儒学思想史の研究』、286頁。

为缺典耶？乃不可不早为之所也。"①

以上言论被视为"部落解放论"的嚆矢。千秋藤笃的主要身份是尊王攘夷运动的参加者，他从施政的立场出发，以宋明理学为理论武器，根据天皇为尊的"一君万民"论调，把被歧视部落民视为同样的"人"，倡导职业尊严与神圣论。可以说，千秋藤笃利用宋明理学中的理性思想否定了不合理的贱民身份起源论及对其的歧视。

二 明治政府国策与近代部落民的技术转型和职业变化

日本在近代建立天皇制下的中央集权国家过程中，致力于树立偏狭的"大和民族"优越感，被歧视部落这一"不和谐音"也就成为明治新政府重点统制的对象。明治政府将宣扬日本国是众神创造的国土、由从天而降的神的后裔——天皇统治的记纪神话②作为"国史"进行教育，灌输日本人与天皇血脉相承的"优等大和民族"意识，并基于此蔑称东亚大陆与朝鲜半岛居民为"支那人""朝鲜人"。③由此创建所谓"国民国家"，而实质上是把日本国民视作天皇统治下均质化的"臣民"。由此，部落民所"侍奉"的对象被单一化为天皇，其工作也被剥夺，在法律上等同于一般人。但歧视依然根深蒂固，不少部落民失去稳定的生活来源，反而越发贫困。

1. "解放令"与部落民的近代身份变化

1868年5月，刚刚成立的明治政府任命第十三代弹左卫门、弹内记集保（后因身份为幕府抬高，更名为弹直树）为东京市政法院助理，仍从事江户时代的家业，即统辖"秽多"。集保则向该法院提交了《弹左卫门由绪书》，报告了其治下东京市内（原江户府内）被歧视部落民的总数，即浅草新町417户，浅草"非人头"统辖"非人"小屋363间，品川"非人头"统辖143间，等等。就此，弹左卫门及其统治下的部落民正式编入明治政府统辖。1870年11月8日，弹左卫门等人向东京府请愿，要求在保障部落的皮革收集、制造的垄断权利的基础上，给"秽多

---

① 三好伊平次『部落問題資料文献叢書〈第6卷〉同和問題の歷史的研究』同和奉公会、1943、34—41頁。
② 即《古事记》与《日本书纪》中所记载的具有神话性质的"历史"。
③〔日〕网野善彦：《日本社会的历史》，第323页。

非人除却丑名",提高社会身份。1871年8月28日,明治政府颁布的太政官布告宣称,"废秽多非人之称,身份职业与平民相同",称"贱民废止令",又名"身份解放令""贱称废止令"。根据新的户籍法"壬申户籍",他们被登记为平民。然而在记录身份、职业、犯罪履历等的"族称"栏中,仍会将部落民记录为"新平民"或"元秽多"。由此,部落民又有俗称"新平民"。

由于神户等港口是当时西方人进入日本的主要门户,同时也是部落民的主要聚集地之一,想要向西方诸国展现日本"文明开化"的明治政府,便不得不以"国家意志"全面废止贱民制度。加藤弘一(1836—1916)比福泽谕吉(1834—1901)更早提倡自由平等,他在1869年4月向公议所提出"非人秽多御废止之仪"提案,认为"将其视作人以外之存在,违背天理",指出应当废除"贱民"身份。[1] 小川为治在《开化问答》(1874)中指出,要文明开化,就须主张人们生来平等的正当权利:"天道造人,不会因是大名便为四目八手足,因是秽多便只有一目两手足。只要看到人皆为以两眼四手足而存在,人类之平衡不管是从五位、权兵卫、八兵卫皆同等。此种平衡同等固为天道之御意,将其称为人类之权利。"[2] 大江卓(1847—1921)在1871年1月、3月两次向明治政府提出废除"贱民"身份的建议书,并结成"帝国天道会"这一融合团体。民权运动活动家植木枝盛(1857—1892)则从保障部落民权利的角度主张自由与平等,认为"对秽多的蔑视违背天下公理"。[3] 中江兆民(1847—1901)等自由民权论者甚至特意公然自称部落民。中江在《新民世界》中自命"社会的最下层",论道:"公等妄自浸淫于平等旨义,取悦在公等头上之贵族,却不知公等脚下之新民,平等旨义之实在何处哉。"[4]

同时,新政府的民部省统合到大藏省后,大藏省提出了地租改革的构想,即废止所有的无税地,对旧时被视为"绘地"而不加征税的

---

[1] 下出隼吉『明治社会思想研究』柏市浅野書店、1932、165頁。
[2] 小川為治「開化問答」明治文化研究会編『明治文化全集』第二十一巻『文明開化篇』日本評論社、1992、111頁。
[3] 沖浦和光『水平＝人の世に光あれ』社会評論社、1991、51頁。原載《高知新闻》1874年6月15日。
[4] 中江兆民「新民世界」『東雲新聞』1889年2月14日社説。

"秽多""非人"所有地征收地租。自然，所谓的"解放令"就成了绝好的口实。

由此，看似地位得到提高的部落民生活却没有得到任何改善，其水平反而进一步下降。仅仅在"贱民废止令"颁布的三个月后，即当年11月，东京浅草田町市民须贺川桥藏就向新政府上书呈报，称该废止令颁布施行后，旧长吏、"非人"、乞胸的生活反而更加穷困，与一般市民也依然没有任何交流，满街"身覆草席卧地者"。[①] 东京原先的被歧视部落区域逐渐发展为巨大都市贫民窟。1881年，松方正义出任大藏大臣。针对通货膨胀，他实施了增税等一系列财政紧缩政策，原本从事各种产业的部落民遭到了沉重打击。1885年，奈良县御所郡役所编纂的《农工商衰颓原因调书》详细记载了部落内外产业的凋零情况："至于旧秽多，常事履织业，然求购者稀少，价廉，到底不能糊口。"[②] 由于部落产业的崩溃，政府又未在经济和社会层面给予支持，失业部落民的生活日渐艰难。[③] 曾经营皮革业的新町附近的部落民，也面临重重的"强制移居命令"，本来免于服役和缴税的特权也被免除。对此，他们不断进行反抗。比如以山间采集、狩猎与编制簸箕为生的"山窝"族群，就拒绝被编入明治户籍，拒绝征兵、纳税和义务教育这三大国民义务。甲午中日战争后日本还有20余万"山窝"民，二战后的1949年还有1.4万余名无国籍的"山窝"民。随着近代社会的发展，"山窝"民中有不少人都移居都市贫民窟，以致明治时期的警察将使用特定犯罪手法的专业犯罪集团单位定义为"山窝"。

对部落民居住的特定地域抱有强烈歧视，极力反对地方单位合并的观念与行为，主要发生在西日本地区，其影响持续至战后。"贱民废止令"曾遭到原平民阶层的激烈反对，这个时期正是贱民歧视问题向近代部落问题演变的关键时期。[④] 1871—1873年，日本多地爆发"解放令反对一揆"，俗称"秽多狩"。这也被视为明治初期以农民为中心的"新政反对一揆"的一部分，源于农民对原被歧视部落根深蒂固的歧视观念，

---

① 浦本誉至史『弾左衛門と江戸の被差別民』ちくま文庫、2016、280頁。
② 奈良御所郡役所農商課『農工商衰頽原因調書』、1885、奈良県立図書情報館蔵。
③ 「大阪皮革製造業」『大阪毎日新聞』1902年4月1日。《大阪每日新闻》曾在1902年3月2日开始分八期连载关于大阪皮革制造业的专题文章。
④ 上杉聡『壬申戸籍と近代部落問題の発生』『ヒストリア』117号、1987年12月、128—149頁。

以及对部落民解放后可能夺取农地和工作的恐惧。在一揆中，广岛、高知、冈山、福冈、香川等地发生多起暴动、袭击和滥用私刑事件，导致多人死亡。最后，镇压一揆的庄屋阶层发出了"延迟五万日"的号令，暂时平息了农民的怒火。然而，也有不少地区以此为理由，长时间不承认"贱民废止令"。

2. "日本人起源"研究热潮中的部落民自我身份认同问题

在明治时期的人类学界，日本人起源问题是最受关注的研究热点。1885 年，东京人类学会会员箕作源八在探讨被歧视部落民遭到歧视的根本原因时，举出了"外国人说"和"职业说"两种论点，征求学会会员的意见，并在《东京人类学会杂志》第 6 期登载了日本各地部落民的相关调查文献。其中绝大多数的意见偏向于"外国人说"，即认为部落民与大和民族属于不同人种。就此，鸟居龙藏在 19 世纪 90 年代对东京、关西、四国等地多处被歧视部落进行了体质人类学调查，指出"（认为被歧视部落民是）朝鲜归化者之说毫不足信。盖其不具备归化类体质"，由此得出结论："秽多者类似普通（日本）人中的某种形式，绝无不见于普通人之特别体质。"[①]

鸟居龙藏否认部落民异种论的观点在大正时期得到了报纸等媒体频繁报道，对当时的部落民身份认同有相当影响。20 世纪一二十年代，人类学、民族学、古代史、考古学等学科都在热烈讨论日本人是不是"复合民族"。鸟居龙藏的《有史以前的日本》系统梳理了关于日本民族起源的六种学说，[②] 名噪一时。20 年代，部落民结成"全国水平社"，《读卖新闻》等主流媒体在分析此事时，特意采访了鸟居这一"研究秽多的知名学者"。全国水平社的活动家在宣扬自身身份时，也吸收了鸟居的学术观点。[③] 比如和歌山县的运动家冈本弥就曾到访鸟居调查过的德岛，[④]

---

① 鳥居龍藏「穢多に就ての人類学的調査」『東京人類学会雑誌』第 13 巻第 140 号、1897 年 11 月、47—49 頁。
② 鳥居龍藏『有史以前の日本』磯部甲陽堂、1927。
③ 関口寛「水平運動における『民族』と『身分』」黒川緑編著『近代日本の「他者」と向き合う』大阪解放出版社、2010。
④ 冈本弥（1876—1955），早年参加被歧视部落运动，于 1903 年在大阪结成大日本同胞融合会，并开始策划融合运动。1920 年发行刊物《特殊部落的解放》。1923 年，就任和歌山县同和会副会长，次年与有马赖宁等共同建立全国融合联盟并担任委员。

验证了鸟居的部落调查结果。他在当地发现了鸟居寄给小学校长的一封书信，其中称，"高崎部落与天孙民族同型"。冈本认为这是"启蒙世人部落民不是人种不同的劣等民族的好资料"，并称"专家经过科学调查，已经证明部落民原本就是优秀民族"。①

然而，这种将部落民视作与大和民族完全类同族群的看法，指向对日本社会均一性的证明，忽视了部落民在日本历史上长期被歧视的屈辱历史。而被称作"部落解放之父"的松本治一郎（1887—1966）和水平社运动家、共产主义者高桥贞树（1905—1935）均主张部落民才是在外族入侵之前就居住于日本的原住民。松本治一郎出身于福冈县那珂郡金平村的被歧视部落，1925年任全国水平社中央委员会议长。他反对天皇制，提出"有贵族之处便有贱族"，"导致对部落民无来由歧视的，正是对皇族无来由的敬意"；② 还提出"我们起源于神武时代……我们的先祖被征服了"。③ 高桥贞树则指出，"古代被征服的人民变为奴隶，被课以贱业……社会上有了从事贱业者是秽多的观念"。④

明治时代的日本人起源论争，集中体现了日本人在西方的种族、民族话语进入日本后对自己"国"＝"族"身份的重构。对此，部落民或强调自身是"优秀大和民族"的一员，肯定日本社会同质性的身份认识，或通过认识自身的异质性和边缘性，寻求充分的解放与自由。而在这中间，其原本的手工业技术职能之转换是关键因素。

3. 近代部落民的职业变化与"富国强兵""殖产兴业"国策

如前所述，被歧视部落民代代从事的产业被称为"部落产业"，主要有皮革业、养殖业、土木业、采矿业、丧葬业、医疗业、废弃物处理业、太鼓制造业等。日本在明治维新以前，鞣皮作业以及第二次产品加工作业都是由"皮田"⑤ 这一特殊的社会集团完成的。皮田人到所谓"草场"，免费回收牛马尸体，剥皮制作，并将动物骨肉转化为肥料、药

---

① 冈木弥『融合運動回顧』光風文庫、1941。
② 井上清・北原泰作『部落の歷史——物語・部落解放運動史』大阪理論社、1956。
③ 『宗像郡部落解放委員会講演速記』『部落解放史・福岡』第61号、1991年3月、128頁。
④ 高橋貞樹『被差別部落一千年史』、39頁。
⑤ 皮田又称"革田""革多"等，对应关东地区的"长吏"。这一说法出现于16世纪末丰臣秀吉推行的太阁检地。

物和食物。同时，在各处收集加工皮革、运往集聚地并送到手工匠人手中的过程都被视作污秽不净，因而都由皮田人完成。他们还管理町村地警备和刑场，或在各种祭礼中承担除秽工作。天保十年（1839）纪伊藩学者编纂的《纪伊续风土记》中记载汤浅村"村北有皮田"。皮田集团中的上层虽然身份低微，但与德川幕府的基层行政机构有密切联系，同城市豪商也有业务往来，因而生活较为富裕。

部落民被摘掉"贱民"帽子后，他们曾经独占的皮革业市场由此向全社会敞开。原本能够免费回收的动物皮也被大量收购，不少人就此失业。1871年，东京府还废除了"非人清扫船"，在此前，堀川等河流的清扫工作都是由"非人"承担的。

近代皮革产业是作为国家近代军需产业诞生的，支撑着明治政府的"富国强兵"，不少部落民被吸纳到军需工业生产中，但作为部落主要产业的皮革业最终落入大财阀三井之手。明治政府大量征兵，需要量产部队用的军靴。同时，钉盖等机器零件和皮带等也需要大批制作。由此，日本军部要求实业家投身皮革产业。弹左卫门一族是东日本长吏（皮田）集团中皮革产业的首领，亦称长吏小头，家中极其富裕。弹左卫门最后一位传人弹直树于1871年2月26日投巨资，在东京府北丰岛郡泷野川村开设皮革制造传习授业及军靴制造传习授业御用制造所，隶属陆海军造兵司。他雇用美国技师，以最新的制鞋技术培训了500余名年轻的部落民，并将技术普及。他致力于把原来的皮革集团培育为近代技工。但同年3月，明治政府突然发布"毙牛马任意处置令"，废止了贱民的牛马处理特权，"无论牛马、外部兽类，由主人任意处置"。① 而这给弹直树的事业造成了巨大打击。弹直树虽然在5月向兵部省提出了"死牛马处理权复活要求"，但没有得到任何答复。1872年7月，弹直树收到了兵部省订制12万双军靴的订单，但由于技术落后与经营困难，皮革工场破产，其经营实权转入三井旗下。在北冈文兵卫的经营下，弹直树所创的公司更名为"东京制皮"，在1907年与另外几家皮革制造厂合并后称为"日本皮革"，并在1974年更名"日皮"（Nippi），如今已经是资

---

① 「第六　明治四年辛未三月十九日御布告斃牛馬取扱ノ事」『聽訟提要』第六編第二十六卷雜則、1874年。

金达到35亿日元的东京证券交易所上市公司。虽然弹直树事业失败，但在失意的晚年，他仍因制靴工匠人数的增多而感到喜悦，称"此为贯彻我志也"。

高木村、御着村等部落集聚村落都曾在昭和初期因铬鞣革法大量制作蓝底革而繁盛一时，新田制革场成功在1889年制造出工业用皮革传送带，并于1909年设立新田带革制造所，开始制造橡皮带、动物胶。其今天已经成为上市公司霓达（NITTA）。在《大阪每日新闻》1902年3月22日至4月4日连载的《大阪皮革制造业》调查报告特集中，大阪市南区西滨町得到了高度评价。"大阪皮革制造业于庆长年代，始于战国时代铁炮传来，大阪业者以牛皮制甲胄……距今七八十年前西滨町合阪五兵卫开始加工朝鲜牛皮……经几多变迁，呈今日之盛况。因大阪集散革最为便利，皮革业在大阪得到最良发展……西滨町生产的熟皮与肉皮等皮革在1900年年产192.7万日元"，① 从而产生了"部落的富豪"。1902年的连载报告文学《一种社会》写道，1901年，以部落的旧家族佐佐木吉五郎为董事长、部落有实力者为股东，西滨银行成立。虽然表面上其资本金只有5万日元，但其金库极为丰富，毕竟部落整体的富裕程度极高。然而，部落的底层劳动者/工匠过着"最下等的生活"，如一家人"夫妇与孩子5人，一日生活费为20钱左右，房租一个月80钱。日日的食物是将屠牛的骨头内脏加入南京米②粥，维系露命。此家职业是父母子女共事皮革制造杂活，工作时能从老板处获得20到25钱，下雨的日子则无所事事，无一文收入"。③

出自部落民之手的皮革制品还曾在明治初期代表日本技术最高水平，数次登上万国博览会的舞台。1873年5月1日日本在维也纳博览会上唯一得到"雅致奖"的是饰磨县（今兵库县）所产的姬路革。姬路的皮革制品自江户以来就是著名特产。1823年，长崎荷兰商馆医师、德国人冯·西博尔德在经过姬路革主产地附近的室津港时写道："室之革类、革工艺品根据特殊方式制作，在日本全国闻名。多用檞皮粉鞣马皮或牛皮，颇似俄国厌榨着色之革类。此地模仿制造我洛可可时代金襕革，造书状囊、

---

① 『大阪每日新聞』1902年4月1日。
② 指籼稻。
③ 「大阪皮革製造業」『大阪每日新聞』1902年4月1日。

纸入、烟草盒、烟管等其他类似物品。"[①] 而姬路市东部河流市川东岸的地区，是姬路市内被歧视部落规模最大的聚集区，传承着稀有的"白鞣革"技术。在1976年，从事鞣业的工场达到150间有余，区域内劳动人口近七成都从事皮革产业。在发现姬路革在西方人眼中的魅力后，明治政府开始在旧部落地区大力发展传统工艺产业。

被歧视部落社会中，贫困和歧视是最需要解决的课题。对此，明治政府并没有真正采取措施恢复部落民人权、实现文明开化，而只是从帝国利益打算。正如弹直树在《除去丑名请愿书》中所请求的，部落民本想借自己承担的传统产业的近代化，在实现身份解放的同时，保障自身的生计。这是一种理想的"自主解放路线"。然而事与愿违，近代天皇制下，被统辖为"臣民"的部落民失去了所有权利。其最大的经济基础——皮革产业的市场全面打开，弹直树等人苦心经营的文化技能与产业技术成果却被日本贵族和上层武士掠夺。在新的资本主义社会支配体系中，随着甲午中日战争和日俄战争的爆发，日本的肉食、皮靴需求进一步扩大，有部分部落民因此获得了经济利益，经济和政治地位也得到提升，[②] 但部落民主体作为"旧贱民阶层"遭到的歧视与边缘化并未消减。比如明治中期开始，筑丰炭矿等位于部落居住区，采矿引起了当地的地表沉陷、地下水质恶化等环境问题，影响了当地农耕，也因此集聚了大量部落民为廉价劳动力。同时，直到1932年的司法省公文书中，还认为"秽多""非人"是"人民的最贱族，殆近禽兽。"[③]

作为日本高级丝织品代名词的西阵织生产中也存在部落民歧视。[④] 根据京都市的调查报告，直到20世纪40年代，在多地西阵织业中，被歧视部落民的地位比在日朝鲜人还要低，这种"封建陋习根深蒂固，阻碍了地区在社会、文化和经济上的发展至今"。[⑤]

---

① フォン・シーボルト（Heinrich von Siebold）、吴秀三訳注『シーボルト 江戸参府紀行』駿南社、1928、355—356頁。
② 柳田國男『所謂特殊部落ノ種類 定本柳田國男集第27巻』筑摩書房、1970、377頁。
③ 司法省編『日本民事慣例類集』白東社、1932、6頁。
④ 西阵织主要在京都市上京区西北部的西阵学区及周边，北区东南部的衣笠、待风等学区生产。
⑤ 京都市社会部編『西陣織業に関する調査』『京都市社会課社会調査報告』第44号、1940年、7頁。

从19世纪末开始，出现了一些部落民发起的区域性的、未经组织的早期改良运动。1922年3月，水平社成立，其创立宣言被视为日本最早的人权宣言："我们的祖先是自由平等的渴仰者和实行者。是陋劣阶级政策的牺牲者、男子气概产业的殉教者……到了我们以身为秽多为荣之时了。"① 表现了部落民的战斗性和解放精神。

4. 部落民与日本共产党的联合及反法西斯斗争

由于明治政府对部落问题的不作为，部落出身的精英兴起了自主部落改善运动。如1893年的和歌山青年进德会、1895年大阪的中野三宪等组织的勤俭储蓄会、1896年冈山县三好伊平次等组织的修身会等。进入20世纪以后，有1902年冈山县组成备作平民会、1903年全国性规模的大日本同胞融合会、1912年以奈良县为中心形成的大和同志会、1914年的帝国公道会等，都属部落改善运动，主张部落融合。

如此，被歧视部落运动虽然取得了前所未有的成就，但在绝对的天皇体制下，部落被歧视的状态以及与一般国民的隔绝状态和其生活水准均没有得到多大改善。

第一次世界大战中，日本产业发展，进一步打破了部落社会的封闭性，歧视问题也集中发生在将部落儿童合并入教育对象的"寻常小学校"等普通学校教育中。根据《奈良县风俗志》，大正初年合并时，学校儿童冲突频繁，管理上需要格外用心。岛崎藤村描写被歧视部落出身的小学教师苦于其出身而最终出走美国的名作《破戒》，也在这个时期（1913年）由新潮社高额（2000日元）购买版权并出版，但在一些组织的压制下，该小说一度被禁。水平社批判以上行为是"压迫言论"，指出《破戒》具有进步的启发性效果。1938年，水平社支持《破戒》再版。1939年出版的《定本藤村文库》第10篇收录了《破戒》，作者岛崎藤村受到当时部落解放运动呼吁废除歧视言行的影响，将一些歧视语言做了更改或删除。对此，部落解放组织批判道，即使改变称呼，歧视也不会有任何改变。

正如《破戒》主人公濑川丑松所倾慕的出身于被歧视部落的解放运动家猪子莲太郎一样，在明治中期以后，已经有思想家、政治家公言自

---

① 「水平社宣言」『水平』第1卷第1号、1922年3月、27—28頁。

己的"秽多"出身,并大声疾呼下层社会的疾苦。松本治一郎出身于福冈县那珂郡金平村的被歧视部落。其父松本次吉为了生计,以木屐制造为副业,并通过交易桐树皮和竹皮等木屐原材料获得收入,并在1911年创设土木建设行业的"松本组"公司。高桥贞树也自称是大分县部落出身。1922年加入刚刚成立的全国水平社,同年7月15日,参与日本共产党的创立。他曾在社会主义杂志《前卫》发表论文《水平运动的进展》,主张通过无产阶级革命解放部落。1923年11月,他作为理论指导者参与了全国水平社青年同盟的创立。1924年5月,他出版了《被差别部落一千年史》,在遭禁后,又以《特殊部落一千年史》为题再次出版,销售量达到8000册以上,成为当时的畅销书。1925年,他指导了全国水平社无产者同盟的建立。同年10月,在全国水平社青年同盟第一次协议会上的"清除不纯分子"提案中,他被视为非部落民,遭到水平社除名。此后,高桥在1926年5月受日本共产党指令前往苏联,加入联共(布)。1928年带着重建日本共产党的任务回国进行地下活动。次年,在四一六事件①遭到警察检举。1935年6月,因感染肺结核病逝。

早期的水平社运动对歧视展开了彻底抨击和斗争,并逐渐带上了社会主义运动色彩,如1923年奈良县都村的水平社对国粹会流血事件、群马县世良田村水平社与自警团袭击事件、1926年福冈连队歧视事件等。然而,鉴于运动中的一些过激行为,就斗争方式问题,水平社内部逐渐有了分歧。正值社会主义运动中也产生了无政府主义与列宁主义之争,波及水平社,就此,水平社也开始与工农政治斗争合作。到1922年,全国水平社与工人和农民运动的合作愈加深化。与此同时,日本政府开始弹压水平社运动。1925年,内务省社会局以"依同胞相爱之趣旨,举改旧来陋习,亲和国民之实"为目的②,创立中央融合事业协会,培育、统合了融合运动团体,并扩充了融合事业,在1927年7月30日,还吸收合并了帝国公道会和同爱会。然而,其首任会长却是藩士出身、战后作为甲级战犯被审判的平沼骐一郎。不久,1928年的三一五事件、1929年的四一六事件等共产党弹压事件频发,水平社干部也多遭拘捕。又正

---

① 指1929年4月16日日本特别高级警察对日本共产党的检举活动。
② 馬場万夫『戦時下日本文化団体事典』大空社、1990、210—211頁。

值金融危机"昭和恐慌",水平社运动一时停滞。直到1933年,在经济不景气中,水平社为了强化与工农阶层的纽带,开始进行部落委员会活动,组织性地向当局要求提高部落民众的经济与文化地位。很多部落贫农、手工匠人加入了农民工会和劳动工会,也有不少人加入了日本共产党。由此,水平社带上了浓厚的社会主义革命色彩。

被歧视部落民也展开了针对法西斯主义的斗争。20世纪30年代,中央融和事业协会发布公文,妄图将部落势力纳入正在强化的日本战时体制。对此,1935年水平社第十三次大会决议由国库全额负担过去部落歧视迫害的赔偿费用,并激烈批判二二六事件废止议会政治、开辟法西斯独裁政治道路的罪恶行为。翌年,水平社在第十四次大会宣言中指出,日本的法西斯化和战争路线剥夺了国民大众的权利、进一步强化了部落歧视,应当与法西斯主义斗争,因而遭到了警视厅镇压。在1940年2月的众议院本会议演说中,庄司代议士发表了对特殊部落的歧视言论,对此松本治一郎在3月的众议院本会议发表紧急质问,批判了日本侵华行为。他举出了小学、工场、矿山等地频发的歧视事件,警告说,被召集到战场的部落出身士兵在战场上还遭受到了严重歧视,"放着国内的部落歧视不管,妄想建设东亚新秩序,实在是纸上谈兵"。①

1936年,日本政府提出"完成融合事业十年计划",以部落自力更生为目标,决定对部落投入约5000万日元。这是日本二战前力度最大的融合政策。但当年3月,中央融合事业协会刊行《全国部落调查》,调查数据出自政府、朝日通信社等,这成为臭名昭著的《部落地名总鉴》的重要原典之一。② 部落问题研究者村越末男指出,全国部落调查资料本该是为了解放部落,却反而被用作歧视、扼杀部落的材料被买卖,这个事件影响深远。③

1937年,日本发动七七事变,进入"国家总动员体制",水平社也不得不顺应"国策"。在1940年前后,日本军部掌握政权,包括水平社在内的日本所有国内组织被强制要求加入"总体战",一切政党都遭到解散,取而代之的是大政翼赞会、翼赞政治会等,劳动工会也被解体,

---

① 原田伴彦『入門部落の歴史』大阪部落解放研究所、1973、84—85頁。
② 秋定嘉和『近代と被差別部落』大阪解放出版社、1993、332頁。
③ 村越末男『村越末男著作集第2巻 部落問題の教育』明治圖書出版社、1996、20頁。

编入大日本产业报国会。1941年，日本政府以维持国内治安为由，实施"言论、出版、集会、结社等临时取缔法"，将所有政治、思想结社定为许可制，以此取缔了日本共产党。到了1941年6月，同和奉公会应政府"一亿总行军急需"要求设立，中央融合事业协会也改组为动员被歧视部落居民参与战争的团体，由此，部落解放事业进入了最黑暗的时期；1946年3月16日，同和奉公会解散。[①] 内务省还认定全国水平社为思想结社，命其解散。但水平社最终也未发出解散声明，并未向法西斯政权低头、提交结社申请，由此自然消亡。

5. 战后被歧视部落的遗留"同和"问题

至今，消除对于部落民歧视的运动在日本仍被称为"同和运动"。明治末期的部落改良运动就深受这种思想影响，主张部落民也是天皇赤子，要和一般百姓相亲相爱。在"同和"之前，相关概念本为"融合"。"同和"替代"融合"是在大政翼赞会起步的1941年，来源于昭和天皇发言中的"同胞一和"。1926年12月25日，大正天皇去世。同日，皇太子裕仁亲王即位，宣布年号为"昭和"，出自《书经》"百姓昭明，协和万邦"，意在祈愿国民和平、各国共同繁荣。当时宫内省制定的12个年号方案中，只有"同和"与"昭和"留到了最后。昭和天皇即位敕语中写道："人心惟同，民风惟和，泛一视同仁宜化，永敦四海同胞之谊。"[②] 虽然"同和"未被选作年号，但部落民将其吸收到自身的解放运动中，赋予了"同胞"的意义。1941年6月，中央融合事业协会更名为"同和奉公会"，自此，"同和"一词成为官方用语，如"同和事业""同和行政"，到了战后还有"同和地区""同和问题"等词语在官方文件中出现。

正如"同和"一词的历史渊源所示，在组织、参与战前的融合运动、水平社运动，乃至战后的部落解放运动的人们心中，有不少人有着拥护天皇制度的想法，而这种想法与他们认为"贱民解放令"是"明治天皇之圣断"的认识是分不开的。学者原田伴彦指出，无论"融合"还是"同和"，其根本的出发点都是肯定歧视、认为歧视无法根除，只能

---

① 小山仁示「書評 大阪的部落史委員会編〈大阪的部落史〉第7巻（史料編　現代1）」『部落解放研究』134号、2000年6月。
② 『同和国民運動』176号、1941年7月10日。

在一定程度缓解。真正要彻底解决歧视问题，就应当采取"解放"的立场，用"解放"一词替代"同和"。①

战后，在一系列民主化改革中，日本政府推行了以改善同和地区的环境及消除歧视为目的的一系列措施，称"同和对策事业"。1946年，以旧水平社成员为中心、以"超越水平、融合运动立场，创建所有期待部落解放者均可参加的大同团结组织"为理念的部落解放全国委员会成立。1951年，日本以朝鲜战争为契机，以国家重组为目的，颁布"住民登录法施行令"，规定居住于日本列岛的民众必须确定居住地、申请住所，同时登记米谷通账、国民年金、健康保险和选举人名簿。此后，日本各地方自治体施行了"同和对策事业"。1967年，日本颁布《住民基本台账法》，翌年彻底废除"壬申户籍"。自此，部落民表面上已经消失于日本社会，然而，部落的历史遗留问题并未彻底解决。比如，皮革产业仍然被视为较为低贱的产业，至今，姬路、丰冈等地还有同和关联企业经营鞣革业。1969年以后，日本施行了所谓"同和行政"，以"同和对策事业"为国策，颁布了《同和对策事业特别措施法》《地域改善对策特别措置法》《地域改善财特法》等。至《同和对策事业特别措施法》终止的2002年为止的33年间，日本为解决同和问题，花费了15兆日元的国家预算。

如今，对于部落歧视这一历史问题，日本社会中出现了"不要叫醒睡着的孩子"②的论调，即放任不管、不教授、不传播。将歧视问题放置不理，这不仅是掩耳盗铃，也磨灭了部落民在历史上的异质性，及他们为夺得平等地位而进行的艰苦斗争。

作为部落民自身而言，近代日本的政策及社会的歧视性观念导致其在宗教信仰上被迫由佛教改宗神道，社会生活仍大致处于与一般国民的隔绝状态，生活水平也没有得到多大改善。这种边缘性身份也使近代的部落民必然走上两条道路：要么与国家捆绑在一起，以寻求归属感和自我认同；要么与工农运动融合，追求与日本共产党的联合，进行反法西斯斗争，以期求得彻底解放。战后的部落运动被称为"同

---

① 原田伴彦『入門部落の歴史』、110頁。
② 日文作"寝た子は起こすな"。

和运动",其主要任务是推动部落民身份的一般化、市民化,消减了其追求解放的性质。无论如何,如果不正视与反思歧视这一日本近代的负面遗产以求彻底的"解放",日本社会是无法达到真正的平等、包容与自由的。

第四章 当代日本工匠文化的传承及失落

1935年以后，日本急速发展军需产业，并围绕其进行了企业统管和相应的整顿。对战争而言无用、不急需的行业从业者被集中至军需产业，其他手工业的从业者急剧减少。日本战败后的复兴首先体现在经济生产方面。到了20世纪六七十年代，高度经济增长和产业领域的技术革新促进了机械化与自动化的发展，廉价的工业商品随处可见。其结果是许多工匠的工作被剥夺，业种与工匠数量急剧减少，这也可谓是工匠"受难"的时代。于是，有一些传统工艺品的制作技术被划为无形文化遗产，受到国家或地方自治体的保护。

除了传统工艺之外，日本的工匠文化传承较多地体现在企业经营和技术研发上。日本的技术传承中，强调自我觉醒、人与社会、自然协调统一的隐性知识与显性知识达到了动态的协同作用；"日本式经营模式"在二战后孕育了QC小组、员工提案制度以及TQC等全员参与模式，从而使日本实现"技术立国"。而近20余年来的"日本制造"危机正是其传统工匠精神在民族主义名利观、僵化的体制和扭曲的实践能力观作用下失落的结果。

第一节 当代日本技术传承中的工匠精神

"守破离"技术传承范式支撑了当代日本的工业发展。1955—1975年的20年间，日本开展了被称为"昭和遣唐使"的大规模海外派遣，学习欧美管理模式，通过模仿求得发展。当时的日本制造业还实施了所谓"逆向工程"，即通过拆解和彻底研究竞争对手的产品，学习和模仿其设计。日本最大的家居连锁店宜得利（NITORI控股集团公司）社长似鸟昭雄就提出，企业起步时应当实行"完全模仿"（dead copy）。当然，不能仅止于模仿，还需要在吸收优秀产品设计的基础上提升质量、增加独特功能乃至价值方案。

第四章　当代日本工匠文化的传承及失落

总体而言，日本在承袭与强化工匠的职业认同、地方与国家认同的基础上，促成了工匠的近代化职业转型，传统工匠文化中的职业自豪感得到了延续。一部分工匠打破自己拘囿于小作坊中墨守传统的生产路线，以开放而平等的立场相互交流与竞技，从而在协作中实现技术存续。

第一，在职业认同方面，江户工匠文化中的职业自豪感在明治日本得到了延续。博览会、"古美术"保护活动、民艺运动的开展与美术学校的建立、专利制度的确立及知识产权意识的增强，对工匠精神起到了保护作用。修建古代佛寺神社建筑的"宫大工"、漆工等中的佼佼者也被誉为"人间国宝"，成为工匠中的旗帜性人物。如今，日本的工匠中已经演化出"工艺家""民艺作家""设计师""传统工艺士"等新的、分类更为细致专业的职业种类。江户雕花玻璃①传人三代秀石堀口彻认为，"职人"与"作家"本是工匠传承的两种不同身份，前者需要首先考虑客人需求，后者则需要自己从事设计、选材、定价、销售工作。② 日本建筑大工技能士会成立于1964年，致力于提高技术，确保传统木制工艺的保护、发展和后继者培养。2005年，日本开始实行"大工栋梁"认定制度。2019年10月，日本木工全国研修大会在四天王寺召开，纪念日本建筑木工、规矩之术之祖——圣德太子。

日本政府将有杰出贡献的艺术家和工匠认定为"重要无形文化遗产的持有者及团体"，认定方式分为"个体认定""综合认定""持有团体认定"三种。尤其是第三种认定，专门针对不适于个体认定、有一个以上工艺技术持有者的团体，充分重视了工艺技术活动开展与传承的集体性。截止到2022年8月9日，得到日本文部科学省认定的共有54个团体。其中陶艺12个（包括色绘瓷器、柿右卫门浊手、小石原烧、色锅岛、小鹿田烧、志野、濑户黑、铁釉陶器、白瓷、备前烧、无名异烧、釉里金彩）、染织19个（江户小纹、小千谷缩·越后上布、伊势型纸道具雕、喜如嘉的芭蕉布、久米岛绸、久留米绊、献上博多织、刺绣、精好仙台平、经锦、绸织、芭蕉布、红型、宫古上布、木版折更纱、纹纱、结城绸、友禅、有

---

① 雕花玻璃原文作"切子"，指对玻璃进行切割、打磨、雕等加工而制造出来的器皿。传统的江户切子诞生于平民区，也是平民日常生活的一部分。
② 李菁菁、张艺：《流光溢彩中的设计匠意　江户切子三代秀石堀口彻》，《知日》第49期，中信出版社，2018。

职织物）、漆艺 7 个（津轻涂、髹漆、蒟酱、沈金、莳绘、螺钿、轮岛涂）、金工 6 个（茶汤釜、刀剑研磨、锻金、铸金、雕金、铜锣）、木竹工 2 个（竹工艺、木工艺）、人偶 2 个（衣裳人形、桐塑人形）、手漉和纸 6 个（越前鸟子纸、越前奉书、石州半纸、名盐雁皮纸、细川纸、本美浓纸）。其中，颇具代表性的"柿右卫门制陶技术保存会"通过"袭名"传统，将江户初期（1640 年前后）由初代柿右卫门模仿明瓷创制的"柿右卫门样式"传承到了当前的第十五代。

第二，在地方认同方面，工匠文化与地方文化实现了紧密结合。如本书"绪论"所示，传统工艺当中涵盖着丰富而深刻的隐性知识，其传承主要依赖工匠丰富的经验和细腻的感受，同时也建立在不同的地域环境之上。因而，一般认为只有当地工匠才能传承"正宗"的传统技能。近代日本的各个工艺品及原料产地都积极引进西方技术，力行实业教育和工艺美术教育。抓住机会转型为"工艺品"生产地的地区，得到了"传产法"的认定与保护，产地的工匠得以以"工艺职人"或"传统工艺士"身份传承技术与地方文化。

近年来，传统工艺与地方振兴更成为日本非遗利用的重要议题。甚至可以说，日本无形文化遗产利用的一大基本目标已经演变为促进地区振兴。在 1970 年大阪世界博览会上，匠人日薪暴涨，远高于同龄的白领阶层。2005 年施行的文化遗产保护法在无形文化遗产中添加了"民俗技术"，将地方传承的生活及生产相关用具、用品的制作技术添加到保护对象中，以此保护"工艺工匠"的手工制作。根据日本经济产业省公布的数据，2010 年以来，传统工艺品的产值一直稳定在 1000 亿日元左右，然而，雇员人数一直呈下降趋势，2017 年约为 57000 人，在 18 年间，传统工艺的从业人员数量减少了大约一半。[1] 当代生活方式和雇佣环境的改变、原材料入手困难、技艺传承后继无人等都导致传统工艺的传承面临危机。为此，除了国家的"传产法"，传统工业品产业振兴协会[2]主要依

---

[1] 日本経済産業省「伝統的工芸品産業への支援」，https://www.meti.go.jp/policy/mono_info_service/mono/nichiyo-densan/densan-seminar/R2densan.hojokin.pdf，最后访问日期：2022 年 7 月 25 日。

[2] 日文全称作"一般財団法人伝統的工芸品産業振興協会"（简称"伝産協会"），1975 年成立。

第四章　当代日本工匠文化的传承及失落　　183

托经济产业省的补助金,进行人才保障、技术技法传授、产地指导、普及推广、需求开发等工作。尤其值得一书的是其人才保障措施,有:(1)认证有12年以上工作经验的"传统工艺士";(2)面向学生等群体进行传统工艺教育,由工匠直接向产地附近的小学、初中、高中、大学讲解手工艺品在日本人生活中得到使用的历史、于现代生活中的使用方法,同时进行制作体验活动;(3)接班人培训业务,熟练技术人员指导入职3年内的新人时,可得到奖金。此外,各个地方自治体也在配合实施各种具体策略。2020年12月19日,联合国教科文组织政府间委员会将传承木制建筑的17种技术构成的"传统建筑工匠之技:为继承木造建筑物的传统技术"列入世界非物质文化遗产,这也是日本的第22项非遗。从前文提到的"宫大工"(专为寺院神社等从事修建、修复工作的木工)和"左官职人"(泥瓦匠)等承继的保存、修理、装饰到使用柏树皮和茅草制作屋顶、使用黏土和石膏制作日本墙、提取漆等原材料等,均为保护珍贵木制建筑所不可或缺的技术。这些技术原本就被指定为日本"选定保存技术",由14个团体传承。委员会高度评价了传统技艺促进协作与社会一体性、强化日本人文化身份的侧面:"在修理现场,拥有不同技能的工匠们共同协作,一些维修工作需要当地居民参与策划。例如,茅草屋屋顶每20年就得更换一次,需要大量人力。"[1]

目前,日本国家指定的传统工艺品必须满足四个条件:(1)用于日常生活;(2)手工制作;(3)技术或原材料的传承超过百年;(4)在一定地区内有成规模的产业。日本国家级传统工艺品现共计15类,各都道府县也指定有县级传统工艺品。以日本著名蓝染工艺"阿波蓝"为例,此名称既指代德岛县(旧国名为阿波)特有的蓝染技术,也用以称呼相关产品,蕴含着仅有"阿波"当地才能制造的意味。阿波蓝生产中最重要的一环是制作"蒅"[2],即含有蓝色染汁的植物——蓼蓝的干叶发酵后形成的一种纯天然蓝色染料。蓼蓝在3月播种,7月、8月各收割一次。

---

[1] 日本文化庁「報道発表『伝統建築工匠の技:木造建造物を受け継ぐための伝統技術』のユネスコ無形文化遺産登録(代表一覧表記載)について」、https://www.bunka.go.jp/koho_hodo_oshirase/hodohappyo/pdf/92709001_01.pdf、最后访问日期:2022年7月26日。

[2] 日文作"すくも"。

而制作"蒅"则需要一百多天的复杂工作。简单地说,制作"蒅"包括"蓝叶成粉""初次发酵""反复发酵""敲匀分离"四道工序。

即使熟谙制造过程,如果不通过长期学习和实践掌握其中的隐性知识,也未必能够顺利制作出阿波蓝。这也是目前机器无法生产出此类传统工艺品的原因之一。蓝叶的干燥和发酵多依赖天气,只有对天气变化了如指掌才能制作出上等的蒅。另外,拧挤布料时,稍有不同就会影响织物的图案,因此每次染制好的成品图案都独具一格、各富特色。此外,阿波蓝染料需与空气接触充分氧化后才能用于染色,成品质量取决于与空气的接触时间和染色次数。为了染出上等布料,工匠必须综合考虑各种因素。掌握这些技能,需要经过长期学习和实践。并且,阿波蓝染的工具通常由工匠亲手制作,用料独特,用途特定。例如,"反复发酵"这一工序中需用木制四齿耙将蓝叶扒拢聚集,用木制羽板将其摊开,用细齿耙进行搅拌。在工具的使用、保养等方面也含有难以掌握的隐性知识。阿波蓝染的工匠就此被尊称为"蓝染师",他们技能娴熟,肩负着文化传承的使命。

锻冶博之的研究指出,阿波蓝的生产及流通曾对化解德岛藩财政危机、促进德岛藩经济发展起到重要作用。[①] 如今,日本四国地区经济产业业局的调查报告将阿波蓝产业作为德岛县优势产业进行调研,试图通过推动阿波蓝产业发展来扩大雇佣、增强地域经济活力,从而推动四国地区的经济发展。[②] 川人美洋子的一项调查显示,德岛县将阿波蓝作为文化资源加以利用,不仅鼓励阿波蓝工厂提供体验机会、开设相关课程培训,并且曾在2010年召开阿波蓝国际研讨会,为阿波蓝制作技术经验交流提供机会。[③] 在社会团体方面,徐博蕴的调查显示,德岛县阿波蓝生产振兴会、德岛县蓝染研究会等旨在保护与振兴阿波蓝产业团体的成立,都对阿波蓝制作技术的传承起到了促进作用。[④]

---

① 鍛冶博之『近世徳島における阿波藍の普及と影響』『社会科学』45巻4号、2016年2月、159—188頁。
② 経済産業省四国経済産業局『一次産業を核とした成長産業モデル化調査報告書』、2016年。
③ 川人美洋子「阿波藍と阿波しじら織物——徳島の伝統的地場産」『繊維製品消費科学』52巻10号、2010年、605—608頁。
④ 徐博蕴:《蓝染在日本的传承》,《纺织报告》2018年第8期。

第三，在日本的无形文化遗产传承领域，各博物馆、大学与研究所致力于对传统技能进行文本化与可视化。目前，日本政府采用国家补贴的方式，用影像记录阿波蓝染技艺，实现了记载资料数字化。同时，在隐性知识可视化和普及化方面，阿波蓝体验学习活动是重要一环。以德岛蓝染为例，"蓝之馆"是展出德岛特有阿波蓝的博物馆，其所用建筑物本就是著名蓝染商人奥村家的宅邸，还保留着当时的作坊和工具。蓝之馆在介绍阿波蓝历史的同时，也陈列着许多阿波蓝的作业流程模型及工具。这些展品就像技能手册，一定程度上使隐性的技能可视化。借助模型和工具实物，参观者能够轻松了解阿波蓝染技艺。此外，现存的本蓝染工场——矢野工场还开设了蓝染课堂，开展靛蓝提取学习会。它是为那些想学习布匹染制方法、染液制作方法、阿波蓝染不同生产过程的人而设立的。矢野工场还会定期举办特别展览会，展示和销售在技术人员的指导下进行长期学习的学习者的作品。正如陈强强所指出的，在根本上，默会（隐性）知识起源于知识在获得与境上的不可还原。[①] 日本学者小松研治认为，只要精确还原隐性知识的获得环境，就能够将技能"隐性"的领域可视化。他指出，技能可以从持有技能者周围的工具及其摆放方式、根据作业流程而制造的环境中看出来，这包括"材料选择、作业工序、根据步骤而进行的准备、工具与材料配置、为增强加工精确度的模型及其制作和配置、为了安全及避免失败的环境"。[②] 目前，小松已经在富山大学艺术文化学部使用隐性技能可视化教材，并将木工室和机械室改造为"可视化环境"，取得了一定成效。

在隐性知识的文本化方面，目前，日本的地方社会与民俗研究界、媒体正在紧锣密鼓地采集、编纂各个手工行业的工匠术语，尤其是一些已经濒危的业种。目前，已经出版了《日本职人语言事典》《绢之语》等丛书，网络数据库也正在制作中。日本的工匠术语不光是其技艺的体现，更是工匠文化的精髓。其中凝聚着工匠大巧若拙、看淡名利的生活与生产方式，表现着工匠与工具和器物的亲密关系以及工匠的职业操守

---

① 陈强强：《公众参与科学中互动专长论的引入》，《自然辩证法研究》2018年第5期。
② 小松研治「2014年度研究成果報告書　伝統工芸技能指導者育成モデルの研究——外在主義の知識観による学びの日常化」、https://kaken.nii.ac.jp/ja/file/KAKENHI-PROJECT-22300271/22300271seika.pdf、最后访问日期：2019年3月23日。

与信仰。但这也有相当难度，因为传统意义上的工匠是"没有笔"、以寡言为美德的。对于前来收集专门用语的学者，他们往往回答道"什么也没有""忘了""最近没用过，想不起来"。① 因此研究者需要频繁前往，默默守在一边，一旦听到相关词语就立刻记录并问询具体含义。东京大学村松贞次郎指出，正因为寡言的工匠们没有客观的、可以用数值衡量的表达逻辑，他们无意中说出的话语往往代表着技术的本质。②

除了语言方面，实物样本的记录保存也得到了重视。手工"和纸"技术于 2014 年被列入无形文化遗产，这与日本对和纸的实物样本——纸谱的出版工作是分不开的。每日新闻社于 1973 年发行了《手漉和纸大鉴》，这是众多研究和纸的专家与民众通力合作，收集 1000 种以上实物制作而成的。纸谱出版为手工制作和纸提供了研究工具，也成为进一步研究的重要实物资料。

可以说，在日本的近代叙事与地方叙事中，隐性知识的文本化已经成为重要一环，并已对日本文化遗产的发掘传承工作起到了显著的促进效果。在群马县"富冈制丝厂与丝织品产业遗产群"申请登录世界文化遗产的过程中，总结当地居民养蚕缫丝用语的《丝绸之乡丛书》作为不可忽视的部分，支撑了该遗产的申遗成功，直接激励了当地居民进一步传承传统技能的决心与信心。

地方知识中深深嵌入着多种隐性/感性知识，对其普及、发挥有利于地方活性化与振兴。和纸著名产地美浓市为了进一步推进其活性化与品牌化，多年来致力于在和纸会馆、博物馆中举办游客体验项目与专业和纸学习班。在和纸技术推广后，美浓得以从全国征集作品举办"美浓和纸灯艺展"，同时将展品送到东京等地展出，以扩大影响。瑞穗综合研究所的调查显示，到访"美浓和纸灯艺展"的游客看到历史悠久的当地建筑物掩映在灯光中，感受到了非常富有幻想感的氛围，发现了美浓和纸的魅力。可以说，活动的成功与隐性知识的共有化和共创化是分不开的。

尖端技术及环保材料的开发运用中，传统工艺中隐性知识的作用亦越发显著。比如阿波蓝染不仅用于服装、折扇和包袱皮等传统领域，还

---

① 清野文男编『日本の職人ことば事典』、204 页。
② 清野文男编『日本の職人ことば事典』、2 页。

探索到了新的用途。"蓝染花"是一种纯手工制作的创意花，以阿波蓝染为制作材料。制作时将 40 种质量上乘的布料在天然染汁中反复浸泡染色十多次，再为花瓣和叶子一一上色，最后人工完成立体造型。"蓝染花"可用于室内装饰，制作配饰、创意花束等。精致细腻的"蓝染花"随着时间推移散发不同韵味，具有独特的魅力。不仅如此，阿波蓝染的染色技术还可用于陶瓷器。阿波蓝染协会还利用德岛杉开发了系列建材。德岛的杉树质感柔软，与阿波蓝染的结合不仅展现了传统的日式美，还流露着现代气息。此外，阿波蓝染原料因其所具有的独特解毒功效，比化学原料更利于健康，在过去一直被用作药草。目前，位于德岛县德岛市名为大利木材的公司以"凛"为品牌生产和销售阿波蓝原料。

当今的日本企业依然极其强调隐性知识，即所谓的 know-how（中文一般译作"技术诀窍"）。这本是中世纪手工作坊师傅向徒弟传授的技艺的总称，包含默会知识的意思，可以指"直觉认知"和"体悟"。古代工匠的技术性 know-how 面向整个劳动情境甚至社会文化情境，非技术性 know-how 指的是除与技术性相关因素外，工人在工作中涉及的一切。这些资源尽管对于技术问题的解决是次要的，但是对于企业的日常运行以及产品最终以怎样的品质面向市场却有很大的作用。[1] 在日本，工程师和管理者都承认 know-how 的重要性，日本的精益生产模式就是工程师知识与工人 know-how 相结合的成功例子。工作 know-how 更重要的作用是对异化的克服，带给工人以自豪感和荣誉感。[2]

在日本近现代工艺美术发展过程中，始终贯穿着两个重要的主题：一是依托于本土和传统的基因进行工艺革新；二是以外来或移植的理念、方式革新工艺。这两个主题总是平行交错地发展着：本土、传统的典型代表是以"文化财保护法"为依托的传统工艺展、"人间国宝"的推选和认定、"日本传统工艺展"等；外来的、移植的典型代表是日展系的"创作型工艺"、"现代工艺美术协会"和前卫工艺，其理念、主张及活

---

[1] 尹文娟、卢霄：《关于无技能工人的"know-how"研究——涵义、合法性与当代境遇》，《自然辩证法研究》2011 年第 3 期。
[2] 尹文娟、卢霄：《关于无技能工人的"know-how"研究——涵义、合法性与当代境遇》，《自然辩证法研究》2011 年第 3 期。

动主要受到外来文化思潮和艺术运动的影响。① 可以说，工艺美术的发展呈现出"分栖共存"的格局，即具有相类似理念和样式的工艺家聚集在一起，形成一定的领域，在不侵犯其他领域的情况下确保各自创作和发表领地。②

近年来，扎根于日本传统技术文化基础的熟练技术，在镀金、切割、熔接及其他尖端技术领域，及高附加值的产品设计制造方面得到活用，有的还引发了技术革新。富士通总研与财团法人机械振兴协会经济研究所在"技术、技能的数字化"领域展开研究，试图通过录像分析、连续抽取出熟练技师在创意工作中不断形成的隐性知识，将其转化为系统的显性知识，并在教授过程中统合两种知识，令教授者与学习者共同作业，在试错中习得技能、共创新知。近年日本已经将研究推进到机器对人手触觉的传送、再现、扩大、缩小和保存技术上，未来有望与人工智能相结合。由此，含有丰富隐性知识的熟练技能便能在机器人、AI领域得到进一步传承和创新。庆应义塾大学触觉研究中心开发的真实触感（Real Haptics）技术将人体皮肤所感知的力触觉传达给机器，由机器人再现熟练技师与医生的细腻操作。

在网络高度发达、AI技术不断进步的今天，以人为本的理念显得更为重要。微软CEO萨提亚·纳德拉将AI"扩大人类能力"的目标解释为增进人类幸福。在我们思考科技发展与环境问题时，如果能将东方隐性知识传承的方法运用于传统和个人知识技术的共有化、显性化、活性化和共创化，可能对人类生命的丰富、自然和科技发展间的和谐做出更大贡献。

品管圈活动是隐性知识显性化并给企业带来活力的一个例子。品管圈又作质量管理小组（Quality Control Circle，QCC，日文作QCサークル），是支撑日本战后高速经济增长期的重要企业机制。在一个机构中，同时擅长隐性知识与显性知识的形成与传达的人才极为少见，因而集思广益的传统做法就是共同生活、共同作业。品管圈活动本源于美国，目前影响世界的品管圈活动则在1962年由日本石川馨创立，是由相同、相

---

① 赵云川：《日本现代陶壁》，人民美术出版社，2019，第5页。
② 樋田豊次郎『工芸の領分——工芸には生活感情が封印されている』、211頁。

近或互补的员工自发组成六人一圈的 QC 小组,合作提出、解决企业第一线发生的问题,从而提高产品质量和工作效率。通过品管圈活动,不管是技术层面,还是管理层面,本来由个人掌握的隐性知识通过交流在一定程度上可以显性化与共享,并自下而上地影响到整个企业文化。同时,能够提高员工的工作积极性与自豪感。日本学者野中郁次郎以世界性大企业松下、佳能、本田等公司的知识创新为例,指出隐性知识是企业知识创新的关键,并提出了知识转化的社会化(socialization)、外显化(externalization)、组合化(combination)与内隐化(internalization)四个阶段,即 SECI 模型。[①]

第四,从社会认同角度而言,工匠无论在过去还是在当前,即便其穷困潦倒、醉如烂泥、负债累累,也还是备受尊重、同情的。虽然黑泽明电影等文艺作品曾不无慨叹地指出,武士价值观在当今已经消逝,但工匠社会的传统价值观仍在延续。伊恩·布鲁玛指出,匠人中的"父亲"所扮演的双重角色,比如做木工的能工巧匠,是所谓"亲方",不管在员工还是自己的孩子眼里,都是父亲般的人物。若他还是肩负重要责任的大家族首领的话,那更是万众景仰。现代文娱作品中描绘的供人取笑的父亲形象中,很少会出现木匠或建筑工。[②]

第五,在民族认同方面,以传统工艺走向世界已经成为日本文化软实力铸造的重要手段。如前所述,日本工匠文化中的民族主义色彩本来比较淡,明治维新后则得到强化,与"殖产兴业""富国强兵""文明开化"国策形成了结合。可以说,日本的近代工艺,是在欧美人的审美中成长起来的。在几代人的努力下,"made in Japan"本身成为日本的重要品牌。2010 年,促进日本对外文化贸易的"Cool Japan"战略开始实施,传统工艺品的海外市场拓展,以工艺技术的展示和体验促进旅游业发展等项目得到更大的支持。[③]

日本传统工艺的世界性还体现在,有越来越多的外国人成为传承

[①] 石仿、刘仲林:《"意会(隐性)知识"在当代中国的崛起与沉思》,《自然辩证法研究》2012 年第 1 期。

[②] 〔荷〕伊恩·布鲁玛:《日本之镜:日本文化中的英雄与恶人》,倪韬译,上海三联书店,2018,第 244—247 页。

[③] 刘鑫:《国家品牌建构下我国对外文化贸易的路径优化——基于"酷日本"战略的启示》,《对外经贸实务》2017 第 12 期。

人。比如1955年出生于荷兰的罗吉尔（Rogier Uitenboogaart）25岁时接触到和纸而受到触动，当年前往日本参观了手工和纸作坊。1981年，罗吉尔前往高知县井野町，花了十年时间种植和纸原材料并从事和纸制作，1999年定居高知县梼原町，开设"天狗之风"制纸工坊。七年后，他在制纸工坊的基础上开设了制纸体验民宿，游客在住宿的同时学习土佐和纸及相关的和纸文化、高知文化乃至"大和"文化。在NHK（日本放送协会）制作的纪录片 *Begin Japanology* 中，罗吉尔面对记者"为何不是日本人，却认为传承制作和纸技术是自己的义务"的问题，答道：

> 梼原有着丰富的传统和文化，但越来越多的人正在忘记它，这可能是我的本分所在。因为我从当地人、造纸工人和日本人那里学到了很多东西。我必须用某种方法向他们报恩。这是我能做的事情。唯一能告诉人们的是我所经历过的事情。我不认为自己是外国人。同时，我也不让周围的人觉得我是个外国人。我想，造纸与传承纸的文化对我而言是自然的事。①

通过在制纸空间里进行极有仪式感的制纸工作，罗吉尔吸收了制纸工匠前辈们的感觉和经验，像神社的祭司一样制作每一张纸。此时，他对土佐和纸，更对日本文化产生了独特的理解和深厚的兴趣。2007年，高知县认定罗吉尔为"土佐之匠"；2009年，日本每日新闻社授予其绿色旅游大奖的优秀奖。他的儿子洋平已经被指定为其传承人。

第六，在社会整体的职业技能开发体系上，日本在法律法规的制定完善与实施、人才培养与表彰等方面积累了较多经验。在法律法规方面，《促进职业能力发展法》（1969年第64号法律）全面、有计划性地加强职业培训，充实职业能力水平测试的内容，并促进其顺利实施，其中也包括确保工人有机会自主接受职业相关的教育培训或职业能力水平测试的措施等。该法的目的是在提高职业稳定性和工人地位的同时，促进经

---

① *Japanophiles*: *Rogier Uitenboogaart* [*Begin Japanology*], NHK WORLD-JAPAN. https://www.youtube.com/watch? v = ttmQlPreAoE, 最后访问日期：2020年12月19日。

济和社会发展。

　　日本职业教育的最大特点在于其发达的企业内职业教育。日本企业内培训模式是在企业与雇佣员工签订的工作合同框架内实施的，没有全国统一的职业教育标准，这一模式的形成是基于日本长期以来实行的以终身雇佣制为主的就业形式，同时也是基于职业能力是在工作中逐步形成的观念。[①] 2001年，《促进职业能力发展法》修订，进一步强调企业须对工人提供雇佣信息并开展职业技能水平认证，国家将对企业开展的职业培训及劳动者提高自身的职业技能的活动提供补助金。此外，国家及地方自治体为在职者、离职者和初高中毕业生提供公共职业培训。由国家组织、厚生劳动省与中央职业能力开发协会、地方自治体与职业能力开发协会实施统一的职业技能鉴定考核，以建筑业和制造业为主，也包括运输业、零售业、保险业等。而日本对于卓越的技术劳动者的表彰主要有三类：国家级的黄绶奖章，经济产业省、国土交通省、厚生劳动省、文部科学省联合实施的"制造日本大奖"（ものづくり日本大賞），以及厚生劳动省颁发的"现代名工奖"。

　　黄绶奖章由日本天皇颁发给"精于、勤于农业、商业、工业等的业务，拥有足以为民众楷模的技术与业绩之人"，曾授予土地房屋调查员、矿工管道工、港湾建设事业管理者、服务业从业者、农民、专门从事茅草屋顶搭盖的工匠等。

　　"制造日本大奖"设置于2005年，旨在从支撑日本的产业和文化发展、在丰裕国民生活的形成方面做出特别突出的贡献的从事制造的人才当中，选出取得特别优秀的成果的个人或组织、团体对其功绩进行表彰，从而增加从事制造者的自豪感和动力，为进一步发展制造相关的技术和技能，并将其落实到下一代的传承发挥作用。日本经济产业省、厚生劳动省、文部科学省每年合作，依据1999年颁布的《制造基础技术振兴基本法》与当年的情况编纂《制造白皮书》。根据2022《制造白皮书》，2021年制造业中正规就业职员、从业员比例是68.7%，较所有产业的平均值高了15.1个百分点。近年日本高等专门学校中精通AI、机器人、数

---

① 罗玮琦：《新时期职业教育与校企合作中法律制度建设研究》，吉林人民出版社，2019，第91页。

据科学的人才辈出。[1]

"现代名工奖"是为提高技能劳动者的地位和技能水平而设立的卓越技能劳动者表彰制度,由厚生劳动大臣颁发。该奖于1967年设立,授予的对象为20个类别的技能劳动者,包括金属加工、机械/设备组装/维修、服装剪裁和木工等职业。目前平均每年表彰150人,获奖者总数已经超过4000人,没有年龄限制。获奖者获得奖状、卓越技能章(盾与徽章)、奖金(10万日元)。总体而言,该奖偏向于手工技能的传承。

综上,日本的工匠文化传承有较为完备的制度保障和社会认可度。具体到技术传承方面,强调自我觉醒、人与社会、自然协调统一的隐性知识与显性知识达到了动态的协同作用。重视基础、共同生活、在试错过程中不断磨炼技术、在对信息去粗取精的过程中将知识系统化的做法,在当今的日本企业及大学、研究所中也得到了运用。而强调身体化学习、蕴含着"历事练心""转识成智"的东方经验主义思想则是其根基。柳宗悦说,"未来的文化发展必将属于联合起来的东方。为了将东方的真理传播到西方,东西方必须全面合作,而东方的各国应当建立起更加亲密的关系"。[2] 柳宗悦之子柳宗理承继父亲所主张的民艺思想和工艺理念,提倡从机械时代的角度讨论手工艺,并将工业设计纳入"美用一体"的民艺理念。他反对日本风格意识过度,指出其陷入日式趣味(japonica)的危险,仅会创造出令人感到不快的不自然的形态,[3] 还认为企业家最重要的是要拥有与手工业制造领域的"手艺人精神"相对应的"产品制作人精神"。[4] 从这个意义而言,日本的"工匠精神"深刻思考了社会转型期的东方与西方、人与技术、人与自然关系等问题,从而留下了启发东西文明交融互通的宝贵遗产。

其中,工匠文化中蕴含的生态思想也值得借鉴。高效生产的原则是技术与产品对人类社会实用与否、效率高低。《庄子·天地篇》中记述了以机械之力提高效率之法:"有械于此,一日浸百畦,用力甚寡而见功

---

[1] 日本経済産業省、厚生労働省、文部科学省『2022ものづくり白書』, https://www.meti. go. jp/report/whitepaper/mono/2022/pdf/all. pdf、最后访问日期:2022年7月27日。
[2] 〔日〕柳宗悦:《工艺之道》,第29页。
[3] 〔日〕柳宗理:《柳宗理随笔》,金静和译,新星出版社,2021,第15页。
[4] 〔日〕柳宗理:《柳宗理随笔》,第39页。

多。"石田梅岩的"俭约",也是主张高效的。匠人式的"人、物性相通"精神已在很大程度上转型为新世纪的生态情怀。日本明治时期与二战结束初期曾有严重的环境污染和资源浪费,20世纪50年代以来,各地不断兴起环境保护运动并持续至今。包括汽车产业在内,日本的各大产业已经开始向重视减少环境污染的方向转型。而工匠文化中人与物的直接对话,与哲学家莫里斯·梅洛-庞蒂认为的"物我同化"[1]和迈克尔·波兰尼所称的"焦点意识",即匠艺过程中自我意识的丧失是相通的。这与当今制造业升级转型的需求相契合,并且可以强化、加深人类对物质与大自然的认识和对其价值的再思考。日本杂货品牌无印良品诞生于日本面临严重能源危机的20世纪80年代,以纯朴、简洁、环保、以人为本等为基本理念,生产出各种没有品牌标志,却以其独特的简洁风格风靡世界的产品。如今,无印良品的环境保护、返璞归真形象已经形成了极为广泛的知名度。丰田知名的精益管理模式,也以创造价值为目的,致力于避免生产过剩带来的浪费。

2000年《循环型社会形成基本法》颁布后,2001年,日本开始实施《有关促进食品循环资源再生利用等的法律》,同时开始对企业用计算机和小型二次电池进行回收利用;2002年,《有关建筑施工资材再资源化等的法律》实施;2004年,《有关废弃物处理及清扫的法律》修订;2005年,《有关报废汽车再资源化等的法律》实施;2006年,日本《修订包装容器再生利用法》审议通过。小池百合子在2005年就任环境大臣时,为了提倡以环保包装替代一般使用的纸质或塑料制购物袋,自己设计并推广了一种"MOTTAINAI Furoshiki"包装方式,并将其命名为"再生制作的包袱皮",其原材料为从回收塑料瓶中提取的纤维。

在日本,循环型社会被比喻为大树,而生态理念与环保行为就如同大树的树根与枝叶。传承与改造有益的传统生态理念是培树根,而付诸实际的环保行动是修枝叶。承袭并改造了中国生态思想的日本工匠伦理中既包含对自然的尊崇和关爱,也有对人类破坏自然的行为的节制与禁忌,是一种可贵的具备生态维护性质的东方生态思维,也是一种富于启

---

[1] Maurice Merleau-Ponty, *The Phenomenology of Perception* (New York: Humanities Press, 1962).

发性的生态思想资源。

第二节　当代日本企业经营中的工匠文化因素

一　工匠文化与管理模式

如前所述，比之中国的长子世袭制①，日本的家族传承有"婿养子"的传统，这种灵活的制度给工匠技术传承及身份转型带来了新鲜血液和活力，尤其体现在工匠转型成为企业管理者，及传统手工业在管理模式的转型上。日本的代表性企业家（"经营四圣"）是松下幸之助（松下）、本田宗一郎（本田）、盛田昭夫（索尼）、稻盛和夫（京瓷）。这四人都是技术工作者出身，高度重视技术与工厂第一线。其中，松下幸之助提出了"自来水哲学"、"玻璃式经营"②及"堤坝式经营"③。本田宗一郎重视技术，其中尤重节能减排。1970年，美国提出净化空气法，即马斯基法，限制汽车排放废气。美国三大汽车厂商都以技术理由抵制。而本田宗一郎却认为技术上没有不可能，亲自带领技术人员苦心研究，最终研制出低排放量的CVCC发动机。

管理模式上的近代转型，是在浓厚的"家职"观念及其影响下的养子制度支撑下完成的。如前所述，工匠精神中的"家职"观念强调敬业敏求，并以此达到儒家治国齐家的理想，同时包含佛教式的功德观念。在此影响下，日本的家族传承中较之重视血缘，最主要的目的在于维持神佛恩赐的"暖帘""看板"，即信誉、招牌，因而有了养子的传统。马克斯·韦伯指出，资本主义要求劳动"天职"（Beruf，亦译作"志业"）观，即知识与技能的渐进累积，以及认为劳动乃是自身命中注定事业的信念。日本的"家职"伦理在近代转型时便对其"制造立国"起到了积极作用。

所谓"全面质量控制"是第二次世界大战后日本企业普遍引进的管理方式，提倡集体匠艺活动，主张开诚布公地相互交流、上下共同投身

---

① 这里泛指工艺传承在内的中国世袭制。
② 指企业内部开诚布公、信息对称。
③ 指为保持经营的弹性始终留有一定回旋余地，以避免经营中的周期性震荡。

创造。这一管理方式由美国商业分析家 W. 爱德华兹·德明提出，他与休哈特提出了共分四个步骤的"质量管理循环"，囊括了生产之前的调研和讨论过程。① 在这种制度下，工作第一线得到格外重视。桑内特指出，对日本人有着"好好先生"印象的人，很难理解在丰田、斯巴鲁和索尼工厂上班的日本人在批评同事的表现时的不留情面，在日本的工厂里，向权力说出真相是可能的。② "全面质量控制"意味着追求卓越，并且是对所有产品一视同仁的质量要求。这与工匠精神本身是契合的，并且直接促使 20 世纪 70 年代中期日本在汽车等领域占领了利基市场③。

可以说，二战后，家职伦理与工匠共同体意识同欧美管理模式融合，孕育了 QC 小组、员工提案制度以及 TQC 等全员参与模式，从而达到创新超越，实现"技术立国"。长年来，日本式经营被总结为所谓"三大神器论"——终身雇佣、年功序列、企业内工会。张玉来指出，在引进福特生产方式过程中，日本人融入了其传统文化中的集体主义元素，把标准作业划分基准落实到小组而非个人。④

日本企业"家训"发展到"企业理念"的过程则充分体现了管理思维上的转型。日本集中了世界上数量最多的长寿企业，其中大部分从事制造业，不少经营理念脍炙人口。明治时代的改革先驱，往往本是纯熟技师出身，因而这些人所创办的企业，通常也以"家训"或企业理念的方式，忠实地恪守着对隐性知识的重视。发家于纺织机制造的丰田集团，在后来转型成为世界知名车企。记录其创始者丰田佐吉（1867—1930）思想的"丰田纲领"延续至今，深入企业经营的方方面面：

（1）上下一致，至诚服务，为产业报国做出贡献；
（2）潜心研究和创造，领先时代潮流；
（3）戒除浮华，朴实刚健；

---

① W. Edwards Deming, *The New Economics for Industry, Government, and Education*, 2nd ed. (Cambridge, Mass.: MIT Press, 2000).
② 〔美〕理查德·桑内特：《匠人》，第 20—21 页。
③ 指高度专门化、专业化的需求市场。
④ 张玉来：《日本企业管理模式及其进化路径》，《现代日本经济》2011 年第 2 期。

(4) 发挥温情友爱精神，弘扬家庭和睦美德；

(5) 尊敬神佛，养成感恩报德的生活习惯。①

今天，丰田已经在此基础上融合对新的社会发展形势的思考，演化出新的企业基本理念，既继承了"研发最尖端技术"的立身之本，又添加了"以提供清洁与安全的商品为使命，通过各种企业活动，为创造适合居住的地球与丰裕的社会而努力"。②此外，本田汽车的本田宗一郎、索尼公司的重要创办人井深大、夏普的创立者早川德次等都出身工匠，他们对隐性知识的重要性都有深刻的体验，相关公司的经营理念也均强调工匠精神。

二 工匠文化与劳资关系

谈到日本工业革命的成功和制造业的发展，绕不开的话题是日本式的"劳资关系"。日本式劳资关系的形成最晚可以追溯到近代初期。产业发展的时机、政府部门的措施、商业发展的战略决策等多重综合性因素当中，最为重要却也是最不为人知的，或许是工人们自己的态度和行为。③ 安德鲁·戈登指出，日本工人是工厂生产经营坚定而自信的参与者，必须承认他们的思想与行为的活力，第一批产业工人的行为基调由传统工匠们定下，他们不仅带来了技术，也带来了他们毫无管束的流动性和融入现代工厂的渴望，他们频繁地变换工作，从小工厂流动到大工厂再从大工厂流动回小工厂，漠视无效的行业规则以及对独立的需要，到19、20世纪之交时，东京和大阪周边的工厂已经出现与之相似的工人社区，外国的技术人员已经完成对第一代工人的培训，到了20世纪初，他们已拥有有效的组织和足够的自治权利以帮助形成劳资关系。④ 贫穷、酗酒、赌博、挥霍无度、见识偏狭和与之截然不同的特性——极其渴望独立创业和个人发展，具有同志精神、团队精神和顽强的坚持精神，同

---

① 楫西光速『豊田佐吉』、30頁。
② TOYOTA「基本理念」，https://global.toyota/jp/company/vision-and-philosophy/guiding-principles/，最后访问日期：2022年10月12日。
③〔美〕安德鲁·戈登：《日本劳资关系的演变：重工业篇，1853—1955年》，张锐、刘俊池译，江苏人民出版社，2011，第1页。
④〔美〕安德鲁·戈登：《日本劳资关系的演变：重工业篇，1853—1955年》，第7、25页。

时存在于日本19世纪的工人身上,而这使全社会对工人产生敬意。[1] 而这与本书第二章所述江户工匠的代表性精神品质几无二致。明治时期的企业管理者大都缺乏一线生产经验,因而主要采取间接管理的方法,而工人在企业间的流动极其频繁。这导致企业逐渐采取了阶梯形定期加薪工资制,并发展为"年资加薪",在二战以前普及开来。此外,为了培育工人的归属感,并满足工人本身的需求,三菱长崎造船厂、芝浦制作所等重工业企业带头实施员工培训、员工子弟就学、互助式保险等激励性福利制度,并使之与工龄挂钩。1916年日本第一部《工厂法》的实施标志着日本政府与各大企业确立了以家长制作为解决劳资关系的原则思想与基本方法。而在其实施过程中,工人通过友爱会等组织,直接或间接地推动管理者把打着关爱旗号的家长制具体化,也即令其加入更具实质性的内容。

"企业内工会"是所谓日本式经营"三大神器"之一。而这在近代早期以车间、工厂与企业为基本集会、组织地点的日本工会组织结构特点中已见端倪。这与欧洲早期按照行业技术组织工会的风格是不同的。工人们对自己共同从属于无产阶级的认知极为淡薄。比如浦贺船渠公司就是以奉献国家事业的口号动员工人其工会具有"御用"性质[2],可谓战后日本企业内工会的前身。安德鲁·戈登联系德川时代工匠社会的本质论述道,日本工厂建立的前提是只为正式员工提供稳定工作和生活的工资,工资由公司内成员身份各自固有的属性决定,如年资级别和考绩兼顾,以年资为纽带连接技术和薪金被认为足以满足工人,也满足管理者。而从20世纪50年代开始,正式员工的范围有所扩大,员工资格在组织中的中心地位体现在失去或者放弃这一资格的后果上,一个人离开公司时就离开了工会,随之也就失去了大量与该公司紧密相关的工资系数。[3]

阳明学者、富冈制丝厂工厂主尾高惇忠之子、涩泽荣一之孙尾高

---

[1] 〔美〕安德鲁·戈登:《日本劳资关系的演变:重工业篇,1853—1955年》,第28—29页。

[2] 日文作"御用組合",英文为 company dominated union。

[3] 〔日〕安德鲁·戈登:《日本劳资关系的演变:重工业篇,1853—1955年》,第406—407、412页。

邦雄（1908—1993）建立了日本战后的"产业社会学"。他是出身东京大学的著名社会学者，通过劳动研究社会，著有《职业社会学》《产业社会学》等。他首创了"二重归属意识"概念，以此分析劳资关系中的劳动者意识。该意识指劳动者同时对管理方与工会两方抱有归属感和忠诚心。尾高邦雄指出，在日本经济不发达的时代，维持生计要素比重较高，为了保持经济增长，企业被视为一个"家"，工业界整体则被称作"护送船团"，主流价值观是通过从属关系的实现而获取成果。这类从属关系在欧美的横向型工会中是不常见的。而这种从属关系的实现，则产生了对企业和工会两方抱有所谓"二重归属意识"的员工。[1] 这当中还有对企业具有很高的归属感、不拒绝加班和调任地方的"工蜂"，亦称"企业战士"。所谓"企业战士"，意味着其职场即"战场"，"战士"需要为了企业利益，以工作为先，甚至牺牲个人的家庭生活。他们支撑了战后日本的经济增长，又称"猛烈社员"。

可以说，前近代日本的工匠文化发展到战后经济高速增长期，已经形成一种工会、企业、员工相互融合的命运共同体，产生企业承担保障劳动者生活的社会福利性功能的企业文化。

第三节　当代日本人身份认同中的工匠文化因素

直到今天，工匠精神依然集中反映了日本民族的核心价值体系与民族认同。美国社会学家桑内特通过对海外日本人的访谈，得出了匠人精神是当代日本人身份认同的重要因素这一结论。日本的流行文化，如动漫、电视剧中有不少描述匠人匠艺、工匠精神的作品。在文学领域，出现了被称作"工作小说"[2] 的一种小说类型。"工作小说"是专门聚焦于某一特定职业、专业、职务或业态的小说的通称，通过这些小说，读者可以熟悉有关工作的具体情况，了解其艰辛和困难，以及幕后细节。在CINII（日本国立信息研究所检索数据库）里以"お仕事小説"为关键词，截至2022年7月25日15时可检索出25篇文献。《小说新潮》2016

---

[1]　尾高邦雄『産業社会学講義——日本的経営の革新』岩波書店、1981。
[2]　日文作"お仕事小説"。

年12月号的"工作小说"特集,其导语为"每个工作的人都有碰壁的时候,或大或小。有的时候,你可以积极面对你的工作,比如当它是有趣的、充实的和有价值的……当然也有的时候,它不是……"① 特集包含主角为银行职员、中央和地方公务员、特大商店的老板娘、警察、自卫队员、快递公司职员、保育员、编辑、外聘讲师等不同身份的19部作品。"工作小说"的意义不止于励志,其往往通过描写小人物在激变大时代中的挣扎,探索人生的价值。比如垣根凉介的《迷路之子——你们没有明天》系列小说受到了读者欢迎,它描绘了主角即一位裁员面试官与被面试者的一次次对峙,以此为正在探寻"工作=生命"的意义的人们鼓劲。三浦紫苑所著《编舟记》被改编为动画、电影,并有人民文学出版社和上海文艺出版社的两个中文译本。其刻画了出版社编辑部用长达15年的时间编写面向当代日本人的辞典——《大渡海》的过程。编辑部的工作人员、参与编纂的众多学者和兼职学生、造纸公司及印刷厂的员工们都为辞典的出版不计辛劳、全情投入、精益求精。小说中提到"厨师"的释义"以烹饪调理为业的人"时讲道,"'业'这个字,是指职业和工作,但也能从中感受到更深的含义,或许接近'天命'之意。以烹饪调理为业的人,即是无法克制烹调热情的人。通过烹饪佳肴给众人的胃和心带来满足,背负着如此命运、被上天选中的人","说明对职业那种'无法按捺的热情'……绝不会过时,并且会一直传承下去,在受到许许多多使用者喜爱的各种辞典里,在致力于编纂辞典的编辑人员们心里"。② 此外,三浦还有小说《强风吹拂》,讲述田径界年轻人的故事;《月鱼》,讲旧书店的年轻老板和其朋友的故事;《得佛果》,主人公为日本传统艺能人形净琉璃③的年轻传承人——太夫(又作大夫,说唱净琉璃);《真幌站前多田便利屋》,讲述两个年轻人办起便利屋,为客人办理一件件意想不到的事情以为他们排忧解难的系列故事。这些故事描写的年轻人往往不是站在社会聚光灯下的角色,甚至是边缘性的、在

---

① 新潮社「お仕事小説ここにあり!|まとめ|」、https://cybozushiki.cybozu.co.jp/articles/m001214.html、最后访问日期:2022年7月25日。
② 〔日〕三浦紫苑:《编舟记》,蒋葳译,上海文艺出版社,2015,第86页。
③ "人形"即木偶;"净琉璃"是一种诞生于室町时代,用三味线伴奏的民间说唱表演艺术,如今通称"文乐",1995年被指定为日本国家重要无形文化遗产,2009年9月入选联合国教科文组织非物质文化遗产名录。

人生中抱有一定挫折感的人物，但他们因为全情投入一份份看似平凡的工作、挑战心中的高目标而闪闪发光、充满魅力。故事中还包含着引人入胜、错综复杂的亲情、友情和爱情纠葛，而这些情节都以具体的工作内容推进为线索层层展开，故事中的人物从中获得救赎。正是这种当代职业中传承的工匠精神，令"工作小说"有了吸引读者、激励读者乃至疗愈读者的力量。

第四节　当代日本制造业中工匠精神的失落

20世纪六七十年代以后，"日本制造"进入其黄金年代。当时，日本很多大企业是家电、汽车、数码等行业翘楚，"日本制造"以其模仿创新能力与工匠精神为全世界津津乐道。然而，近20余年来，"日本制造"与互联网、智能硬件市场擦肩而过，错失发展良机。面对中国、韩国崛起的制造力量，日立、东芝、索尼、夏普等传统日本品牌一再败北。曾作为日本创新型企业代表而对世界电子产品产生巨大影响的索尼经过多次资产出售后，只剩下娱乐影音业务；2009年，苏宁电器买下陷入困境的日本先锋电器Pioneer的品牌使用权；2016年，富士康接手了陷入巨额亏损的夏普。

日本企业不光面临业绩下滑和衰退危机，更有一些一直拥有美誉的日本企业竟然曝出造假丑闻。2017年10月8日，日本第三大钢铁企业神户制钢曝出以次充好和篡改质检数据的丑闻，遭到美国司法部调查。10月16日，日立制作所为英国制造的城际高铁列车投入运行后因技术问题出现漏水导致延误，而该列车就使用了神户制钢生产的未达标的铝制品。10月8日，日本日产公司宣布，由于车辆最终检测未按照规章由授权技师完成，将在日本本土召回过去三年中销售出的车辆共计120万辆；10月19日，日产汽车表示将暂停日本全部6家工厂的生产。另一家昔日制造业巨头东芝也因为财务问题濒临破产的边缘。东芝7年来虚报13亿美元获利，其子公司在2016年还曝出伪造并挪用订货单等票据的丑闻。2011年，奥林巴斯公布了其长达20年、涉及17亿美元的财务造假问题，这是日本史上最大的财务舞弊案件。2013年，日本各大宾馆、餐厅连续曝出食品伪装问题。2015年，三井住友建设被曝出其在神奈川的住宅项目偷工减料。2016年，三菱汽车承认在其四款汽车的燃油效率测试中违规操作；铃木也承认其在燃效数据上的造假。象征"安心、安全"的"日本制造"招牌岌岌可危。

"日本制造"面临的溃败危机背后的原因究竟是什么？有观点认为，这与日本过犹不及的工匠精神不无关系。"日本制造"以其工匠精神著称。工匠精神既包括工匠心理文化中的职业信仰、操守与身份认同，也涵盖工匠阶层乃至当今制造业的意识形态如生产态度、职业伦理与价值观等。业界和学界一般认为，"日本制造"取胜的秘诀在于工匠精神。

柳宗悦认为，工匠精神并不适合大规模工业生产。半导体产业研究者汤之上隆甚至指出日本制造业的败北正是由于工匠精神的过度发挥。[①] 笔者认为，目前"日本制造"的危机，正是日本传统工匠精神在民族主义名利观、僵化的体制和扭曲的实践能力观作用下的失落，导致其面对制造业大转型无法应变创新。

一 民族主义中纯粹劳动意识的失落

"日本制造"所面临的危机的主要原因之一是被美名曰"明治精神"的日本民族主义的抬头。日本近代工业文明得到发展，"日本制造"在国际上声名鹊起，是在19世纪后半叶，以"殖产兴业、富国强兵"为基本国策的明治政府大力扶持产业发展，钢铁、造船、煤炭等重工业支撑了日本从江户幕府末期到明治维新迅速从农业国崛起为西方化、工业化的大国。当时培育的传统在日本战后得到承继，创造了经济神话，因此制造业中的"技术实力神话"也根深蒂固。面对近年来制造业的重重危机，日本媒体和民众却依然普遍认为日本技术世界第一，直至最近的"神户制钢不正"被曝出。这种自豪感导致其对于个性、对于与众不同，特别是为了争夺各个领域"世界第一"的偏执，造成工匠精神中纯粹劳动意识的失落，无法精益求精、不断突破。

日本前首相安倍晋三与日本制造业的民族主义有不可分割的密切联系。1979年，安倍走上社会的第一份工作就是在神户制钢。他成为首相

---

① 〔日〕汤之上隆：《失去的制造业：日本制造业的败北》，林曌译，机械工业出版社，2015。

后还曾大加赞誉其工匠精神，多次走访神户制钢及其下属的加古川制铁所，还在演讲中指出，"钢铁就是国家"，钢铁产业一直是日本发展的原动力，体现了工匠技术和精神，甚至在建设中的高炉所用的耐火砖上写下"钢之匠"。

重工业领域的代表性大企业被供在"爱国主义"的圣殿里，制造业的神话从而成为国家经济发展的象征。可以说，日本技术的近代化在意识形态上与日本国家的近代化紧密结合，从而带有强烈的民族主义色彩。[1] "明治日本工业革命遗产"这一申遗项目政治因素强烈，涉嫌为日本近代殖民史与侵略史辩护。然而，因其见证了明治日本的工业腾飞，被列入"国家战略"，在安倍政权的力推下于2015年被列入世界文化遗产名录。

明治工业遗产中有5处山口县遗址，而山口县正是安倍晋三的家乡与日本右翼保守派的大本营。安倍在2015年8月12日访问山口县时表示，明治维新50周年时，日本首相是山口县出身的寺内正毅，而100周年时的首相、安倍的外叔公佐藤荣作也来自山口县，山口县是明治维新的"圣地"。安倍说，作为山口县出身的首相，希望能够留下不令自己这一身份蒙羞的政绩。在安倍作为自民党总裁第二次竞选内阁大臣时，提出"夺回日本"的口号。他在重新出版的《崭新的国家——美丽的国家完全版》新添的终章中指出，"夺回日本"这一口号不仅意味着自民党从民主党手中"夺回"日本，还有日本国民从战后历史中"夺回"日本这个国家的含义。[2] 正因为如此，"明治日本工业革命遗产"的申遗，也是将明治时期日本负面遗产提升到工业革命的高度，这与安倍政权的意识形态操作高度配合，对于安倍内阁来说意义重大。因而，日本的技术是"不能失败"的，一些"问题"也就成了无伤大雅的"小节"。神户制钢就被曝出内部存在详细讲述违规手段并加以继承的事实上的"违规手册"。

工匠精神在敬业、敏求劳动观的指导下，对品质至上的追求是执着而纯粹的。工匠创物本该是为人类生活服务，无私地为他人消费而辛勤劳作。[3] 这是一种对于纯粹劳动无关名利、抛却执着的追求。工匠精神

---

[1] 木村至聖『産業遺産の記憶と表象』京都大学学術出版会、2014、213頁。
[2] 安倍晋三『新しい国へ　美しい国へ完全版』文芸春秋、2013、254頁。
[3] 潘天波：《工匠文化的周边及其核心展开：一种分析框架》，《民族艺术》2017年第1期。

并不拒绝模仿。然而，日本制造业现在普遍认为模仿可耻，忘记了丰田汽车学美国、官营八幡制铁所学德国起家的历史，这种骄矜和执着名利的心态导致其工匠精神的失落，致使其故步自封。其名利观中工匠精神的失落，从根本上说是日本制造业的诸多企业面临来自世界各国企业和新技术的严峻挑战时，一方面背负着历史包袱，另一方面在现实的打击中不断丧失自信的体现。

在民族主义名利观的指导下，日本重工业成了产品质量问题的"重灾区"。此外，白色家电相关的一些工程师的价值观也渐渐背离工匠精神，趋于功利主义。比如夏普就生产了一些只为证明技术的特殊面板，如四原色液晶电视 Quattron、氧化铟镓锌面板等，都难以赢得市场。这是因为这类面板价格昂贵，与其他品牌的同类产品的差距却不大，无法吸引客户。最终夏普没能挽救其债务危机，被中国台湾企业并购。

二　僵化管理中"家职"伦理的失落

在企业管理的巨大漏洞中，不光工匠精神被简单化为技术至上主义，"以社为家"的家职伦理也被异化为唯公司高层马首是瞻，社员为公司奴役的企业文化。

日本江户时代形成的工匠精神是儒家家族伦理影响下的共同体意识，其传承很大程度上靠的是学徒制度，或家族制。在儒家天命观与家族观念影响下，日本的学徒制度成为一种较为灵活但行业内部纽带十分紧密的制度，以及一种"家职"伦理。从家职伦理看社会，可以将国家理解为在各个行业的"家"一丝不苟实行其本职之中形成的社会组织。这种在儒家家族伦理组织下的集体形成了极强的内部凝聚力。

2017 年《朝日新闻》的一篇社论提醒日本国民："虽然不愿这么想，但蔓延的不正当行为可能已经成为制造业中的一种隐性知识。"[①] 在二战后数十年间，大多数日本企业形成了许多"潜规则"，比如管理层就算对公司大政方针心存疑虑，也一般不能质疑公司高层。如此公司内部管理难以发挥作用，便容易形成一种"隐蔽体制"，往往不对外透露真实信息。要进行彻底改革也是困难重重。加之大企业的"年功序列"（即论资排辈）

---

① 「天声人語」『朝日新聞』2017 年 10 月 15 日。

制，将不信任或未升迁员工安排在"窗边"[①]或发配到"小黑屋"，等其主动提出辞职。这种体制下"家职"伦理无法维持，员工忠诚度不能得到提高，反而鼓励了一种混日子的惰性，创新和改革也从而受到阻碍。索尼就是在转型过程中忙于平衡公司各部门利益，被美国苹果公司占得先机，其家电部门经营愈加艰难。神户制钢的数据造假也获得了管理层默许。

20世纪90年代的泡沫经济崩溃，更导致"日本式经营"与日本人的劳动环境发生了变化。"年功序列"曾经保障的薪资、职务层级的逐年提升变得未必能够兑现，高龄职员在公司优化重组的名目下遭到解雇的情况也时有发生，即便是知名大公司也可能保证不了"终身雇佣"。由此，员工对于组织的忠诚度受到影响。消费低迷和相对贫困化现象的愈加凸显导致"社畜"[②]这一明显带有自嘲意味的词语取代"企业战士"和"猛烈社员"成为流行语，体现了为工作放弃生活、失去自我的劳动者的生存困境。昭和时期"过劳"的主体是正规雇佣劳动者，而平成时期非正规雇佣劳动者在"过劳"群体中占据了半壁江山。[③] 无法保障升职加薪与安心的老年生活的工作，显然无益于培养员工的敬业奉献精神，这种条件下仍然被要求加班的员工显得被动而无奈。

日本企业的僵化体制还体现在不把国外员工看作承担"家职"的一员，管理职位一直由日本人担任，国外员工面临职业发展"玻璃天花板"。这在日本企业的全球化发展中无疑成了一大阻碍要素。松下长期负责海外营销业务的岩谷英昭指出，日本家电厂商难以把生产转移到国外，一是因为担心技术机密泄露（目前日本海外合资公司大多仍由日本员工把持生产技术），二是担心影响国内就业。而从与国外企业共同发展的长远角度看来，这都是杞人忧天。[④] 不仅如此，无论在日本国内还是海外，日企中女性的发展都受到很大限制。即使在所谓"安倍经济学"提倡女性就业的当今，日本女性的就业率仍然不容乐观。

---

① 所谓"窗边族"（日文作"窓際族"）指日本企业中被安排闲职的多余员工。
② "社畜"指那些在新兴产业从事超长和过重劳动、遭受企业剥削、缺乏人权保障的年轻员工。类似的词还有"公司狗"（日文作"会社の犬"）。
③ 胡澎:《日本的"过劳"与"过劳死"问题：原因、对策与启示》,《日本问题研究》2021年第5期。
④ 李瑞娜:《陷"裁员风暴" 松下转型B2B 日本家电巨头陆续撤离家电阵营》,《中国经营报》2017年5月15日，第C06版。

更有，十年树木，百年树人，工匠精神需要在学徒制中用几十年的时间精心培育。然而，在日本目前的生产一线，正式工、合同工、临时工交杂，正式工面临巨大的责任与压力，临时工偷工减料混日子，乏人问责。"一线承受着严守交付时间的压力，管理层进一步脱离生产一线，在疲惫的生产一线，数据篡改就成了常态。"①

三 以人为本、尊崇自然的价值观的失落

工匠精神是以人为本的。工艺之美就是服务之美，所有的美都来源于服务之心。因而器物作为日常生活用具，实用价值是其价值的本质。换言之，工匠精神价值观的根本在于技术与产品对人类社会实用与否。松下电器的创始人松下幸之助被称为"经营之神"，他提出了"自来水哲学"这一经营理念，即大量生产、提供像自来水一样价格低廉、品质优良的产品。

经济学家约瑟夫·熊彼特指出，所谓"创新"（innovation）并非单纯的技术创新，而是发明与市场的结合。然而，当今许多日本制造业企业的实践能力观与工程师的实践能力观一样，认为"凡是技术上能够做的事都应该做"，这既是展示和证明自己的实践能力的最佳途径，也是指导自己职业行为的根本原则。② 这使其价值取向是做一件事情"能不能做""会不会做"等能力素质，而不是"应不应该做""要不要做"等涉及伦理道德的因素。③

日本制造业单一化的实践能力观导致日本制造业乃至服务业过度追求顾客满意，盲目追求技术也往往指向"品质过剩"。品质过剩包括性能过剩④、包装过剩与服务过剩。性能过剩指的是一种商业体质，这种体质使商户提供的产品品质往往超出顾客的需求，这种过剩与明代黄大成《髹饰录》的主张相悖。黄大成记述道，在形式上，工匠得戒除"淫巧荡心""行滥夺目"之饰。⑤

---

① 「日産・神鋼…不正相次ぐ　日本の製造業に綻び　現場任せ限界/問われる経営の力」『日本経済新聞』2017 年 10 月 15 日。
② 龙翔：《工程师的功利观对环境伦理的遮蔽》，《自然辩证法研究》2011 年第 6 期。
③ 高亮华：《人文主义视野中的技术》，中国社会科学出版社，1996，第 112 页。
④ 日文作"過剰性能"或外来语"オーバースペックシンドローム"。后者由和制英语 over-spec syndrome 发展而来。
⑤ 王世襄：《髹饰录解说》，三联书店，1996，第 28—29 页。

日语中"拘る"指拘泥纠结于小节，本是贬义词，近年来却作为褒义词常常被用在介绍产品的广告中。日本企业在产品开发方面有着独特的风格，他们通常更注重产品在细节上的差别。他们更看重的不是消费者的需求，而是能不能把商品陈列在货架上，因此更加苛求与旧型号和竞争产品的差异化以及如何让东西更好卖；简单地追求差异化，却不考虑供求关系，如此一来，就会产生很多过剩的产品。① 燃气具领军企业林内在生产上追求完美，一条热水器生产线共有 26 个检测工程，一台热水器要出厂，产品零部件样品检查与整台热水器的全部测试都必须严格执行。即便只是换个外壳，也要作为新品重新接受全部检测，耗费大量时间和成本。日本的半导体产业痴迷于品质细节，企业高层和技术人员忽略用户需求和市场信息，难以应对激烈竞争。东京大学制造经营研究中心负责人藤本隆宏在《能力构筑竞争》一书中分析说，战后日本制造业的问题在于，在深度能力构筑竞争中，因为无法判断对手层次高低，往往容易过度竞争。这也是一种基于过去的成功经验的"组织的惯性"。结果组织能力往往积累过剩，超出顾客满意度。②

不少日本企业不惜血本追求尖端技术、顶级品质，希望消费者购买高档产品。比如他们连工业刷都制作得像精致的艺术品。然而，工业产品本就不该是艺术品。偏执的追求往往不考虑市场，掩盖了工匠精神对实用性的追求，导致产品性价比降低，无法承受与国外品牌的价格竞争。日本企业往往认为，他们的产品在新兴国家不受欢迎是由于新兴国家相对贫穷，消费不起。然而，即使是日本客户，也未必愿意为价格过高而不够实用的功能买单。面对漂亮而昂贵的日本生产的工业刷和只注重功能但价格只有日本产品十分之一的外国产工业刷，日本客户也会选择外国产。③ 柳宗悦指出，量少的美往往因技巧的重荷、装饰过剩而死去。他以在日本受到珍视的中国磁州窑、龙泉青瓷和五彩瓷为例，指出这些工艺品当时不过

---

① 〔日〕佐藤大、川上典李子：《由内向外看世界——佐藤大的十大思考法和行动术》，邓超译，北京时代华文书局，2020，第 9 页。
② 藤本隆宏『能力構築競争——日本の自動車産業はなぜ強いのか』中央公論新社、2003、307 頁。
③ 苏清涛：《对"匠人精神"的过度发挥，加速了日本制造业的衰败》，2016 年 5 月 12 日，http://www.ce.cn/cysc/zgjd/kx/201605/12/t20160512_11496015.shtml，最后访问日期：2017 年 8 月 4 日。

是从中国进口的原本大量生产、平民使用的廉价商品。他还警示制作者，比起为了少数富人制作特别的作品，制作一些对普通民众有用的普通作品才更符合工艺的宗旨。① 日本"秋山木工"创始人秋山利辉在其著名的《匠人精神：一流人才育成的30条法则》一书中也认为工匠修业须与客户沟通，即学会从客户角度想问题，洞悉客户内心需求，为客户精打细算，给客户感动和惊喜。②

对劳动者具有吸引力、注重满足员工需求是21世纪企业生存的必备条件。而日本制造业的实践能力观在对劳动力的轻视方面，也遮蔽了工匠精神以人为本的原则。日本人以爱加班、睡眠时间少而举世闻名，然而据经济合作与发展组织（OECD）的调查，日本在发达国家中劳动时间最长，劳动效率最低。目前，日本正面临1974年以来最严重的劳动力短缺问题，日本适龄劳动人口以每年70万的速度减少。在劳动力如此珍贵的情况下，珍惜从业人员、改善劳动条件、提高其劳动效率无疑才是关键。2016年10月在东京才望子软件开发公司（サイボウズ株式会社）召开的世界经济论坛分会上，世界顶尖经济学家就日本人长时间劳动问题进行讨论，指出日本人工作方法必须改革，需要舍弃"顾客就是上帝"的服务宗旨，通过牺牲一部分服务，开展更有效率的工作。③

工匠精神本是尊崇自然的，提倡"随万事物之法耳"。所谓随物之法，就是按照物的理想状态，根据物的功效，最大限度地发挥其功效。④从边际效应规律来看，俭约也是有其重要意义的。因为在产品质量提高到一定程度后对细节的吹毛求疵，无异于对人力与自然资源的浪费。《日本劳动教育的思想史》引用石田梅岩在《俭约之序中》提出的町人一大原则"俭约"云："所谓俭约异于世俗所说，非为我而吝诸物……为世界将需三物而只以两物济，曰俭约。"⑤ 他的俭约具有有效地利用物，进

---

① 〔日〕柳宗悦：《工匠自我修养——美存在于最简易的道里》，第34—35页。
② 〔日〕秋山利辉：《匠人精神：一流人才育成的30条法则》，陈晓丽译，中信出版社，2015。
③ サイボウズ「生産性を高めて働く術を知らない日本人、『お客様は神様』マインドも変えるべき？—ダボス会議に参加したグローバルリーダーが議論」、https://cybozushiki.cybozu.co.jp/articles/m001214.html、最后访问日期：2017年8月4日。
④ 〔日〕源了圆：《德川思想小史》，第98页。
⑤ 小林澄兄『日本の勤労教育の思想史』誠文堂新光社、1951、308頁。

而有效地利用人的意思。① 如前文所述，至今，日本的一些业界还每年定期对废旧工具进行祭拜、感谢自然。然而，这种价值观在目前日本制造业的实践能力观盛行的局面下也无法得到充分发扬。一些打着"环保"旗号的营销也不免带上了讽刺意味。

日本众多世界巨头的陨落有共同的原因，即没有与时俱进，陷入了"创新窘境"。② 而正如张玉来指出的，日本创新的基础恰恰是自身的传统。③ 可以说，日本的近代工业文明是由日本所擅长的模仿起家，充分发挥了其善于学习并将学习成果融入自身、发挥自身优势的特点。近年，日本制造业也产生了新的积极动向。发那科机器人有限公司以其孤立主义而闻名，最近也为了实现其"智能工厂"而向美国思科系统公司与日本NTT寻求合作。丰田也开始与日产合作，试图将"IoT"运用到生产一线，达到所有物品都连上网络的目标。

明治知识分子、大文豪夏目漱石（1867—1916）曾于1909年在小说《后来的事》中借主人公代助之口说："日本如果不向西洋借钱是不行的，却想要加入'一等国'的行列。"他还引用"蛙与牛斗"的寓言故事称日本"就像与牛争斗的蛙，看，你快要腹裂而死了……国民神经困乏、身体衰弱、道德败坏，日本全国黑暗"。④ 这正是在日本赢得日俄战争后洋洋得意，妄图称霸近邻亚洲，加入"一等国"行列的时刻。日本制造业能否在继承其自豪的工匠精神基础上再创辉煌，关键所在，还是其是否能克服其民族主义的抬头。

同时，分析日本的"制造业民族主义"，也可以发现日本工匠文化有局限于狭小领域的专业探索，对自由、平等意识的淡薄和缺乏大局观的特点。长谷川如是闲曾批评日本人自然观"只见树木、不见森林"的贫乏性："与西方的景观花园相比，日本对大自然的把握还算纤细、深沉，表现出一种高级的文化感觉，但它仅将大自然化作一种形式，喜好在局部进行观赏，属于盆栽情趣和盆景情趣。在狭小的庭园做出几十个名作，如濑田之桥、唐崎之松等，也是缺少欣赏大自然景观态

---

① 〔日〕源了圆：《德川思想小史》，第96页。
② 〔日〕汤之上隆：《失去的制造业：日本制造业的败北》，第XVI页。
③ 张玉来：《日本企业管理模式及其进化路径》，《现代日本经济》2011年第2期。
④ 夏目漱石『それから』岩波書店、1938、91—92頁。

度的证据。""缺乏欣赏大自然趣味的人类在文化形态的创造上也难免贫乏……所以今天的日本人缺乏欣赏大自然的能力，就意味着他们不能独创现代的日本文化。"①

而对于日本工匠文化提倡的"专注"、"一念"或"一心"，②斋藤正二以渗透到日本国民生产生活中的"修行"一词为例，批判其自20世纪60年代日本经济高速增长期开始，"作为一种巧妙手段将'管理'延伸到高度分工的劳动体制的所有角落"，"培养勤勤恳恳和绝对服从的'新的经济动物'"。③他指出，日式"修行"的精神训练从幼儿教育开始，强调"关注于一点"或"无我的境地"，却忽略了精神功能是"一个充满人性矛盾的复合体"，拥有明确的关联性并会构成一个整体，"关注于一点"的命令使人们切断所有的关联性——"消除杂念"，这种命令"根本不关心被命令者的工作内容是艺术，还是政治，抑或是杀人"；这导致学生已经丧失将一种现象看作"整体"中的"一部分"这种"关联性把握"的能力，认为不存在与眼前单一直线运动直接关联的其他事物，从而产生可怕的"意识物象化"事态。④

"意识物象化"与日本人的政治观念淡薄息息相关，也导致其对人生价值或者日本于世界的贡献的认知受到极大局限。小岛洁指出，"深层意义的政治"在日本是缺席的。⑤1889年公布的明治宪法依据"国体"原则，将天皇的君权制度化，规定全日本人民都是天皇忠诚的臣民，天皇绝对、神圣的统治权威和中央集权的官僚体制紧密结合。正因为如此，普通国民被排除在国家责任与权力外，缺乏"主体性"。正如曾于1932—1941年担任美国驻日大使的约瑟夫·格鲁指出的，日本天皇就好比能驱使数千万工蜂的"蜂王"般的存在。⑥丸山真男指出，在幕末维新时期，江户的"锁国"状态虽然崩溃，但由此产生的能量成为天皇制国家

---

① 長谷川如是閑『日本の性格』岩波書店、1938、161—164頁。
② 〔日〕山本常朝：《叶隐闻书》，第354页。
③ 〔日〕斋藤正二：《日本自然观研究》，胡稹、于姗姗译，中国社会科学出版社，2020，第890、889页。
④ 〔日〕斋藤正二：《日本自然观研究》，第895页。
⑤ 〔日〕小岛洁：《建构世界史叙事的主体性》，杨洋译，《文化纵横》2019年第3期。
⑥ 〔日〕真嶋亚有：《"肤色"的忧郁——近代日本的人种体验》，宋晓煜译，社会科学文献出版社，2021，第274页。

这一别样的"封闭社会"的向心力，导致"开放社会"所应有的合理主义未能充分确立。①

可以说，工匠文化在某种程度是鼓励民众的"客分意识"的，而这种意识也支撑了日本近代化最终走向侵略扩张的发展模式。所谓"客分意识"在日本的史学界是一个引起长期讨论的概念。"客分"在日语中为看客、旁观者之意，来源于福泽谕吉对明治初期日本国民对国事漠不关心的现象的总结。牧原宪夫指出，"仁政"原本是江户时期远离政治的普通民众在身份制下对执政者的一种冀盼，可以说是一种人治的政治状态，而与"仁政"相对应的就是民众的"客分意识"，江户时期广为流传的"仁政为武家之职责，年贡为百姓之义务"就形象地描述了这种情况。② 而民众能够传承的精致的工匠文化，也在对待侵略战争的问题上，体现出对其他民族命运的冷漠甚至残酷。工匠精神是工匠文化中最为核心的力量聚合体，③同时也是日本工业文化的精神支柱。失去了工匠精神的日本制造，就像无源之水、无本之木，无以为继。日本曾想成为"军事大国"，靠的是"刀"，他们失败了。二战后，日本要成为"经济大国"，靠标着"made in Japan"的商品，目前也面临巨大危机。日本人真正需要的不是刀，光靠商品、靠算盘也不行。只有工匠精神才是真正文化力量的源泉。

日本企业中的工匠生产方式目前还有所留存。如丰田系工厂中组装高级乘用车时就会在简短的生产线上使用熟练的组装工人，两人为一组随着车体前进，用几个小时组装一台完整的汽车，带有工匠生产方式的浓厚色彩。④ 一般的生产线中也会有至少一道工序由经验纯熟的手艺人亲手完成。《留住手艺》中的小川三夫的作坊虽然会使用电锯刨木头，但最后一定是木匠亲手把木头表面刨滑。工匠精神的承载制度——学徒制在当代制造业中也没有丧失其用武之地。秋山利辉认为，学徒制是培

---

① 丸山眞男『忠誠と反逆——転形期日本の精神史的位相』筑摩書房、1992、191頁。
② 牧原憲夫『客分と国民のあいだ——近代民衆の政治意識』、49頁。"仁政为武家之职责，年贡为百姓之义务"的日文为"仁政は武家のつとめ、年貢は百姓のつとめ"。此书出版后在日本史学界颇有影响，《史学杂志》1999年第5号曾对此特别论及。
③ 潘天波：《工匠文化的周边及其核心展开：一种分析框架》，《民族艺术》2017年第1期。
④ 藤本隆宏『能力構築競争——日本の自動車産業はなぜ強いのか』、213頁。

育一流人才的摇篮,最重要的是孝心。[1] 这种"孝心"或者说"忠诚"就是一种基于学徒制的模拟血缘感情,具有强大的渗透力和影响力。

除了近几十年诞生的企业,日本的传统企业无论大小,都有将从业人员视为家族成员的倾向。以"在职培训"[2]为例,日本企业一般会对所有员工在可能的限度内进行较为彻底的教育。日本企业在 OJT[3] 方面具有理念明晰、制度化培养体系、国际化视野、尊重个性发展等特点,正是这些特点的有效发挥,使日本企业获得了实现可持续发展所需要的优秀人才。日本特色的 OJT 既是"年功序列""终身雇佣"人事制度的必然产物,其有效实施也能促进人事制度的运行与改善,从而提高员工的企业认同度和忠诚度,即面对企业危机时的一种工匠伦理。这种以企业为家的理念也能秉着其强大渗透力和影响力,令企业更为强韧。丰田公司即认为,企业的成长源泉在于人才培育,以"是人在制作物,因而不先培养人,工作就做不了"的理念,构建职场中的"教与被教"关系。丰田在综合职位的人才培育系统中设有"职场前辈制度",即员工在分配到特定岗位的三年内,都有相应的老资历员工负责其培养工作,从"作为社会成员该怎么做"到"如何做一名丰田汽车公司员工"这样的基本问题,再到具体的业务,事无巨细地进行指导。[4] 到了第四个年头,员工转变为指导新员工的身份。这种立足中长期视野的关系构建注重对技术实力的培养与传承。针对技能职位与事技职位,丰田分别实施了现场团队领导(teamleader,TL)制度和师傅(master)培养计划,形成以师傅为中心、充分下放权力、前辈带后辈的小团队,并制定推进组织形成教与被教关系的日常职务运行体制。[5] 官文娜指出,丰田"召回门"事件中,在美国国家公路交通安全管理局(NHTSA)对丰田电子油门控制系统进行的调查被公开报道后,丰田自上而下并没有借"阴谋论"大做文章或有大规模平反的想法。丰田人用实

---

[1] 秋山利辉:《匠人精神:一流人才育成的30条法则》,第12页。
[2] 英文为"On-the-job Training",日本企业文化中一般简写为 OJT。
[3] 王晓东、雷鸣:《日本企业 OJT 的特征及其启示》,《东北亚学刊》2015年第1期。
[4] トヨタ「人材育成制度」、https://toyota-saiyo.com/environment/、最后访问日期:2019年10月14日。
[5] 唐伶:《战略转型中 HRM 的演化逻辑:基于丰田实践的研究》,《日本学刊》2017年第6期。

际行动说明：客户对产品的信心来源于产品的信誉，产品的信誉来源于员工对企业的忠诚。[①] 事件发生后，丰田在反思基础上，自2015年开始对全公司进行教育改革，包括将新员工入职教育期从半年延长到一年，其中有5个月在丰田汽车销售门店与生产工厂实习；员工入职后到第四个年头，将在"指导职研修"制度下转换被教与教的身份，需要思考当有新员工进公司时自己如何进行具体的指导。正是得益于这种教与被教关系的构建、注重对现场力的培养，以中长期的视野进行人才培养，丰田不断为顾客提供优质的产品与服务，在业界树立起良好口碑。

  1999年，日本设立了重视实学的"物作大学"，由哲学家梅原猛担任校长。该校将基本技能和"物品制作之魂"作为基础，加上科学技术及经营管理的教学，旨在培养具备开拓新时代的思想和伦理观的人才。该校首先让学生接触具体的物品，体会物体的生命，从中发现问题并自己解决问题。学校还设有许多实习科目与长时间的企业实习课程，极其重视学生的动手能力。这种培养方式颇具学徒制特点，即少提理论，多让学生通过手工制物获得珍贵的体验和感动。

[①] 官文娜：《日本企业的信誉、员工忠诚与企业理念探源》，《清华大学学报》（哲学社会科学版）2012年第4期。

结　语

由于各方面原因，日本皇室存续时间达两千年，维护了手工业的存续与发展。皇室保有的"国宝"、近代以后确立的"帝室技艺员"制度等，都为匠人的代际传承提供了条件。而战乱时期，"反而促进了精美物品的制造，因为它们是成功的象征，是满足刚刚得权、得财之人的自尊心所需的炫耀手段"，这也与"唐物"所承载的文明意义息息相关，因而战国大名也趋之若鹜，丰臣秀吉极力笼络知名匠人，匠人"可以依附于某位选择作为学问保护人的大名"；同时，"宗教机构足够强大，可以为画家和文人提供庇护。因此，那些小心避开战争的僧侣和世俗之人可以在尚且安全的佛寺画画、写作"。[①] 佛教将精美的布施物看作虔诚供养佛祖的重要物质载体，因而佛寺成为收藏"唐物"、庇护工匠的重要场所。这也是工匠文化在日本得以薪火相传的重要原因。

除却器物层面，日本工匠的技术与经营乃至思维方式的传统也都源于中国，即使在近代转型前后，也有浓厚的东亚宗教色彩。日本工匠精神是日本根据日本人的生活生产方式与精神需要，对中国传统文化所做的诠释与改造。比之理论，日本民族更重视体认、体知与实践，哪怕是精英阶层，也尊崇"努力""习得""手工""技巧"的价值，因而获得了大众发自内心的支持，与布迪厄描述的法国精英文化对天才的推崇，对需要修习、获取之物的鄙夷形成鲜明对比。[②] 日本当代朱子学研究者木下铁矢在《朱子："职"的哲学》一书中指出，朱熹"格物"的"物"字是指"职"，用现代日语应该翻译为"职务条规"（職務条項）或"工作"（仕事）。[③] 译者凌鹏在"翻译说明"中指出，该著『朱子：「はたらき」と「つとめ」の哲学』的直译应该为《朱子："功用"与

---

① 〔英〕乔治·贝利·桑瑟姆：《日本文化简史：从起源到江户时代》，郭玉红译，社会科学文献出版社，2020，第372页。
② 筒井清忠「修養主義の説得戦略」『ソジオロジ』36巻2号、1991年、第38—39頁。
③ 〔日〕木下铁矢：《朱子："职"的哲学》，凌鹏译，三联书店，2021，第7页。

"职责"的哲学》，作者选择两个假名词，"意味着他要从当代日本人的感受出发，来尝试着阐述对于传统朱子的理解"。① 从中可以看出当代日本学者对于朱子学的一种解读：人作为天、地、人"三才"中的一分子，通过奉"天"命而从事具体之"职"，即迈向实践的。

工匠精神作为一种信仰力量，成为日本制造业在历史转型中及时遏制粗制滥造的扩大，实现近代工业化的重要文化资源。其中，"守破离"传承范式对创新的认识、家职观念的灵活性、社会整体对工匠文化的认可与尊重以及工匠精神与民族认同的融合都起到了作用；而以较为和平的形式完成的明治维新和其"文明开化""富国强兵""殖产兴业"国策强有力的推行则是政治上的重要保障。当前人类社会正经历着一场包括互联网、新能源、人工智能等新技术在内的科学技术变革，日本不少制造业巨头在这样激烈的技术变革面前，为现代技术带来的工具理性霸权下的急功近利和人类中心主义的独断倾向左右，丧失了传统工匠精神，业绩下滑、丑闻频出，陷入了"创新窘境"。日本企业在产品开发方面过于重视细节、简单地追求差异化，却不考虑供求关系，导致产品过剩。② 而也有一些企业则在反思基础上明确了制造业升级对工匠精神中传统劳动观、价值观、自然观与体制基础的诉求，将"手艺人精神"改造为"产品制作人精神"，③ 将产品研发作为一种宣传品牌魅力和企业文化、进行理念传达的手段，④ 从而成功发挥了工匠精神在现代制造业中应有的作用。

日本工匠精神中有许多智慧值得总结，日本传统工匠转型的教训与经验，也值得我们吸取。

第一，可以借鉴日本蕴含东方式共同体观念的全员参与管理模式。发扬工匠精神中家职伦理的凝聚力，复兴并创新学徒制度。利用现代信息化手段拓展技艺传承、生产演示与产品展示的方法，更直观地传达工匠精神。

---

① 〔日〕木下铁矢：《朱子："职"的哲学》，第164页。
② 〔日〕佐藤大、川上典李子：《由内向外看世界——佐藤大的十大思考法和行动术》，第9页。
③ 〔日〕柳宗理：《柳宗理随笔》，第39页。
④ 〔日〕佐藤大、川上典李子：《由内向外看世界——佐藤大的十大思考法和行动术》，第9页。

在管理模式上，日本企业采用的全员参与模式强调东方式的集体主义，将标准作业划分基准落实到小组，① 采用自基层到高层的提案决策制度值得借鉴。

学徒制度是工匠传统技艺与精神传承的重要方式。我们要充分认识技术传承中师带徒的作用，留存具有积极意义的"传帮带"学徒制度。

在高等职业技术教育层面，以"造物大学"为例，学校与"产学官"密切合作，课程中的动手环节与实习科目采纳了注重"口传身教"的"传帮带"学徒制度。该实践体系已经被纳入日本注重劳动的"全人教育"的重要环节。

日本民间智库正在开展工艺技术数字化研究，通过录像抽取与分析熟练技师在创意工作中不断形成的隐性知识，将其转化为系统化的显性知识。由此创新传承学徒制，在教授过程中统合两种知识，令教者与学者共同作业，在试错中习得技能、共创新知。

第二，打破就业体制，改变就业观念，提高工匠职业威望。从20世纪50年代起，为倡导传统工匠精神、保护传统技艺、支援相关中小型企业，日本政府向有杰出贡献的艺术家和工匠颁发"人间国宝"称号，其入选条件就是必须收弟子传承技艺。我们也需要如此树立杰出工艺大师、工人技师榜样，引领工匠精神示范，保护工匠、技师合法利益。通过保证每个从业者的尊严与职业自豪感，让各行各业人士以爱本行、干本行为荣，并可借由本行获得体面、有尊严、有保障的生活。这样才能更好地倡导职业平等价值取向和就业取向。

工匠精神的生生不息，离不开社会整体对工匠文化、实业精神的认可与尊重。日本的工业遗产与丰田、京瓷等的工厂是旅游胜地和学校教育基地。日本经济产业省近年积极推动工匠文化融入旅游地形象塑造和文化软实力构建，值得借鉴。

第三，日本的市场主义是在传统工匠精神土壤与日本较小的国内市场中诞生的，强调满足多样化的、潜在的消费需求，甚至提倡老字号企业也去开发市场、创造需求。当今中国处于消费社会转型阶段，企业必须及时转变观念，适应新时代消费需求的变化。面对日益激烈的市场竞

---

① 张玉来：《日本企业管理模式及其进化路径》，《现代日本经济》2011年第2期。

争和欣欣向荣的互联网行业，国内产业链快速下沉并且细分化，中国实体制造业需要不断尝试与市场结合的真正的创新，吸取日本的教训，不能为了技术而技术。应坚持工匠精神中的品质至上主义和顾客导向，适应消费者对产品品质与服务个性化的需求。制造业需要在坚实的产业基础上引入互联网、大数据和人工智能等新技术不断研究市场实际情况，与消费终端企业联合，提高生产能效，开发个性技术，打造个性化分支产品，满足消费者对产品和服务的差异化需求，赢得市场先机。

第四，日本匠艺的民众性、日用性与生活性倾向明显。正如工艺美学家柳宗悦所总结的，工艺之美是"多"之美，在于"'民众'、'实用'、'多量'、'廉价'和'寻常'"。[①] 在对抗制造业民族主义、当代名利观问题与资本主义体制问题上，不少日本企业也进行了深刻反思。如发那科机器人公司提出的"成本比哪家都低"的研发姿态、无印良品坚持的"纯朴、简洁、环保"等基本理念和九州 TABUCHI 供水公司强调员工家庭满足度而践行的"新家职伦理"，令它们在竞争中长期居于优势地位。

"无印良品"品牌的诞生理念与柳宗悦对"民艺"的理解一致，均为抗拒大量消费的社会。其商品不注明设计者姓名，也不用广告宣传。"匿名性"是无印良品的一大特征。"富足而方便的生活一旦过剩，人们或许就会开始向往简朴而剔除了冗余的禅意生活。"[②] 无印良品的产品设计师深泽直人同时是日本民艺馆的第五代馆长。他在赴美国游历前曾到访日本民艺馆，看到了柳宗悦手书的民艺之意趣，发现了其可以等同于"设计"。他在美国浸淫于尖端设计的七年半，一直将柳宗悦的民艺理念贴于桌前，视为座右铭。他与从事和纸开发的大直公司合作开发了以和纸制作而不易破的 SIWA 系列产品，包括托特包（承重超过 10 公斤）、钱包、书皮、服装和饰品，有其特定的客户群。柳宗悦之子柳宗理也设计了能在当代生活中使用的简洁大方的纸制品，如和纸吊灯，采用了富山县八尾的和纸（见图 5-1）。这件灯饰是通过将五张和纸粘贴在专用的 FRP 模具上形成的上下两部分连接而成，为 1980 年在米兰举办的展览

---

① 〔日〕柳宗悦：《工艺之道》，第 5 页。
② 〔日〕松井忠三：《无印良品世界观》，吕灵芝译，新星出版社，2017，第 26 页。

而设计。柳宗理本打算使用一种新的软塑料材料,但经过反复试制,最终决定活用手工制作的和纸柔韧的质地和透光性,使用和纸来制灯。通常提灯形状的和纸灯都会配有竹制骨架以保证其强度,但这件灯饰则完全没有骨架,这是因为其如同 UFO 一般的形状本身就具有刚性,从而在传统的基础上有了设计创新。这件灯饰既展现了和纸的氛围,包含的楮与结香纤维比例也正好从而保证了其强度,独具特色。[1]

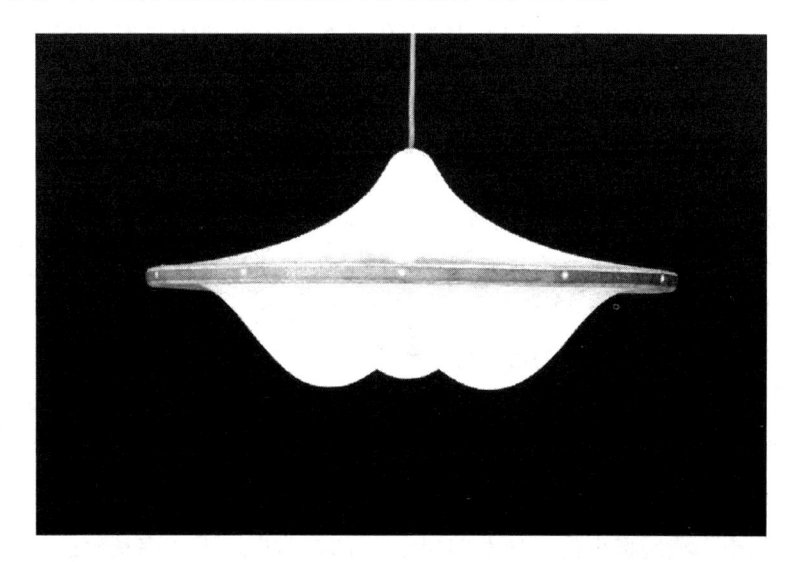

图 5-1　"和纸吊灯"三合一型（柳宗理 1979 年制作）

资料来源：柳工業デザイン研究会「和紙ペンダント照明」、https://yanagi-design. or. jp/works/464/、最后访问日期：2022 年 8 月 9 日。

秋山木工的秋山利辉指出："人们借优质产品才能重新找回珍视物品和资源的心,找回商业世界之外那个单纯而温情的世界,因此真正匠人制作的木工是很受欢迎的。"[2] 战后日本平面设计高速发展,涌现出许多设计大师,如福田繁雄、胜井三雄、田中一光、龟仓雄策、广村正彰等。无论他们的设计作品是否融入了现代主义风格或数字化技术,其共同特点在于承继了近世琳派、浮世绘天然去雕饰、师法自然的设计理念和单纯洗

---

[1] 柳工業デザイン研究会「和紙ペンダント照明」、https://yanagi-design. or. jp/works/464/、最后访问日期：2022 年 8 月 9 日。

[2] 《专访秋山利辉：匠人精神的源头在古代中国》,澎湃新闻,http://www.thepaper.cn/newsDetail_forward_1699274,最后访问日期：2017 年 6 月 4 日。

练的表达手法,这些工艺家共铸了日本战后设计的"极简主义美学"。

第五,从工匠精神中汲取生态智慧,有利于我们在当前制造业中以东方生态文明理念重建人与自然的和谐,以创造价值为目标提升效率与效益,避免生产过剩带来的浪费,唤醒敬畏自然之心,重拾工匠精神天人合一的情怀和道法自然的智慧。正如海德格尔针对现代技术开出的药方:人们可以通过唤醒深藏于艺术世界与诗歌世界中的"诗"与"思"来自我拯救。[1] 从传统工匠精神汲取生态智慧,有利于我们在当前制造业中以东方生态文明理念重建人与自然的和谐。丰田也采用精益管理模式,以创造价值为目标做"正确的事",避免生产过剩带来的浪费。《庄子·天地篇》写道:"有械于此,一日浸百畦,用力甚寡而见功多。"《韩非子·难二》亦云:"舟车机械之利,用力少,致功大,则入多。"二者均记述了以机械之力提高效率之法。我们的制造业弘扬传统工匠伦理的积极作用时,也应当在生产过程中淘汰粗放式经营,在提升效率与效益的同时,将对生态的破坏减至最小。

总而言之,日本把中国的传统文化融入自身,发展出了具有特色的工匠文化。从中日交流史的角度而言,工匠文化的持续融合与传承创新是一重要线索。虽然论及近 30 年来日本制造业中工匠精神失落的一面,但正如李海燕所指出的,日本 21 世纪后的产业进入了"高精软远"的阶段,即在高科技、精密仪器和精密加工、创意产业、国际化等方面都有了长足的进步,[2] 其中,工匠精神仍发挥了不可或缺的作用。

---

[1] 孙周兴选编《海德格尔选集》,上海三联书店,1996,第 1240 页。
[2] 李海燕:《回望平成时代的日本经济》,中国金融出版社,2020,第 120 页。

参考文献

一　日文

（一）史料、工具书

新井白石编［他］『東雅』吉川半七、1903。

池田東籬亭主人编『新撰訂正番匠往来』弘文堂、1831。

石田梅岩「都鄙問答」『石田梅岩全集　上』大阪清文堂出版、1972。

伊藤仁斎『童子問　巻之上、中、下』伊藤重光、1904。

岩崎佳枝『職人歌合総合索引』平凡社、1985。

岩手県勧業報告号外「船津甲部巡回教師演説筆記」1888 年 3 月。

遠藤元男『ヴィジュアル史料日本職人史』雄山閣出版、1991。

上田秋成『胆大小心録 中』国書刊行会编『上田秋成全集　第 1』国書刊行会、1922—1923。

大原幽学『微味幽玄考』奈良本辰也・中井信彦校注『日本思想史大系 52　二宮尊徳・大原幽学』岩波書店、1973。

岡元鳳纂輯『毛詩品物図攷　7 巻［1］』江戸北村四郎兵衛等、1785。

小木新造等编『江戸東京学事典』三省堂、2003。

『荻生徂徠　日本思想大系 36 巻』岩波書店、1973。

海保青陵『善中談』海保青陵ほか『海北独語』尾崎敬義ほか、1916。

狩野永納『本朝画史　下巻　専門家族、雑伝』佚存書坊、1883。

北原糸子「安政の大地震」小木新造等编著『江戸東京学事典』三省堂、1987。

喜田川守貞『守貞漫稿』東京堂出版、1973—1974。

京都市社会部编『西陣織業に関する調査』『京都市社会課社会調査報告』第 44 号、1940 年。

清野文男编『日本の職人ことば事典』工業調査会、1996。

久米邦武『特命全権大使米欧回覧実記第 5 篇　欧羅巴大洲ノ部』博聞

社、1878。
経済雑誌社編『国史大系第2巻　続日本紀』経済雑誌社、1897。
元静『念仏行者十用心：真宗』雲英竜護、1892。
黒板勝美編『新訂増補　国史大系1 上日本書記　前篇』吉川弘文館、1966。
黒川真頼『工芸志料』有隣堂、1888。
源三郎絵『人倫訓蒙図彙』珍書刊行会、1915—1916。
熊澤蕃山「集義外書　巻一・六・七・八」正宗敦夫編『蕃山全集　第二冊』蕃山全集刊行会、1943。
熊澤蕃山「集義外書　巻之十二」井上哲次郎・蟹江義丸編著『日本倫理彙編　巻之2』育成会、1901—1903。
熊澤蕃山「宇佐問答　巻之下」正宗敦夫編著『蕃山全集　第五冊』蕃山全集刊行会、1943。
「古代の技術者編成」国立歴史民俗博物館企画展示図録『時代を作った技——中世の生産革命』、2013年7月。
策彦周良『策彦和尚入明記初渡集』仏書刊行会編『大日本仏教全書　116』仏書刊行会、1922。
『士農工商諸職往来』菊屋七郎兵衛版。
島田勇雄・竹島淳夫・樋口元巳『和漢三才図会　2』平凡社、1985。
正司南齔『家職要道勤善示蒙　勧善示蒙家職要道巻之十　聞工職立身法下』図書出版会社、1890。
『諸職往來』同文館編輯局編『日本教育文庫　教科書篇』同文館、1910—1911。
司法省編『日本民事慣例類集』白東社、1932。
新谷尚紀・関沢まゆみ編著『民俗小事典・食』吉川弘文館、2013。
鈴木正三『職人日用』鈴木鉄心綴『鈴木正三道人全集』山喜房佛書林、1975。
鈴木正三『万民徳用』守永弥六、1889。
壮健翁『富貴の地基』『通俗経済文庫　巻6』日本経済叢書刊行会、1916。
高橋貞樹『被差別部落一千年史』岩波文庫、1992。
竹内理三『平安遺文第六巻　丈六仏像造営文書』東京堂出版、2013。

武甲隠士「世事見聞録」『日本庶民生活史料集成　第 8 巻』三一書房、1969。

多田好問『岩倉公実記　下巻』岩倉公旧跡保存会、1927。

橘岷江『彩画職人部類』臨川書店、1979。

田淵実夫『ものと人間の文化史 30　筆』法政大学出版局、1978。

近松門左衛門等『用明天皇職人鑑』『大近松全集解説註釈　第 1 巻上』大近松全集刊行会、1923。

近八郎右衛門編『諸職往来』近八郎右衛門出版、1884。

土屋政一『中央融和事業協会融和問題叢書　第 8 篇』中央融和事業協会、1935。

鶴田真容編『開化諸職往来』小森宗次郎、1879。

帝国建築協会編『故実建築地祭釿始上棟式諸礼式』帝国建築協会、1925。

寺田正晴『再版増補　士農工商　諸職往来』『往来物大系・七一・産業科学往来』大空社、1803。

東京国立文化財研究所美術部編『明治期万国博覧会美術品出品目録』中央公論美術出版、1997。

伴信友校『本朝六国史 17・18　日本後記』岸田吟香等、1883。

喜多川歌麿絵、宿屋飯盛撰『画本虫ゑらみ』蔦屋重三郎、1788。

豊田自動織機製作所『四十年史』社史編集委員会、1967。

鳥居龍蔵「穢多に就ての人類学的調査」『東京人類学会雑誌』第 13 巻第 140 号、1897 年 11 月。

鳥居龍蔵『有史以前の日本』磯部甲陽堂、1927。

中江藤樹『論語郷党啓蒙翼伝』『藤樹先生全集　第一冊』岩波書店、1940。

長崎県『小学校教科書』長崎県教育会編『長崎県教育史　上巻』臨川書店、1975。

中沢道二『道二翁道話 4 篇』文海堂、1874。

中島新一郎・飯田一雄『井上真改大鑑普及版』宮帯出版社、2010。

奈良御所郡役所農商課『農工商衰頽原因調書』、1885。（奈良県立図書情報館蔵）

西川如見（忠英）『町人嚢』西川忠亮、1898。

日本経営史研究所『沖電気一〇〇年のあゆみ』沖電気、1981。

日本経済叢書刊行会編『通俗経済文庫　巻9』日本経済叢書刊行会、1917。

日本史籍協会『横井小楠關係史料二』東京大学出版会、1977。

紐育日本人會『紐育日本人発展史』紐育日本人会、1921。

塙保己一編『群書類従巻第425 釈家部1 初例抄』、1819。

長谷川如是閑『日本の性格』岩波書店、1938。

馬場万夫『戦時下日本文化団体事典』大空社、1990。

林衡『徳川実記』吉川弘文館、1944。

伴蒿蹊著、三熊花顛［画］『近世畸人伝　続近世畸人伝』日本古典全集刊行会、1936。

福澤諭吉『国会の前途』慶應義塾編『福澤諭吉全集　第六巻』岩波書店、1959。

フォン・シーボルト（Heinrich von Siebold）呉秀三訳注『シーボルト　江戸参府紀行』駿南社、1928。

藤原惺窩「大学要略」『日本思想大系28　藤原惺窩 林羅山』岩波書店、1975。

部落問題研究所編『近代天皇制下の部落問題』神戸兵庫県部落解放運動史研究会、1988。

正宗敦夫編纂校訂『塵袋』日本古典全集刊行会、1934。

三熊思孝『近世畸人伝』日本古典全集刊行会、1929。

宮崎安貞「農業全書自序」滝本誠一編著『日本経済叢書　巻2』日本経済叢書刊行会、1914—1915。

宮原誠一『資料日本現代教育史4　戦前』三省堂、1974。

明治文化研究会編『明治文化全集』第二巻『正史篇　上巻』日本評論社、1992。

明治文化研究会編『明治文化全集』第二十一巻『文明開化篇』日本評論社、1992。

明治文化研究会編『明治文化全集』別巻『明治事物起原　下巻』日本評論社、1992。

『宗像郡部落解放委員会講演速記』『部落解放史・福岡』第61号、

1991 年 3 月。

村越末男『村越末男著作集第 2 巻　部落問題の教育』明治圖書出版社、1996。

柳田國男『所謂特殊部落ノ種類　定本柳田國男集第 27 巻』筑摩書房、1970。

柳宗悦『工藝の道』ぐろりあそさえて、1928。

横井小楠『夷虜応接大意』日本史籍協会編『横井小楠關係史料一　續日本史籍協会叢書オンデマンド』東京大学出版社、2016。

歴史学研究会・日本史編集会編集『日本歴史 1　原始・古代』東京大学出版会、1968。

鷲見定信「針供養」『仏教行事歳時記』第一ほうき出版、1989。

（二）著作、论文

青木茂・酒井忠康編『美術』『近代日本思想大系　第 17 巻』岩波書店、1996。

朝岡康二『雑器・あきない・暮らし　民俗技術と記憶の周辺』慶友社、2011。

安倍晋三『新しい国へ　美しい国へ完全版』文藝春秋、2013。

秋定嘉和『近代と被差別部落』大阪解放出版社、1993。

浅香年木『日本古代手工業史の研究』法政大学出版局、1971。

網野善彦『職人歌合』平凡社、2012。

網野善彦『无縁・公界・楽――日本中世的自由与和平』平凡社、1996。

石井紫郎『日本国制史研究 2　日本人の国家生活』東京大学出版会、1986。

石川潤二郎「江嶋其磧・気質物敍説――其磧における「気質もの」の起源と推移及びその語義についてを、主な論點として」『國文學研究』17 巻、1958 年 3 月。

磯元恒信『長崎の風土と被差別部落史祖考』長崎部落解放同盟長崎県連合会、長崎県部落史研究所、1980。

井上清・北原泰作『部落の歴史――物語・部落解放運動史』大阪理論社、1956。

乾宏巳『江戸の職人――都市民衆史への志向』吉川弘文館、1996。

井原西鶴『西鶴集下　武家義理物語巻一』日本古典全集刊行会、1936。
上杉聰『天皇制と部落差別』大阪解放出版社、2008。
上杉聡『壬申戸籍と近代部落問題の発生』『ヒストリア』117 号、1987
　　年 12 月。
浦本誉至史『弾左衛門と江戸の被差別民』ちくま文庫、2016。
遠藤元男『日本職人史』雄山閣出版、1967。
大塚武松・藤井甚太郎編『岩倉具視関係文書 1』日本史籍協会、
　　1927—35。
沖浦和光『沖浦和光著作集第 6 巻　天皇制と被差別民両極のタブー』、
　　現代書館 2017。
沖浦和光『水平＝人の世に光あれ』社会評論社、1991。
岡田武彦『岡田武彦全集 21　江戸期の儒学』明徳出版社、2010。
尾高邦雄『産業社会学講義——日本的経営の革新』岩波書店、1981。
小田孝治『日本の「技」』メトロポリタン出版、2000。
大高洋司等『江戸の職人と風俗を読み解く』勉誠出版、2017。
岡本弥『融合運動回顧』光風文庫、1941。
楫西光速『豊田佐吉』吉川弘文館、1962。
鍛冶博之『近世徳島における阿波藍の普及と影響』『社会科学』45 巻
　　4 号、2016 年 2 月。
川人美洋子「阿波藍と阿波しじら織物——徳島の伝統的地場産」『繊
　　維製品消費科学』、52 巻 10 号、2010 年。
北澤憲昭『眼の神殿——「美術」受容史ノート』美術出版社、1989。
木村至聖『産業遺産の記憶と表象』京都大学学術出版会、2014。
衣笠安喜『近世儒学思想史の研究』法政大学出版局、1976。
衣笠安喜『近世における部落差別思想』『部落問題研究』17 巻、1964
　　年 12 月。
京伝戯作等『人間万事吹矢の的 3 巻』鶴屋喜右衛門、1803。
倉地克直『江戸文化をよむ』吉川弘文館、2006。
経済産業省四国経済産業局『一次産業を核とした成長産業モデル化調
　　査報告書』、2016。
乾坤一布衣『社会百方面』民友社、1897。

幸田露伴『風流魔・二日物語・風流魔――他二篇』岩波書店、1953。
幸田露伴「名工出世譚」、芝木好子編『日本の名随筆39　藝』、岩波書店 1991。
小島毅監修、羽田正編『海から見た歴史』東京大学出版会、2013。
小高根太郎『富岡鉄斎』講談社、1963。
小林澄兄『日本の勤労教育の思想史』誠文堂新光社、1951。
小林昇『中国・日本における歴史観と隠逸思想』早稲田大学出版部、1983。
小林勇『鎌倉・子供　蝸牛庵訪問記』岩波書店、1956。
小松和彦「器物の妖怪――付喪神をめぐって」『憑霊信仰論―妖怪研究への試み』講談社、1994。
坂崎坦『日本畫の精神』東京堂、1942。
佐々木丞平「応挙関係資料『萬志』抜粋」『美術史』31巻1号、1981年11月。
佐藤道信『日本美術誕生――近代日本の「ことば」と戦略』講談社選書メチエ、1996。
佐藤弘夫編『概説日本思想史』ミネルヴァ書房、2005。
下出隼吉『明治社会思想研究』浅野書店、1932。
関口寛「水平運動における『民族』と『身分』」黒川緑編著『近代日本の「他者」と向き合う』大阪解放出版社、2010。
関守造『実業家之自覚』石川文栄堂、1915。
戦暁梅『富岡鉄斎の画風についての思想的、藝術的考察――鉄斎画の賛文研究を通じて』総合研究大学院大学博士論文、2010。
添田知道『演歌の明治大正史』刀水書房、1982。
高階秀爾『日本近代美術史論』講談社、1990。
鷹野弥三郎『山窩の生活』二松堂書店、1928。
滝川政次郎『日本社会史』洋洋社、1956。
田中圭一『百姓の江戸時代』ちくま新書、2000。
塚田孝『近世身分制と周縁社会』東京大学出版会、1997。
辻元雅史『「学び」の復権――模倣と習熟』角川書店、1979。
辻惟雄『十八世紀京都画壇　蕭白、若冲、応挙たちの世界』講談社、2019。

筒井清忠「修養主義の説得戦略」『ソジオロジ』36巻2号、1991。

鶴田武良「『芥子園画伝』について——その成立と江戸画壇への影響」『美術研究』第283号、1972年9月。

寺木伸明『被差別部落の起源』明石書店、1996。

冨岡直樹『岡山藩教育内容の考察——閑谷学校と岡山藩学校との対比を中心として』明星大学博士論文、2014。

豊田武『日本の封建制社会』吉川弘文館、1980。

中西康裕「内匠寮考」『ヒストリア』1993年第98期。

中野三敏『江戸狂者伝』中央公論新社、2007。

中村幸彦『戯作論』中央公論社、1982。

中村春作『江戸儒教と近代の「知」』ぺりかん社、2002。

夏目漱石『それから』岩波書店、1938。

西山松之助『家元の研究』吉川弘文館、1982。

成田智恵子・下出祐太郎・来田宣幸『伝統的工芸品産業の技能継承における問題の所在』『京都工芸繊維大学学術報告書』第9巻、2016年。

「日産・神鋼…不正相次ぐ　日本の製造業に綻び　現場任せ限界／問われる経営の力」『日本経済新聞』2017年10月15日。

野村兼太郎『徳川時代の経済思想』日本評論社、1939。

橋本麻里「ガラスの剛毅」『図書』2020年第7期。

畑中敏之『「部落史」を問う』神戸兵庫県部落解放運動史研究会、1993。

原田伴彦『入門部落の歴史』大阪部落解放研究所、1973。

樋田豊次郎『工芸の領分——工芸には生活感情が封印されている』中央公論美術出版、2003。

尾藤正英『江戸時代とはなにか——日本史上の近世と近代』岩波書店、2006。

尾藤正英「陽明学（日本）」『世界歴史事典　第19巻』平凡社、1953。

兵庫県部落解放運動史研究会『神戸の未解放部落　付録　特殊部落に就きて——神戸市長田村視察記』兵庫県部落解放運動史研究会、1973。

福永光司『道教と日本思想』人文書院、1987。

フィリップ・デスコラ（Philippe Descola）著、小林徹訳『自然と文化

を越えて　人類学の転回』水声社、2020。
藤原稜三『守破離の思想』ベースボール・マガジン社、1993。
藤本隆宏『能力構築競争——日本の自動車産業はなぜ強いのか』中央公論新社、2003。
藤森栄一『縄文農耕』学生社、1970。
堀出一郎『鈴木正三——日本型勤勉思想の源流』麗澤大学出版会、1999。
本田豊『新版　部落史を歩く——非人系部落の研究』亜紀書房、1991。
牧原憲夫『客分と国民のあいだ——近代民衆の政治意識』吉川弘文館、1998。
松岡稔『日本労働組合運動発達史　前篇』共生閣、1931。
松原幸夫『形式知と暗黙知から見た日本のものづくりの変遷 〜新しい経験主義について』第5回TRIZシンポジウム発表論文、2009。
三好伊平次『部落問題資料文献叢書〈第6巻〉同和問題の歴史的研究』同和奉公会、1943。
三好信浩『明治のエンジニア教育　日本とイギリスのちがい』中公新書、1983。
丸山眞男『忠誠と反逆——転形期日本の精神史的位相』筑摩書房、1992。
源了円『型』創文社、1989。
宮本常一「女工たち」池澤夏樹編著『日本文学全集14　南方熊楠　柳田國男　折口信夫　宮本常一』河出書房新社、2015。
宮本常一『生業の歴史』未来社、1993。
村上陽一郎『日本近代科学史』講談社、2018。
森下愛子『近代京都の陶芸技術にみる古典へのまなざし——革新と復古の間で京焼陶工が目指したもの』独立行政法人国立文化財機構東京文化財研究編集委員会編『無形文化遺産研究報告』3号、2009年3月。
矢野憲一『伊勢神宮の衣食住』角川学芸出版、2008。
山田隆信「職人気質考」『目白大学人文学研究』第5号、2009年。
山崎正董編『横井小楠遺稿』日新書院、1942。

横山源之助『日本の下層社会』岩波書店、2017。

吉川秀造『士族授産研究』有斐閣、1935。

吉田公平「石門心學と陽明學」今井純・山本真功編著『石門心學の思想』ぺりかん社、2006。

吉田伸之『近世都市社会の身分構造』東京大学出版会、1998。

吉田光邦『機械』法政大学出版局、1975。

吉田光邦「天工開物について」『科学史研究』第18号、1951年4月。

吉田光邦『日本技術史研究』学芸出版社、1961。

吉田光邦『日本の職人』講談社、2013。

吉田光邦『日本の職人像』河原書店、1965。

（三）网络资源

一般社団法人京都経済同友会「京都再発見京都・近代化の軌跡　第3回　西洋の技術を取り込め～勧業場と舎密局の開設」、https://www.kyodoyukai.or.jp/rediscovery京都・近代化の軌跡3－西洋の技術を取り.html、最后访问日期：2022年9月7日。

岡山県古代吉備文化財センター「山田方谷とたたら製鉄」、https://www.pref.okayama.jp/site/kodai/636856.html、最后访问日期：2019年5月26日。

鍛治雅信「かわのはなし（3）」、https://www.hikaku.metro.tokyo.lg.jp/Portals/0/images/shisho/shien/public/182_6.pdf、最后访问日期：2021年8月6日。

株式会社横田建設、https://www.yokota-ii-ie.com/co_diary/cGL20140802194128.html、最后访问日期：2018年7月4日。

幸田露伴「鵞鳥」、青空文庫、https://www.aozora.gr.jp/cards/000051/files/4109_7964.html、最后访问日期：2022年10月9日。

金剛組「金剛組について【沿革】」、https://www.kongogumi.co.jp/about_history.html、最后访问日期：2022年10月9日。

金剛組「我々の姿勢」、http://www.kongogumi.co.jp/idea.html、最后访问日期：2019年5月26日。

小松研治「2014年度研究成果報告書　伝統工芸技能指導者育成モデルの研究——外在主義的知識観による学びの日常化」、https://kaken.

nii. ac. jp/ja/file/KAKENHI-PROJECT－22300271/22300271seika. pdf、最后访问日期：2019 年 3 月 23 日。

高村光雲「彫工会の成り立ちについて」『幕末維新懐古談』岩波書店、1995、https://www. aozora. gr. jp/cards/000270/files/46639_25178. html、最后访问日期：2019 年 3 月 7 日。

産経ニュース「宮大工が事始め「釿始式」熊野速玉大社」、http://www. sankei. com/region/news/170112/rgn1701120008－n1. html、最后访问日期：2019 年 5 月 26 日。

サイボウズ「生産性を高めて働く術を知らない日本人、『お客様は神様』マインドも変えるべき？――ダボス会議に参加したグローバルリーダーが議論」、https://cybozushiki. cybozu. co. jp/articles/m001214. html、最后访问日期：2017 年 8 月 4 日。

新潮社「お仕事小説ここにあり！｜まとめ｜」、https://cybozushiki. cybo-zu. co. jp/articles/m001214. html、最后访问日期：2022 年 7 月 25 日。

整軒玄魚校、大賀范国図『番匠作事往来』国文研データセット、https://www2. dhii. jp/nijl_opendata/NIJL0290/049－0063/24、最后访问日期：2019 年 11 月 9 日。

尊円親王「入木抄」早稲田大学図書館古典籍総合データベース、https://archive. wul. waseda. ac. jp/kosho/chi06/chi06_02234/chi06_02234_p0008. jpg、最后访问日期：2021 年 12 月 3 日。

「東大寺造立供養記」国文学研究資料館、http://base1. nijl. ac. jp/iview/Frame. jsp? DB_ID＝G0003917KTM&C_CODE＝0358－27005、最后访问日期：2022 年 8 月 27 日。

トヨタ「人材育成制度」、https://toyota-saiyo. com/environment/、最后访问日期：2019 年 10 月 14 日。

永井荷風「洋服論」『荷風随筆集（下）』岩波書店、2007、青空文庫、https://www. aozora. gr. jp/cards/001341/files/49671_38499. html、最后访问日期：2019 年 5 月 18 日。

日本経済産業省「伝統的工芸品産業への支援」、https://www. me-ti. go. jp/policy/mono_info_service/mono/nichiyo-densan/densan-semi-nar/R2densan. hojokin. pdf、最后访问日期：2022 年 7 月 25 日。

日本経済産業省・厚生労働省・文部科学省『2022ものづくり白書』、https://www.meti.go.jp/report/whitepaper/mono/2022/pdf/all.pdf、最后访问日期：2022年7月27日。

日本経済新聞「紙幣の彫刻師、迫る出番『現金大国』支える職人技」、https://www.nikkei.com/article/DGXMZO45026160Q9A520C1EE8000、最后访问日期：2019年5月21日。

日本共産党「部落差別を永久化——衆院委　歴史逆行の法案可決」『新聞赤旗』、http://www.jcp.or.jp/akahata/aik16/2016-11-17/2016111704_03_1.html、最后访问日期：2018年12月3日。

日本衆議院「部落差別の解消の推進に関する法律案」日本衆議院、www.shugiin.go.jp/internet/itdb_gian.nsf/html/gian/honbun/houan/g19005048.html、最后访问日期：2018年12月3日。

日本文化庁「報道発表『伝統建築工匠の技：木造建造物を受け継ぐための伝統技術』のユネスコ無形文化遺産登録（代表一覧表記載）について」、https://www.bunka.go.jp/koho_hodo_oshirase/hodohappyo/pdf/92709001_01.pdf、最后访问日期：2022年7月26日。

萩焼・坂倉新兵衛ホームページ、http://sakakurashinbe.com/m/intro.html、最后访问日期：2019年5月23日。

森村市左卫门「遺訓＝经营理念的出发点」、http://morimurabros.com/corporate/philosophy.html、最后访问日期：2019年10月3日。

柳工業デザイン研究会「和紙ペンダント照明」、https://yanagi-design.or.jp/works/464/、最后访问日期：2022年8月9日。

柳宗悦「民藝とは何か」講談社、2006、青空文庫、https://https://www.aozora.gr.jp/cards/001520/files/51821_47989.html、最后访问日期：2022年8月9日。

Japanophiles Rogier Uitenboogaart. ［Begin Japanology Plus］，NHK WORLD-JAPAN、https://www.youtube.com/watch?v=ttmQlPreAoE、最后访问日期：2020年12月19日。

TOYOTA「基本理念」、https://global.toyota/jp/company/vision-and-philosophy/guiding-principles/、最后访问日期：2022年10月12日。

二 中文

（一）史料、工具书

（西晋）陈寿：《三国志》，中华书局，1959。

〔日〕荻生徂徕：《政谈》，龚颖译，中央编译出版社，2004。

（唐）段成式：《钦定四库全书荟要 酉阳杂俎》，吉林出版社，2005。

（晋）干宝撰，李剑国辑校《新辑搜神记》，中华书局，2007。

（宋）洪迈撰，穆公校点《容斋随笔 下》，上海古籍出版社，2015。

《简明不列颠百科全书》，中国大百科全书出版社，1986。

（清）纪昀：《阅微草堂笔记》，学谦注译，团结出版社，2021。

《井原西鹤选集》，钱稻孙译，上海书店出版社，2011。

〔日〕井原西鹤：《浮世草子》，王向远译，上海译文出版社，2016。

上海辞书出版社文学鉴赏辞典编纂中心编《柳宗元诗文鉴赏辞典》，上海辞书出版社，2020。

（明）宋应星撰，潘吉星译注《天工开物译注》，上海古籍出版社，2008。

（清）行如：《重修万安桥亭记碑》，《上海碑刻资料选集》，上海人民出版社，1980。

《王阳明全集》，上海古籍出版社，2017。

（北齐）颜之推撰，王利器集解《颜氏家训集解》，中华书局，1993。

（清）袁枚：《子不语》，时代文艺出版社，2003。

（二）专著

〔法〕阿梅龙：《真实与建构——中国近代史及科技史新探》，孙青译，社会科学文献出版社，2019。

〔英〕爱德华·卢西－史密斯：《世界工艺史》，朱淳译，浙江美术学院出版社，2006。

〔美〕安德鲁·戈登：《日本劳资关系的演变——重工业篇，1853—1955年》，张锐、刘俊池译，南京：江苏人民出版社，2011。

〔美〕安德鲁·戈登：《现代日本史：从德川时代到21世纪》，李朝津译，中信出版集团·新思文化，2017。

〔美〕卜寿珊：《心画：中国文人画五百年》，皮佳佳译，北京大学出版社，2018。

〔日〕冲浦和光：《日本民众文化的原乡——被歧视部落的民俗和艺能》，王禹、孙敏、郑燕燕译，社会科学文献出版社，2015。

〔日〕村上专精：《日本佛教史纲》，杨曾文译，商务印书馆，1999。

戴季陶、蒋百里：《日本论 日本人》，上海古籍出版社，2014。

〔日〕福泽谕吉：《文明论概略》，北京编译社，1959。

〔日〕冈田武彦：《简素：日本文化的根本》，钱明译，社会科学文献出版社，2016。

〔日〕冈田武彦等著《日本人与阳明学》，钱明编译，台海出版社，2017。

高亮华：《人文主义视野中的技术》，中国社会科学出版社，1996。

〔日〕谷崎润一郎：《文章读本》，赖明珠译，上海译文出版社，2020。

〔日〕河添房江：《唐物的文化史》，商务出版社，2018。

〔美〕柯嘉豪：《佛教对中国物质文化的影响》，赵悠、陈瑞峰、董浩晖、宋京、杨增译，中西书局，2015。

〔德〕克洛德·列维-斯特劳斯：《野性的思维》，李幼蒸译，商务印书馆，1987。

李海燕：《回望平成时代的日本经济》，中国金融出版社，2020。

李卓：《儒教国家日本的实像》，北京大学出版社，2013。

李卓主编《日本家训研究》，天津人民出版社，2006。

〔美〕理查德·桑内特：《匠人》，李继宏译，上海译文出版社，2015。

〔日〕铃木大拙：《禅与日本文化》，陶刚译，三联书店，1989。

刘金才：《町人伦理思想研究——日本近代化动因新论》，北京大学出版社，2001。

〔日〕柳田国男：《关于先祖》，王晓葵译，北京师范大学出版社，2021。

〔日〕柳宗理：《柳宗理随笔》，金静和译，新星出版社，2021。

〔日〕柳宗悦：《工匠自我修养——美存在于最简易的道里》，陈燕虹、尚红蕊、许晓译，华中科技大学出版社，2016。

〔日〕柳宗悦：《工艺文化》，徐艺乙译，中国轻工业出版社，1991。

〔日〕柳宗悦：《工艺之道》，徐译乙译，广西师范大学出版社，2011。

娄贵书：《日本武士兴亡史》，中国社会科学出版社，2013。

罗玮琦：《新时期职业教育与校企合作中法律制度建设研究》，吉林人民出版社，2019。

〔日〕木宫泰彦：《日中文化交流史》，胡锡年译，商务印书馆，1980。

〔日〕木下铁矢：《朱子："职"的哲学》，凌鹏译，三联书店，2021。

〔日〕内藤湖南：《日本历史与日本文化》，刘克申译，商务印书馆，2015。

〔日〕千田稔：《细腻的文明》，杜勤译，上海交通大学出版社，2017。

钱穆：《阳明学述要》，九州出版社，2010。

〔美〕乔治·贝利·桑瑟姆：《日本文化简史：从起源到江户时代》，郭玉红译，社会科学文献出版社，2020。

〔日〕秋山利辉：《匠人精神：一流人才育成的30条法则》，陈晓丽译，中信出版社，2015。

任骋：《中国民间禁忌》，中国社会科学出版社，2004。

〔日〕三浦紫苑：《编舟记》，蒋葳译，上海文艺出版社，2015。

〔日〕山本常朝：《叶隐闻书》，李冬君译，广西师范大学出版社，2007。

〔日〕上垣外宪一：《日本文化交流小史》，王宣琦译，武汉大学出版社，2007。

〔日〕石田一良：《日本美术史》，朱伯雄、平砚译，浙江美术学院出版社，1989。

〔日〕松井忠三：《无印良品世界观》，吕灵芝译，新星出版社，2017。

孙亦平：《东亚道教研究》，人民出版社，2014。

孙周兴选编《海德格尔选集》，上海三联书店，1996。

〔美〕汤姆斯·F.密勒：《亚洲的决裂：1909年前远东的兴衰》，郭彤、林珺丽莎译，北京航空航天大学出版社，2019。

〔日〕汤之上隆：《失去的制造业：日本制造业的败北》，林曌译，机械工业出版社，2015。

〔美〕托马斯·库恩：《必要的张力》，范岱年、纪树立译，北京大学出版社，2004。

王金林：《日本中世史》下卷，昆仑出版社，2013。

王世襄：《髹饰录解说》，三联书店，1996。

王勇、〔日〕上原昭一：《中日文化交流史大系（艺术卷）》，浙江人民出版社，1996。

〔日〕网野善彦：《日本社会的历史》，刘君、饶雪梅译，社会科学文献出版社，2011。

〔德〕韦伯：《新教伦理与资本主义精神》，苏国勋、覃方明、赵立玮、秦明瑞译，社会科学文献出版社，2010。

吴廷璆主编《日本史》，南开大学出版社，1994。

〔日〕盐野米松：《留住手艺》，英珂译，广西师范大学出版社，2012。

杨曾文：《日本佛教史》，浙江人民出版社，1995。

〔荷〕伊恩·布鲁玛：《日本之镜：日本文化中的英雄与恶人》，倪韬译，上海三联书店，2018。

余同元：《传统工匠现代转型研究——以江南早期工业化中工匠技术转型与角色转换为中心》，天津古籍出版社，2012。

元开：《唐大和上东征传》，汪向荣校注，中华书局，2000。

〔日〕源了圆：《德川思想小史》，郭连友译，外语教学与研究出版社，2009。

〔日〕斋藤正二：《日本自然观研究》，胡稹、于姗姗译，中国社会科学出版社，2020。

翟学伟：《中国人的脸面观：形式主义的心理动因与社会表征》，北京大学出版社，2011。

赵云川：《日本现代陶壁》，人民美术出版社，2019。

〔日〕真嶋亚有：《"肤色"的忧郁——近代日本的人种体验》，宋晓煜译，社会科学文献出版社，2021。

〔日〕中根千枝：《日本社会》，许真、宋峻岭译，天津人民出版社，1982。

〔日〕佐藤大、川上典李子：《由内向外看世界——佐藤大的十大思考法和行动术》，邓超译，北京时代华文书局，2020。

（三）论文

安乐哲、孟巍隆：《儒家角色伦理》，《社会科学研究》2014年第5期。

白云翔：《从韩国上林里铜剑和日本平原村铜镜论中国古代青铜工匠的两次东渡》，《文物》2015年第8期。

陈继红：《职业分层·伦理分殊·秩序构建——论先秦儒家"四民"说的政治伦理意蕴》，《伦理学研究》2011年第5期。

陈强强：《公众参与科学中互动专长论的引入》，《自然辩证法研究》2018年第5期。

丁彩霞：《建立健全锻造工匠精神的制度体系》，《山西大学学报》（哲学社会科学版）2017 年第 1 期。

官文娜：《日本企业的信誉、员工忠诚与企业理念探源》，《清华大学学报》（哲学社会科学版）2012 年第 4 期。

官文娜：《日本企业理念与日本宗教伦理——以近世住友家法为中心》，《开放时代》2014 年第 1 期。

贺雷：《简论"实学"作为日本近代政治转型的思想基础》，《世界哲学》2015 年第 6 期。

何向：《非物质文化遗产中的文人精神与匠人精神——以端砚文化为例》，《求索》2010 年第 6 期。

韩东育：《"八千天日记"中隐藏的近世日本》，《历史研究》2006 第 3 期。

韩东育：《东亚的近代》，《读书》2018 年第 8 期。

韩东育：《明治前夜日本社会的体制阵痛》，《日本学刊》2018 第 6 期。

韩立红：《日本人伦理思想中的"正直"观》，《南开学报》（哲学社会科学版）2012 年第 3 期。

胡澎：《日本的"过劳"与"过劳死"问题：原因、对策与启示》，《日本问题研究》2021 年第 5 期。

黄俊杰：《东亚儒家教育哲学新探》，《华东师范大学学报》（哲学社会科学版）2016 年第 2 期。

李承贵：《阳明心学的精神》，《哲学动态》2017 年第 4 期。

李春青：《闲情逸致：古代文人趣味的基本特征及其文化政治意蕴》，《江海学刊》2013 年第 5 期。

李菁菁、张艺：《流光溢彩中的设计匠意　江户切子三代秀石 堀口彻》，《知日》第 49 期，中信出版社，2018。

李可染：《元气淋漓　天真烂漫——读富冈铁斋的绘画》，《美术》1986 年第 9 期。

李卓：《中日两国古代社会的差异——社会史视野的考察》，《学术月刊》2014 年第 1 期。

林丹：《日用即道——王阳明思想中的"形而上"与"形而下"在生活中的贯通》，《中州学刊》2010 年第 2 期。

刘金才：《二宫尊德及其报德思想》，《日本学刊》2005 年第 2 期。

刘鑫：《国家品牌建构下我国对外文化贸易的路径优化——基于"酷日本"战略的启示》，《对外经贸实务》2017年第12期。

龙翔：《工程师的功利观对环境伦理的遮蔽》，《自然辩证法研究》2011年第6期。

娄贵书：《身份等级制与多元价值观——德川身份等级制初探》，《贵州大学学报》（社会科学版）2001年第6期。

罗伯特·海利尔（Robert, Hellyer）：《从中国学习，向西洋兜售——文明开化中的中国技术》，孙继强译，《南开日本研究》2018年第1期。

潘吉星：《〈天工开物〉在国外的传播和影响》，《北京日报》2013年1月28日，第020版。

潘天波：《工匠文化的周边及其核心展开：一种分析框架》，《民族艺术》，2017年第1期。

潘天波：《齐尔塞尔论题在晚明：学者与工匠的互动》，《民族艺术》2017年第6期。

彭兆荣：《论"大国工匠"与"工匠精神"——基于中国传统"考工记"之形制》，《民族艺术》2017年第1期。

钱明：《迥异于中国的日本阳明学》，《中华读书报》2014年5月28日，第10版。

钱明：《关于日本阳明学的几个特质》，《贵阳学院学报》（社会科学版）2014年第6期。

乔清举：《儒家生态哲学的基本原则与理论维度》，《哲学研究》2013年第6期。

任志强、庞晓蒙：《狐魅崇拜的早期流变》，《民俗研究》2013年第3期。

石仿、刘仲林：《"意会（隐性）知识"在当代中国的崛起与沉思》，《自然辩证法研究》2012年第1期。

尚会鹏：《日本家元制度的特征及其文化心理基础》，《日本学刊》1993年第6期。

唐伶：《战略转型中HRM的演化逻辑：基于丰田实践的研究》，《日本学刊》2017年第6期。

王前：《儒家思维方式对近现代科学的影响》，《自然辩证法研究》2015年第6期。

王晓东、雷鸣：《日本企业 OJT 的特征及其启示》，《东北亚学刊》2015 年第 1 期。

王旭琴：《老子"俭啬"观与现代生态文明建构》，《自然辩证法研究》2016 年第 5 期。

王玉玲：《日本室町时期的德政一揆及其影响》，《世界历史》2018 年第 4 期。

王哲然：《近代早期学者——工匠问题的编史学考察》，《科学文化评论》2016 年第 1 期。

王仲殊：《论日本出土的青龙三年铭方格规矩四神镜——兼论三角缘神兽镜为中国吴的工匠在日本所作》，《考古》1994 第 8 期。

吴震：《晚明心学与宗教趋向》，《云南大学学报》（社会科学版）2009 年第 3 期。

吴震：《德川日本心学运动的"草根化"特色》，《延边大学学报》（社会科学版）2016 年第 1 期。

向卿：《国学与近世日本人的文化认同》，《日本研究》2006 年第 2 期。

〔日〕小岛洁：《建构世界史叙事的主体性》，杨洋译，《文化纵横》2019 年第 3 期。

徐博蕴：《蓝染在日本的传承》，《纺织报告》2018 年第 8 期。

徐赣丽：《手工技艺的生产性保护：回归生活还是走向艺术》，《民族艺术》2017 年第 3 期。

徐坚：《三角缘神兽镜再检讨：从金石学、以物证史到历史考古学》，《学术月刊》2022 年第 3 期。

许智银：《〈酉阳杂俎〉的文学人类学阐释》，《广西民族大学学报》（哲学社会科学版）2012 年第 3 期。

杨清虎、周晓薇：《论中国古代文献中的"魅"观念》，《文化遗产》2012 年第 3 期。

〔日〕樱井龙彦、虞萍、赵彦民：《灾害的民俗表象——从"记忆"到"记录"再到"表现"》，《文化遗产》2008 年第 3 期。

尹文娟、卢霄：《关于无技能工人的"know-how"研究——涵义、合法性与当代境遇》，《自然辩证法研究》2011 年第 3 期。

殷晓星：《日本近代初等道德教育对明清圣谕的吸收与改写》，《世界历史》2017 年第 5 期。

〔日〕源了圆、李甦平：《新井白石与朱子学》，《孔子研究》1993 年第 3 期。

臧佩红、米庆余：《近代日本的"秩禄处分"与"士族授产"》，《南开学报》（哲学社会科学版）2001 年第 5 期。

章立东：《"中国制造 2025"背景下制造业转型升级的路径研究》，《江西社会科学》2016 年第 4 期。

张宜民：《佛教跨文化东传与中国佛寺命名》，《学术界》2016 年第 5 期。

张玉来：《日本企业管理模式及其进化路径》，《现代日本经济》2011 年第 2 期。

张永奇：《文化自信的传统依据与伦理文化的时代机遇》，《宁夏社会科学》2017 年第 3 期。

郑辟楚：《商品经济的发展与日本近世身份制度的动摇》，《日本问题研究》2016 年第 2 期。

周菲菲：《日本的工匠精神传承及其当代价值》，《日本学刊》2019 年第 6 期。

周菲菲：《试论日本工匠精神的中国起源》，《自然辩证法研究》2016 年第 9 期。

周远方：《中国传统博物学的变迁及其特征》，《科学技术哲学研究》2011 年第 5 期。

周裕锴：《普请与参禅——论马祖洪州禅"作用即性"的生活实践》，《四川大学学报》（哲学社会科学版）2006 年第 4 期。

朱大可：《器物神学：膜拜、恋物癖及其神话》，《文艺争鸣》2010 年第 1 期。

（四）网络资源

丹尼竹君：《专访秋山利辉：匠人精神的源头在古代中国》，http://www.thepaper.cn/newsDetail_forward_1699274，最后访问日期：2017 年 8 月 4 日。

苏清涛：《对"匠人精神"的过度发挥，加速了日本制造业的衰败》，http://www.ce.cn/cysc/zgjd/kx/201605/12/t20160512_11496015.shtml，最后访问日期：2017 年 8 月 4 日。

三 英文

Andrew Gordon, *The Evolution of Labor Rlations in Japan: Heavy Industry, 1853 – 1955*(Cambridge: Harvard University Press, 1985).

Angelika Kretschmer, "Mortuary Rites for Inanimate Objects," *Japanese Journal of Religious Studies*, Vol. 27, 2000.

Arjun Appadurai ed., *The Social Life of Things: Commodities in Cultural Perspective*(London: Cambridge University Press, 1986).

C. Wright Mills, *White Collar: The American Middle Classes*(New York: Oxford University Press, 1951).

E. R. Dodds, T*he Greeks and the Irrational*, 2nd ed. (Berkeley: University of California Press, 2004).

Maurice Merleau-Ponty, *The Phenomenology of Perception*(New York: Humanities Press, 1962).

Nagyszalanczy Sandor, *The Art of Fine Tools*(Newtown: Taunton Press, 2000).

Sheldon Garon, *The State and Labor in Modern Japan*(Berkely: University of California Press, 1987).

Tessa Morris-Suzuki, *A History of Japanese Economic Thought*(London: Routledge, 1989).

W. Edwards Deming, *The New Economics for Industry, Government, and Education*, 2nd ed. (Cambridge, Mass.: MIT Press, 2000).

附　录

一　部分工匠图像史料

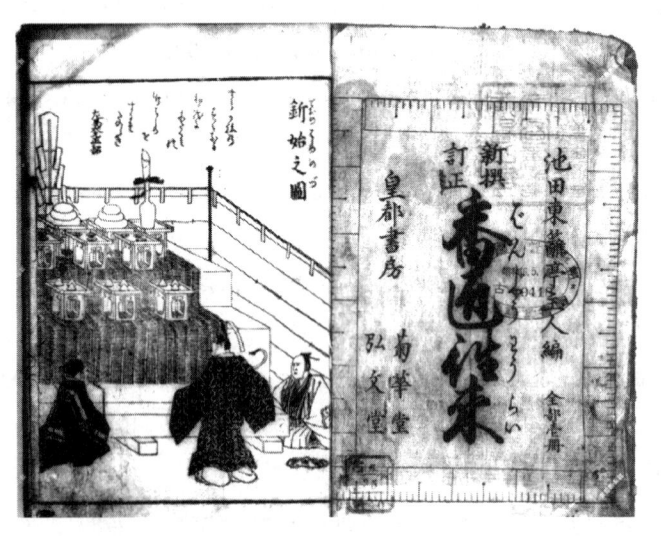

图1　池田東籬亭主人編『新撰訂正番匠往来』弘文堂、1831（现藏于江户东京博物馆）

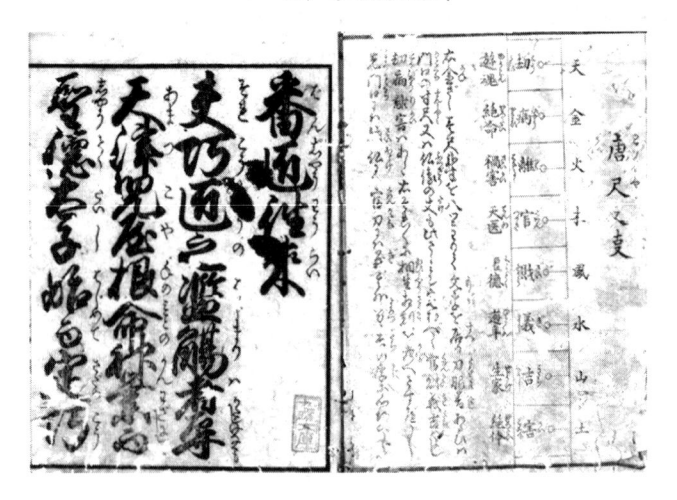

图2　池田東籬亭主人編『新撰訂正番匠往来』弘文堂、1831

附 录

图3 歌川国辉『纳札①家职幼绘解之图 其三』（木版锦绘13枚之第3枚），收入《教草》（1873）（现藏于日本国立公文书馆）

图4 菱川師宣『明治六年职人』『宫武外骨编浮世绘鉴 第1卷』雅俗文库出版、1909（现藏于日本国立国会图书馆）

① 指到寺社献纳写有姓名等的纸签或木牌，也指这种纸签或木牌本身。

图5 歌川国辉『上州富冈制丝场之图』和泉屋市兵衛、1909
（现藏于日本国立国会图书馆）

图6 歌川国辉『上州富冈制丝场之图』和泉屋市兵衛、1909

图7 1896年芝浦制作所一制模车间中男性工人的工作场景。左下角的工人使用的是传统技术，因而身着江户工匠服装；而正中央的工头则穿着西服、头戴帽子。这是当年工厂中较为普遍的场景。图片现藏于东芝株式会社。

二 代表性工匠术语

日本的工匠术语不光是其技艺的体现，更是工匠文化的精髓。其中凝聚着工匠大巧若拙、看淡名利的生活与生产方式，表现着工匠与工具和器物的亲密关系以及工匠的职业操守与信仰。本部分提炼出的工匠术语是尤其能体现工匠信仰生活、人物关系以及普及到日本社会中，成为一般用语，足以体现工匠文化对日本社会影响的。值得注意的是，如"殺し""御神"等造船用语，象征着日本当代造船业的重要步骤仍伴随着适当的礼仪，即在捶打木板的时候祈祷其成为合适的船板的礼仪、造好船后请看不见的神灵住到船内保佑行船平安的礼仪，不一而足。

本部分主要资料来源有笔者赴日本传统工艺保存较好的京都、冈山地区的西阵织、城市小工厂及世界文化遗产群马富冈制丝厂所收集的丝织业传统术语、俗语。还参照了清野文男编《日本の職人ことば事典》（工業調查会、1996）等工匠术语汇编出版物，以及《广辞苑》《大辞林》等日本权威辞书。按照日文首字五十音图排列。

漆がうれしいとき：漆愉快之时。漆匠用语。指梅雨季节。梅雨季节湿度高，漆的酸化现象显著。这时候干漆活就较为便利。

運針は上達の早道：运针是长进的捷径。"和裁"行业术语。和裁指和服制作，其中"運針"指的不是一般的运针方法，而是忠于剪裁的基本方法，笔直运针，从而令针脚也能整整齐齐。而"運針は上達の早道"则比喻无论做什么，最重要的都是扎实掌握基础。同时，教育裁缝在有时间时就必须练习手艺，不管怎样，都必须重视动手。

鍛冶屋の大声：铁匠的大嗓门。因为工作场所吵闹，铁匠要交流，必须发出更大的声音。

鍛冶屋の歳暮：铁匠的年终礼。指身体清瘦之人。铁匠每年岁末会将自己制作的火筷子送出。

鍛冶屋のつんぼ：铁匠聋。指铁匠大多为大嗓门，并患有重听。

鍛冶屋の晩げ：铁匠说的"晚点"。指预订的交货期限内无法交货。因铁匠在被催促完工时爱说"晚点"。

鍛冶屋の飯：铁匠家的饭，指不守预定日期。铁匠用语。这是因为铁匠工作要用到火，即使到了饭点，也不能即刻停工，因而经常无法按时用餐。

鍛冶屋ボロ：铁匠衣衫褴褛。铁匠用语。"ボロ"的汉字写作"褴褛"，因铁匠用火，常穿着破烂衣服干活，因而得名锻冶屋褴褛。亦指铁匠劳动时的着装。

風邪を食う：闻风而逃。漆业用语。指在给旧漆器涂新漆时，漆难以晾干的状态。

風邪をひく：染风邪。漆业用语。指纸上沾了金箔，难以剥下来；或者是在箔纸上涂油时说金箔染风邪。亦为皮革业用语。指熟好的一枚生皮若放一年不加使用，便会掉油脂。

菓祖神：指首次将"唐果子"从中国带到日本的田道间守（たじまもり）。唐果子是一种日本点心，用米粉、面粉或小豆面里掺入盐或甜味料后糅合，再入香油炸成，由中国传入日本。田道间守是日本古代传说中的人物。《古事记》中记载其为多迟摩毛理。据称，他是归化日本的新罗王子天日矛的玄孙。名字的意思是他是但马（现兵库县）的国守。在垂仁天皇时，他被派到海那边的仙境常世国寻找非时香果。历经十年，千辛万苦后得到非时香果并归国时，发现垂仁天皇已经驾崩。于是他在天皇陵前悲泣而死。据说这就是如今的橙、橘的来源。奈良市的垂仁天皇墓东陵有其坟墓。如今，田道间守被视为果子神、果祖，兵库县丰冈市中岛神社就祭祀着"田道间守命"果子神。其分灵在福冈县太宰府市的太宰府天满宫、京都府京都市的吉田神社等日本全国各地得到果子制造商的祭祀。明治到昭和期间，日本文部省编纂的小学歌曲中就有一首《田道间守》。6月16日是果子节。

　　紙が死んだ：纸死去了。装裱业用语。指纸被拍在一面上，扁平濡湿的状态。

　　紙が寝る：纸睡觉。装裱业用语。原纸表面绵状纤毛立起时，须用刷毛将其刷顺，以便装裱。

　　金儲けより良い仕事をすることに執着：比之赚钱，要更执着于做好工作。流传至今的工匠用语，对应工匠精神（职人气质）中淡泊名利、只做自己认可的工作的一面。正如桑内特所指出，匠人代表着人的专注，专注于实践的人未必怀着工具理性的动机。[①]

　　考えと続飯は練るほどよい：思考与饭糨糊都是越锤炼越好。这本是细木器即木器家具业用语，指如思考越锤炼越好一样，饭糨糊也是越捏揉搅拌越好。

　　木が暴れる：木头发狂。木制家具业用语。指如果没有花时间令木材完全干燥就使用，之后的加工就会非常困难。就算完工了，作品也会翘曲。

　　木殺し：杀木。木匠用语。指用锤子敲击坚硬木材。在将两块木材拼合时，会锤好一边的木材尖头，以嵌入另一块木材的凹陷之处。门窗隔扇制造业用语。指用铁锤敲击表面，破坏其纤维。造船业用语。在木材干燥后，用锯子抛光，接着拼接板块，用铁锤敲击表面，使板块楔合。

[①] 理查德·桑内特：《匠人》，第4页。

技術は体を通して学べ：技术要用身体学。指学问可能忘记，但身体经验一生都不会忘记。

木に教わる：向木头学习。木匠用语。指宫大工，即修建神社建筑或佛殿的木匠在做工时，学习木材本身的性质。

木の守り：守木头。木制家具业用语。指在制作木箱时，所使用的桐木表里需要放置在完全相同的环境中干燥。越是花时间让其完全干燥，木材越不会出问题。

木もと竹うら：木从根部、竹从内里。制桶业用语。指从根部劈木头、从顶端劈竹子可以笔直劈开。

霧吹き三年：吹雾三年。印染业用语。在印花时，为了不让染液渗入，会先涂好糨糊。但即使是涂好了糨糊的印花纸版，也会干燥，因而需要不停地从口中喷水到纸版上。据说为了做好这项工作，需要三年时间。

怪我と弁当は手前持ち：伤病和便当都是自己的。还有一种说法是"道具、怪我と弁当は手前持ち"，即工具、伤痛和便当统统自己解决。是流传至今的工匠用语，指因为工作而受到的伤痛，和带到工作岗位的便当一样，都需要自己承担。这也包含了匠人不受他人雇佣，仅靠自己的技艺吃饭，因而日薪收入就是全部所得了的意思。带有一定的自嘲意味。但这也意味着隐藏工伤，与日本企业目前的安全卫生原则相左。

化粧研ぎ：化妆式研磨。刀剑研磨业用语。为了人工制造出刀体纹路，在完工最后阶段使用细眼砥石研磨。

化粧をする：化妆。木工用语。指新建好的房屋，在进门玄关处使用完全没有节子的素色柱子。

見当（けんとう）：套准。版画印刷业术语。表示印刷位置的标记。引申义为估计、预想、头绪、推断、大致方位。"見当外れ"即预测落空、"見当がつく"即大致明白、"見当違い"即预判错误等派生短语都是日本社会中至今常用的。

御神：造船业用语，指将"船灵"放入船内。亦称"ご性根を入れる"，"性根"同"根性"，本是佛教用语。

木舞：泥瓦匠用语。指制作墙底材料的编竹匠人。

殺し搔き：杀取。漆业用语。在一年中不停地从漆木上取漆，直到其枯死。

殺し矯め：杀矫。"和竿"业界用语。指制作竹竿时，会"杀掉"完全的部分，即使用矫正木去矫正竹竿歪斜之处。

殺しをかける：事杀。制作木屐业界用语。即为将木屐齿嵌入而敲打的工序。

殺す：杀。造船工用语。即使用"玄翁"锤击打干燥木板，使其缩小。用玄翁击打过的部分，如果遇水则会膨胀增大，水则止。因为两面膨胀，不会漏水。

紺屋の地震：染坊的地震，引申义为"对不住"。染织界用语。这是江户文化孕生出的一种特有的幽默双关语。指每当发生地震时，装着燃料的桶就会摇晃，变得不再澄澈的蓝染水则无法使用。日语中，"藍澄まない"（蓝不澄）和"相済まない"（对不住）发音皆为"あいすまない"。

紺屋の白袴：开染坊的穿白裤裙。指染匠不染自己的衣物，总是穿着白色的裤裙。比喻忙于他人之事，无法顾及自身。颇似唐诗中的"苦恨年年压金线，为他人作嫁衣裳"。

西行：木工用语。指木匠出门修行，或指出门修行的木匠本人。他们一般会仅携带着一套工具，遍访各地、磨炼技艺。西行（1118—1190）是平安末期到镰仓初期的歌僧。因其曾遍历当时日本诸国，得名"旅职人"。"西行"一词亦指为了获得技术，到其他店里修习的工匠。

細工貧乏人宝：巧工利人不养身。木工用语。指手工艺高明的人，对他人来说是宝贵财富，自己却十分贫穷。是一种劝诫底层工人安于现状的俗语。

細工は流流仕上げを御覧じろ：对结果表示充满自信。做法各有不同，请看最后结果。莫问手艺，请看货色。

摩る（さする）：摩。门窗隔扇制造业用语。泛指最高级的工作。具体指对于一项项工程花费时间、精心细致作业。还可译作"加把劲干活"。

誘い出し：诱出。蓝染用语。在长时间使用后，蓝染液体会"疲倦、失去元气"，这时就需要将发酵的蓝加入蓝翁，以促进蓝染液体的活性化。

悟る：悟。裱褙业用语。指裱褙中原纸与布料相配，成为和谐的一体，从而烘托画面的状态。

錆が笑う：锈笑。漆业用语。指如果在漆的底层还没有完全干燥时就移动刮刀，底层锈迹的表面则会变得粗糙不平。

四切り 三置き 七捨てよ：砍四放三舍七。和竿业用语。指要砍伐四年生的竹子，未成熟的三年及以下的竹子不能伐采。而即将枯死的七年生则不堪使用，放弃砍伐。

地獄：地狱。蓝染业用语。指刚制好的蓝仅一次就使用完毕。反过来，若长时间使用到其生命完结，则称作"瓶のぞき"，即窥瓶；染业用语。指两个各持布料两端，一边左右晃动，一边将其放置在巨大的灶台上烘干，并留意其不烧焦。

仕事は道具にあり：工作看工具。指工作好坏全看工具。

自然出し：自然出色。蓝染业用语。亦称"地獄出し"，指花时间、不加人工干预，令其自然染色。

下具三年、張り三月：骨架三年，糊纸三月。制伞业用语。指制作伞骨、糊纸加起来一共花三年三个月后，大体上能掌握大致的工序。

修羅：修罗。造船工匠术语。扬船工具。

性根が表へ出る：性根外显。装裱业用语。指装裱师务工时，需要集中全部神经，统一精神力量。如果与其说话、分散了其注意力的话，装裱师就做不好工作。

正直：建筑工人、制桶工人、木工用语。测锤，指利用小金属锤检查墙或柱等垂直度的器具；制桶工人等会用的刨子，长达一米以上，因用其可方便看出板子是否平整而得名。在1494年左右成书的《三十二番职人歌合》的第29首中吟诵道，"结桶师的三昧正直，是家业之器"。在木工当中指代水。正直如今在日语中一般意思同汉语，指诚实正直的品性。

職人子供：指工匠对于自己所制作之物有严苛要求，然而在工作以外则完全像个孩子。这样的工匠会把所有事交给妻子，因而看妻子就能知道工匠的好坏。从而也派生出"妻子名人"的说法。

職人貧乏人宝：工匠手艺灵巧，在工作上极受重视。但不擅牟利，通常在工作时不顾及利益，因而工匠中穷人多。

新造下ろし：下新船。造船工匠术语。即"進水式"，下水仪式，择吉日进行。当天一早，工匠祭祀船中央的船灵，献上贡品，由神社的神职人员或者民间修行者宣读祝词。

筋金入り：加强筋、加固筋，因加入钢筋而变坚固，亦指这种物件。千锤百炼、有骨气。因受锻炼使身心变得坚强。亦指这种人。

染屋と鍛冶屋を三年辛抱すれば出世する：在染坊和铁匠铺忍耐三年，便可出人头地。染坊冬日水冷、铁匠铺夏日酷热，两者都是需要忍耐的辛苦工作。因而如果能忍受这种辛苦，无论做什么都能成功。

大工とつばめは軒で泣け：木匠和燕子都在屋檐下流泪。木匠用语。木匠的工作中有很多辛苦之处，但也不会弹泪人前，而是像燕子一样在屋檐下无人之处悄悄流泪。

大工と鶏は隅で泣く：木匠和鸡在角落流泪。同上，教训木匠无论遇到怎样痛苦的事，也需要忍耐。

たぬき船：狸船。造船业用语。指漏水的沉船。

泣きが出た：哭出来了。印染业用语。在印花时，为了不让染液渗入，事先涂好糨糊，这种技法称为"防染"。然而，抹上糨糊的部分如果干燥了，染料就会渗入。工匠将此理解为布料哭泣流泪。

付け焼刃：添加钢刃的钝刀。冶炼用语。转义为应急、临阵磨枪、临时镀金。

玉入り木：嵌有子弹的木材。造船木工用语。指年轮中嵌有猎人所射出的子弹的树木。造船工人相信，若将这类树木作为造船的材料，则可取悦船的守护神，使渔业获得丰收，因而这类木材交易价格高。

玉入り／入眼：人偶制作用语。指制作人偶时"入眼"的工序。即为人偶安装眼球的行为。

たまごから鍛冶屋：从外行到铁匠。野外锻造冶炼用语。比喻不接受工作的系统教导，仅依靠从旁观察学会技艺的行为。

霊魂：船灵。造船用语。船的守护符。在一艘船首次入水举行的祭祀中，将守护符置于船头，船员为了不要遭遇海难会向守护符重复祈祷"成为老鼠的巢穴吧！成为老鼠的巢穴吧！"后装饰于舱内。

土殺し：杀土。陶器用语。指将揉好的陶土置于圆盘上令其旋转，并用湿润的手按压、拉伸的工序。即在陶土成型前令之融合的操作。

手が違うと狂う：更换工具无法正常工作。木工用语。对于木工来说锯子是其生命，因此绝不会将锯子转借他人。指每个木工特有的习惯和手法存在细微差别，因此变更工具也会导致成品有所变化。

出職：出职。指未经营自己的店铺，仅凭借自身的技术行走的工匠，也称"渡世工匠""流水工匠""旅行工匠"等。这类工匠在一年中，有数月游走于各个常客之间，接受委托。他们所拥有的仅仅是技术，因此所需原材料由委托者提供。

道具おどし：工具唬人。指工匠的技术、技艺并不精湛，但所使用的工具却十分精良，令人意外。

道具鍛冶：锻造工具。锻造冶炼用语。指冶炼金属锻造生产工具的行为。也指铸造木工工具的锻冶工匠。播州、越后地区盛产刃具，十分有名。

道具箱：工具箱。木工用语。指装有作业工具的箱子。

杜氏：日本酒。指酿造日本酒的工匠。也指雇用酒窖管理人等对一切酿造工序进行管理的师傅。

胴の間：船胴。造船用语。指日式船舶内位于船身中央的船舱。即整艘船的中心。

泥棒張場：小偷染坊。染织业用语。指在公共道路或本人所有的建设用地之外搭建工房进行工作、谋取利益的行为。

ナカダナ祝い：完工前祝仪。造船用语。完成造船工作前的庆祝活动。建成的船舶首次入水时会举行被称为"入水式（フナオロシ）"的庆祝仪式。

泣き：哭泣。染织业用语。抱怨工作的行为。也称"仕事泣き"。

泣き出し：落泪。染织业用语。指浸染纹样的染料渗入至周围布料，将其他部分也染上颜色的情况。也称"色泣き""泣き"。

泣く：哭泣。园艺栽培用语。指忘记浇水导致的草木凋零、树叶干枯。亦用作染织业用语。指浸染纹样的染料渗入纹样周围白底布料的情况。即布料浸染。在技术上被视为印染失败。也称"泣き出す"。进行工笔画的印染处理时，若加入过量的染料则会导致糨糊也渗入染料。

なじみ：熟络。染织业用语。指使得加工过的布料与水、染料、糨糊等材料易于贴合的工序。

南蛮：造船业用语。指日式船舶扬帆时使用的大型滑车。被视作自南蛮（海外）舶来的便利工具。

二枚者：小生。木工用语。指没能完全习得木工技艺，无法独当一面的不顶用的木工。

塗師の青びょうたん：涂师的青葫芦。漆业用语。指从早到晚一整天待在暗无天光的土窑仓库中从事漆器的处理，脸色发青、没有精神的样子。

刷毛の足がついた：粘上刷纹。染织业用语。指进行染布时染料浸染刷毛的情况。也指因技艺不够纯熟导致印染后的布料残留下刷毛痕迹的情况。

歯殺し：杀齿。木屐制作用语。指制作高齿木屐时，将木屐齿用锤子敲击以嵌入木屐的工序。敲入木屐后浇上水，可以使木材膨胀，难以脱落。

半端職人：半吊子工匠。技艺不精的工匠。无法独当一面的工匠。或指数字无法凑整的状况。

冷飯仕事：冷饭工作。木工用语。指在着手处理被委托的订单之前收取定金的行为。

表具屋の明後日：裱装店口中的后天。裱装业用语。指声称后天即可交付订单，但最终却延长交付期限的行为。制作优质裱装时，完成装裱之后至少需要一个月的时间等待裱装完全干燥，因此为了防止裱装出现问题，工匠会将交付期限略微后延，以表现要完成优质裱装的意志。

鞴祭：风箱祭。野外锻造冶炼用语。农历十一月八日。在正月的万事始和十一月的风箱祭里，凌晨三点左右，需要工匠锻造装饰品后将其供奉给火神"神山大人"。在风箱祭前一天，需要清扫锻造工坊，并在神龛内的风箱上供奉两尾鲷鱼、御神酒、本膳，再在其上张开筷印连绳，供上御神酒。十二月八日也称"金山祭"。在这天工匠们重新涂刷点火口，供奉御神酒，相聚一堂庆贺祭典。在这些节日里，锻冶、铸造等需要使用到风箱的行业均会举行祭祀。仅在这几天里，工匠们可以获得休息，在清扫干净的风箱上设立祭坛，犒劳自己。

ぶっかけ飯はしない：不吃汤泡饭。木工用语。指不吃浇有酱汤的米饭。浇有酱汤的米饭在食用时需要拌碎，被认为象征着建造完成前的工事会粉碎、失败，因而被木匠所厌恶。是避讳的一种表现。

筆入れ：点睛。人偶制作用语。指在制作人偶的最后，使用面相笔描摹出人偶的眼睛、嘴等五官的工序。

筆匠：毛笔匠。毛笔制作用语。也称"筆結"。是制笔工匠的别称。"フデ"是制笔工匠（"フミテ"）的略称，古时被称为"フミテ""フンデ"等。

　フナオロシ：入水式。造船业中的入水仪式。指船舶建造完成后自陆地进入水湾时举行的入水仪式。从前，人们认为若无守护神加护，即便船舶外形已建好也不算完成工程。因此，在船舶入水仪式之前，船舶工人会登上新船，进行奉纳船灵的秘密仪式。

　舟霊様：船灵大人。造船业用语。船灵被认为是船只的守护神，受到渔夫、乘客的信仰。这一信仰流行于全国各地，在房总地区被称作"フナダマサマ""オフナサマ"。祭祀仪式根据地区不同有所差异，大多会供奉人偶、十二文钱、女性的毛发、五谷（米、麦、大豆、红豆、小米）。

　フナバリの鳥居：船底鸟居。日式船舶制作用语。指使船底得以承受急流冲击的加固船底的造船技艺之一。

　下手な待針上手な長糸：外行人的大头针内行人的长线。日式剪裁用语。纺织熟练工几乎不会在缝合布料时使用大头针标记。使用长线进行缝合，接线处较少，成品就十分美观。常以"へたな長糸上手なまち針（外行人的长线内行人的针脚）"来形容缺少经验者。

　下手の道具しらべ：笨拙者摆弄工具。形容做不好工作的人反而对备齐工具十分热心。也说"下手な道具立て（笨拙者准备道具）""下手の伊達道具（笨拙者的华丽道具）"。

　へっぴりこうにも負けられない：即便哈着腰也不认输。染织业用语。指不能向任何事物屈服。

　箆七年刷毛三年：矢竹三年刷毛三年。漆器制作用语。为漆器制作草图的画师们使用的熟语。形容切开木铲十分困难。

　ムロ：室。造船业用语。也称作"モリ"。指造船木工在船帆的立柱根部放置的筒，木工们将此筒作为船灵的化身。一般，人们将男子人偶和女子人偶、十二文钱（闰年时奉纳十三文钱）、柳条制作的骰子和人偶，其中，钱币由船舶所有者准备好后交给造船工人，骰子的原料由所有者准备后交给造船工人制作。此外，在筒内装有大米、大豆、五谷、盐，同时也为船灵供奉八合大米、八合盐、八合酒。有时也会增加两尾鲜鱼或麻线等。据说女子人偶头上装着三四缕真正的女性的头发，也会在其中加入孕妇或长寿夫妻的头发。

目が上る：木工用语。指无法完成精细工作。

木火土金水：锻造冶炼用语。指进行锻造冶炼时的教训。即首先，挑选最为优质的木材，将其放入炉膛，使用风箱调整火候，在淬火时涂抹上"土"，之后，注意着作为基底的金属材料和利刃的状态，亲自体会淬火时的水温。

物は盗むな仕事は盗め：日式裁缝用语。指仔细地观察师傅的工作状态，偷学他的技术，掌握工作的技艺。即劝诫学徒，即便是师傅没有教授的技术，也应当悄悄观察学习，将其变为自己的技艺。

渡り職人：流动工匠。指在需求技术的各地间寻找工作，不断辗转的工匠。也称为"流れ職人（流浪工匠）"。在工匠之间也将辗转各地的行为称为"西に出る（去西边）"。

笑い：开口笑。石匠用语。也称"笑う""笑わせる"。形容堆垒石头时，石块正中忽然出现裂缝的情况。亦为箍桶匠用语。指木桶的板材之间出现缝隙的状况。即板材之间开着口子。也指桶腹铁箍与板材之间出现缝隙。易出现缝隙是竹制的板材的缺点之一。